ASTRONOMISCHE CHRONOLOGIE

VON

PROF. DR. P. V. NEUGEBAUER
OBSERVATOR AM ASTRONOMISCHEN RECHEN-INSTITUT IN BERLIN-DAHLEM

ZWEITER BAND

TAFELN

BERLIN UND LEIPZIG
WALTER DE GRUYTER & CO.
VORMALS G. J. GÖSCHEN'SCHE VERLAGSHANDLUNG
J. GUTTENTAG, VERLAGSBUCHHANDLUNG / GEORG REIMER / KARL J. TRÜBNER / VEIT & COMP.
1929

vormals G. J. Göschen'sche Verlagshandlung — J. Guttentag, Verlagsbuchhandlung — Georg Reimer — Karl J. Trübner
Veit & Comp.
Berlin und Leipzig

Tafel E 1 Korrektionen zu den Tafeln in Hilfstaf. Chron. II

Jahr	Sonne			Merk.	Venus	Mond und Mondphasen									
	L_7	π_7	$\Delta\varepsilon$	L_7	L_7	L_7	M_7	ϑ_7	A_7	B_7	C_7	D_7	E_7	H_7	m_5
—	+	—	—	+	+	—	—	+	—	—	+	—	—	—	—
	°	°	°	°	°	°	°	°	°	°	°	°	°	°	d
4000	1.44	0.8	0.11	5.86	2.32	0.67	1.2	0.5	3.0	4.3	2.3	5.3	6.5	3.9	0.17
3900	1.39	0.8	0.10	5.67	2.24	0.64	1.1	0.5	2.9	4.1	2.2	5.1	6.3	3.8	0.17
3800	1.34	0.8	0.10	5.48	2.16	0.62	1.1	0.5	2.8	4.0	2.1	4.9	6.1	3.7	0.16
3700	1.29	0.7	0.09	5.29	2.09	0.59	1.1	0.5	2.7	3.8	2.0	4.7	5.8	3.5	0.16
3600	1.24	0.7	0.09	5.10	2.02	0.57	1.0	0.5	2.6	3.7	2.0	4.6	5.6	3.4	0.15
—	+	—	—	+	+	—	—	+	—	—	+	—	—	—	—
3500	1.19	0.7	0.08	4.92	1.94	0.55	1.0	0.4	2.6	3.5	1.9	4.4	5.4	3.2	0.14
3400	1.15	0.6	0.08	4.74	1.87	0.53	0.9	0.4	2.5	3.4	1.8	4.3	5.2	3.1	0.13
3300	1.11	0.6	0.07	4.56	1.81	0.50	0.9	0.4	2.4	3.2	1.7	4.1	5.0	3.0	0.13
3200	1.06	0.6	0.07	4.38	1.74	0.48	0.9	0.4	2.3	3.1	1.7	4.0	4.8	2.9	0.12
3100	1.02	0.6	0.06	4.21	1.67	0.46	0.8	0.4	2.2	3.0	1.6	3.8	4.6	2.8	0.12
—	+	—	—	+	+	—	—	+	—	—	+	—	—	—	—
3000	0.98	0.6	0.06	4.04	1.60	0.44	0.8	0.3	2.2	2.9	1.6	3.7	4.4	2.7	0.11
2900	0.94	0.5	0.06	3.87	1.54	0.42	0.7	0.3	2.1	2.7	1.5	3.5	4.2	2.5	0.11
2800	0.90	0.5	0.05	3.71	1.48	0.40	0.7	0.3	2.0	2.6	1.4	3.4	4.0	2.4	0.11
2700	0.87	0.5	0.05	3.55	1.42	0.38	0.7	0.3	1.9	2.5	1.4	3.2	3.8	2.3	0.10
2600	0.83	0.5	0.04	3.39	1.36	0.36	0.6	0.3	1.8	2.4	1.3	3.1	3.6	2.2	0.10
—	+	—	—	+	+	—	—	+	—	—	+	—	—	—	—
2500	0.79	0.4	0.04	3.24	1.30	0.34	0.6	0.2	1.7	2.2	1.2	2.9	3.4	2.1	0.09
2400	0.75	0.4	0.04	3.09	1.25	0.32	0.6	0.2	1.6	2.1	1.2	2.8	3.3	2.0	0.09
2300	0.72	0.4	0.04	2.95	1.19	0.30	0.6	0.2	1.5	2.0	1.1	2.7	3.1	1.9	0.08
2200	0.69	0.4	0.03	2.81	1.13	0.29	0.5	0.2	1.5	1.9	1.1	2.6	3.0	1.8	0.08
2100	0.66	0.4	0.03	2.67	1.07	0.27	0.5	0.2	1.4	1.8	1.1	2.4	2.8	1.7	0.07
—	+	—	—	+	+	—	—	+	—	—	+	—	—	—	—
2000	0.62	0.4	0.03	2.54	1.02	0.25	0.5	0.2	1.3	1.7	1.0	2.3	2.7	1.6	0.07
1900	0.59	0.4	0.03	2.41	0.97	0.23	0.4	0.2	1.2	1.6	1.0	2.2	2.5	1.5	0.06
1800	0.56	0.4	0.03	2.28	0.92	0.22	0.4	0.2	1.2	1.5	0.9	2.1	2.4	1.4	0.06
1700	0.53	0.3	0.02	2.16	0.88	0.20	0.4	0.1	1.1	1.4	0.9	2.0	2.2	1.3	0.06
1600	0.50	0.3	0.02	2.04	0.83	0.19	0.4	0.1	1.0	1.3	0.8	1.9	2.1	1.2	0.05
—	+	—	—	+	+	—	—	+	—	—	+	—	—	—	—
1500	0.48	0.3	0.02	1.93	0.78	0.17	0.3	0.1	0.9	1.2	0.8	1.8	1.9	1.2	0.05
1400	0.45	0.3	0.02	1.82	0.74	0.16	0.3	0.1	0.9	1.1	0.7	1.7	1.8	1.1	0.05
1300	0.43	0.3	0.02	1.72	0.69	0.14	0.3	0.1	0.8	1.0	0.7	1.6	1.7	1.0	0.05
1200	0.40	0.2	0.01	1.61	0.65	0.13	0.3	0.1	0.8	0.9	0.6	1.5	1.6	0.9	0.04
1100	0.38	0.2	0.01	1.50	0.61	0.11	0.2	0.1	0.7	0.8	0.6	1.4	1.5	0.9	0.04
—	+	—	—	+	+	—	—	+	—	—	+	—	—	—	—
1000	0.35	0.2	0.01	1.40	0.57	0.10	0.2	0.1	0.7	0.8	0.6	1.3	1.4	0.8	0.04
900	0.33	0.2	0.01	1.31	0.54	0.08	0.2	0.1	0.6	0.7	0.5	1.2	1.3	0.8	0.04
800	0.30	0.2	0.01	1.22	0.50	0.07	0.2	0.1	0.6	0.7	0.5	1.1	1.2	0.7	0.03
700	0.28	0.2	0.01	1.13	0.46	0.06	0.1	0.1	0.5	0.6	0.5	1.0	1.1	0.7	0.03
600	0.26	0.2	0.01	1.04	0.43	0.05	0.1	0.1	0.5	0.6	0.4	0.9	1.0	0.7	0.03
—	+	—	—	+	+	—	—	+	—	—	+	—	—	—	—
500	0.24	0.1	0.00	0.96	0.39	0.04	0.1	0.1	0.5	0.5	0.3	0.9	0.9	0.6	0.02
400	0.22	0.1		0.88	0.36	0.03	0.1	0.1	0.4	0.5	0.3	0.8	0.8	0.6	0.02
300	0.20	0.1		0.80	0.33	0.02	0.1	0.1	0.4	0.4	0.3	0.8	0.8	0.6	0.02
200	0.18	0.1		0.72	0.30	0.01	0.0	0.1	0.4	0.4	0.3	0.7	0.7	0.5	0.01
100	0.16	0.1		0.65	0.27	0.00	0.0	0.1	0.4	0.4	0.2	0.7	0.7	0.5	0.01
+	+	—		+	+	+	—	+	—	—	+	—	—	—	—
0	0.14	0.1	0.00	0.59	0.25	0.01	0.0	0.1	0.3	0.3	0.2	0.6	0.6	0.5	0.01
100	0.13	0.1		0.53	0.22	0.01		0.1	0.3	0.3	0.1	0.6	0.6	0.4	0.01
200	0.12	0.1		0.47	0.20	0.02		0.1	0.3	0.2	0.1	0.5	0.5	0.4	0.00
300	0.11	0.1		0.41	0.17	0.02		0.1	0.3	0.2	0.1	0.5	0.5	0.4	0.00
400	0.10	0.0		0.36	0.15	0.03		0.1	0.2	0.2	0.1	0.4	0.4	0.3	0.00
+	+	—		+	+	+		+	—	—	+	—	—	—	—
500	0.09	0.0	0.00	0.32	0.13	0.03	0.0	0.1	0.2	0.2	0.1	0.4	0.4	0.3	0.00
600	0.08			0.27	0.11	0.03		0.1	0.2	0.2	0.1	0.3	0.3	0.3	
700	0.07			0.23	0.09	0.03		0.1	0.2	0.2	0.1	0.3	0.3	0.2	
800	0.06			0.19	0.08	0.03		0.0	0.1	0.1	0.1	0.2	0.2	0.2	
900	0.05			0.15	0.07	0.03		0.0	0.1	0.1	0.0	0.2	0.2	0.1	
+	+			+	+	+		+	—	—	+	—	—	—	
1000	0.04	0.0	0.00	0.12	0.06	0.03	0.0	0.0	0.1	0.1	0.0	0.1	0.1	0.1	0.00
1100	0.03			0.09	0.05	0.03			0.1	0.1		0.1	0.1	0.1	
1200	0.03			0.07	0.04	0.03			0.0	0.1		0.0	0.0	0.0	
1300	0.02			0.05	0.03	0.02			0.0	0.0		0.0	0.0	0.0	
1400	0.02			0.03	0.02	0.02			0.0	0.0		0.0	0.0	0.0	
+	+			+	+	+			—	—		—	—	—	
1500	0.01	0.0	0.00	0.02	0.01	0.01	0.0	0.0	0.0	0.0	0.0	0.0	0.0	0.0	0.00
1600	0.01			0.01	0.00	0.01									

Tafel E 2 Korrektionen zu den Tafeln in Hilfstaf. Chron. III

Jahr	Taf. 5 ϑ_4	Taf. 19 T_4
	h	d
—4000	+0.10	—1.45
—3900	0.09	1.40
—3800	0.09	1.35
—3700	0.09	1.30
—3600	0.08	1.25
—3500	+0.08	—1.20
—3400	0.08	1.16
—3300	0.07	1.12
—3200	0.07	1.07
—3100	0.07	1.03
—3000	+0.07	—0.99
—2900	0.06	0.95
—2800	0.06	0.91
—2700	0.06	0.88
—2600	0.06	0.84
—2500	+0.05	—0.80
—2400	0.05	0.76
—2300	0.05	0.73
—2200	0.05	0.70
—2100	0.04	0.67
—2000	+0.04	—0.63
—1900	0.04	0.60
—1800	0.04	0.57
—1700	0.04	0.54
—1600	0.03	0.51
—1500	+0.03	—0.48
—1400	0.03	0.45
—1300	0.03	0.43
—1200	0.03	0.40
—1100	0.03	0.38
—1000	+0.02	—0.35
— 900	0.02	0.33
— 800	0.02	0.30
— 700	0.02	0.28
— 600	0.02	0.26
— 500	+0.02	—0.24
— 400	0.01	0.22
— 300	0.01	0.20
— 200	0.01	0.18
— 100	0.01	0.16
0	+0.01	—0.14

Jahr	Taf. 5 ϑ_4	Taf. 19 T_4
	h	d
0	+0.01	—0.14
+ 100	0.01	0.13
+ 200	0.01	0.12
+ 300	0.01	0.11
+ 400	0.01	0.10
+ 500	+0.01	—0.09
+ 600	0.01	0.08
+ 700	0.00	0.07
+ 800	0.00	0.06
+ 900	0.00	0.05
+1000	0.00	—0.04
+1100		0.03
+1200		0.03
+1300		0.02
+1400		0.02
+1500	0.00	—0.01
+1600		0.01
+1700		0.01
+1800		0.00

Korrektionstafel Taf. Chr. III S. 45

Jahr	f
—4000	1.017
—3000	1.014
—2000	1.010
—1000	1.005
0	1.000
+1000	0.994
+2000	0.989

Zu streichen sind Taf. 14 und 14 a (S. 44). Statt Tafel 28 ist die hier gegebene Tafel E 64 zu benutzen.

Tafel E 3. Korrektionen der mittleren Längen der Tafeln von Schoch

Jahr	Sonne	Merkur	Venus	Mars	Mond
—4000	+0.6°	+2.6°	+1.0°	—0.4°	+0.4°
—3500	0.5	2.2	0.9	0.3	0.3
—3000	0.4	1.8	0.7	0.3	0.2
—2500	0.4	1.5	0.6	0.2	0.2
—2000	0.3	1.2	0.4	0.2	0.1
—1500	+0.2	+0.9	+0.3	—0.1	+0.1
—1000	0.2	0.6	0.2	0.1	0.1
— 500	0.1	0.4	0.2	0.1	0.0
0	0.1	0.3	0.1	0.0	0.0
+ 500	0.0	0.2	0.0	0.0	0.0

Die vorstehenden Korrektionen sind an die mittleren Längen L nach Schochs Tafeln anzubringen, um Übereinstimmung mit den nach Tafel E 1 verbesserten mittleren Längen aus Taf. Chr. II zu erhalten.

Taf. E 4 Korrektion der nach Schram berechneten Mondphasen

Jahr	Korr.	Jahr	Korr.
—4000	$-1^h 55^m$	—1000	$-0^h 23^m$
—3800	—1 46	— 800	—0 19
—3600	—1 38	— 600	—0 16
—3400	—1 30	— 400	—0 13
—3200	—1 23	— 200	—0 11
—3000	—1 16	0	—0 9
—2800	—1 9	+ 200	—0 7
—2600	—1 3	+ 400	—0 5
—2400	—0 57	+ 600	—0 3
—2200	—0 52	+ 800	—0 2
—2000	—0 46	+1000	0 0
—1800	—0 41	+1200	+0 1
—1600	—0 36	+1400	+0 1
—1400	—0 31	+1600	+0 1
—1200	—0 27	+1800	0 0
—1000	—0 23		

Tafel E 5 Interpolation auf 1/10

1. Differenz	2. Differenz 0 bis 8	8 bis 16	16 bis 24	24 bis 32	32 bis 40	40 bis 48	48 bis 56	56 bis 64	64 bis 72
	0	−1	−1	−1	−2	−2	−2	−3	−3
	0	−1	−1	−1	−1	−1	−2	−2	−2
	0	0	0	−1	−1	−1	−1	−2	−2
	0	0	0	0	0	−1	−1	−1	−1
	0	0	0	0	0	0	0	0	0
10n+0	0	0	0	0	0	0	0	0	0
	0	0	0	0	0	+1	+1	+1	+1
	0	0	0	+1	+1	+1	+1	+2	+2
	0	+1	+1	+1	+1	+1	+2	+2	+2
	0	+1	+1	+1	+2	+2	+2	+3	+3
	0	−1	−1	−1	−2	−2	−2	−3	−3
	0	0	−1	−1	−1	−1	−2	−2	−2
	0	0	0	−1	−1	−1	−1	−1	−2
	0	0	0	0	0	−1	−1	−1	−1
	0	0	0	0	0	0	0	0	0
10n+1	+1	0	0	0	0	0	0	0	0
	0	0	0	+1	+1	+1	+1	+1	+1
	0	0	+1	+1	+1	+1	+1	+2	+2
	0	+1	+1	+1	+1	+2	+2	+2	+3
	0	+1	+1	+1	+2	+2	+3	+3	+3
	0	0	−1	−1	−1	−2	−2	−3	−3
	0	0	0	−1	−1	−1	−2	−2	−2
	+1	0	0	0	−1	−1	−1	−1	−2
	0	0	0	0	0	0	−1	−1	−1
	0	0	0	0	0	0	0	0	0
10n+2	0	0	0	0	0	0	0	+1	+1
	0	0	0	+1	+1	+1	+1	+1	+1
	+1	0	+1	+1	+1	+1	+2	+2	+2
	0	+1	+1	+1	+1	+2	+2	+2	+3
	0	+1	+1	+1	+2	+2	+3	+3	+3
	0	0	−1	−1	−1	−2	−2	−2	−3
	0	0	0	−1	−1	−1	−2	−2	−2
	+1	0	0	0	−1	−1	−1	−1	−1
	0	0	0	0	0	0	−1	−1	−1
	0	0	0	0	0	0	0	0	0
10n+3	+1	0	0	0	+1	+1	+1	+1	+1
	0	0	+1	+1	+1	+1	+1	+1	+1
	0	+1	+1	+1	+1	+1	+2	+2	+2
	+1	+1	+1	+1	+1	+2	+2	+2	+3
	0	+1	+1	+2	+2	+2	+3	+3	+3
	0	0	−1	−1	−1	−2	−2	−2	−3
	+1	0	0	−1	−1	−1	−2	−2	−2
	0	0	0	0	0	−1	−1	−1	−1
	0	0	0	0	0	0	0	0	−1
	+1	0	0	0	0	0	0	0	0
10n+4	0	0	+1	+1	+1	+1	+1	+1	+1
	+1	+1	+1	+1	+1	+1	+1	+1	+1
	0	+1	+1	+1	+1	+2	+2	+2	+2
	+1	+1	+1	+1	+1	+2	+2	+2	+3
	0	+1	+1	+2	+2	+2	+3	+3	+4

1. Differenz	2. Differenz 0 bis 8	8 bis 16	16 bis 24	24 bis 32	32 bis 40	40 bis 48	48 bis 56	56 bis 64	64 bis 72
	0	0	0	−1	−1	−1	−2	−2	−3
	+1	0	0	0	−1	−1	−1	−2	−2
	0	0	0	0	0	−1	−1	−1	−1
	+1	0	0	0	0	0	0	0	−1
	0	0	0	0	0	0	0	0	0
10n+5	+1	+1	+1	+1	+1	+1	+1	+1	+1
	0	+1	+1	+1	+1	+1	+1	+1	+2
	+1	+1	+1	+1	+1	+2	+2	+2	+2
	0	+1	+1	+1	+2	+2	+2	+3	+3
	+1	+1	+1	+2	+2	+2	+3	+3	+4
	+1	0	0	−1	−1	−1	−2	−2	−2
	0	0	0	0	−1	−1	−1	−2	−2
	+1	0	0	0	0	−1	−1	−1	−1
	0	0	0	0	0	0	0	0	−1
	+1	+1	0	0	0	0	0	0	0
10n+6	+1	+1	+1	+1	+1	+1	+1	+1	+1
	0	+1	+1	+1	+1	+1	+1	+2	+2
	+1	+1	+1	+1	+2	+2	+2	+2	+2
	0	+1	+1	+2	+2	+2	+3	+3	+3
	+1	+1	+2	+2	+2	+3	+3	+3	+4
	+1	0	0	−1	−1	−1	−2	−2	−2
	0	0	0	0	0	−1	−1	−1	−2
	+1	0	0	0	0	0	−1	−1	−1
	0	+1	0	0	0	0	0	0	0
	+1	+1	+1	+1	0	0	0	0	0
10n+7	+1	+1	+1	+1	+1	+1	+1	+1	+1
	+1	+1	+1	+1	+1	+1	+2	+2	+2
	0	+1	+1	+1	+2	+2	+2	+2	+2
	+1	+1	+1	+2	+2	+2	+3	+3	+3
	+1	+1	+2	+2	+2	+3	+3	+3	+4
	+1	0	0	0	−1	−1	−2	−2	−2
	+1	0	0	0	0	−1	−1	−1	−2
	0	+1	0	0	0	0	−1	−1	−1
	+1	+1	+1	0	0	0	0	0	0
	+1	+1	+1	+1	+1	+1	+1	+1	0
10n+8	+1	+1	+1	+1	+1	+1	+1	+1	+1
	+1	+1	+1	+1	+1	+1	+2	+2	+2
	0	+1	+1	+1	+2	+2	+2	+2	+3
	+1	+1	+1	+2	+2	+2	+3	+3	+3
	+1	+1	+2	+2	+2	+3	+3	+3	+4
	0	0	0	0	−1	−1	−2	−2	−2
	+1	+1	0	0	0	−1	−1	−1	−2
	+1	+1	0	0	0	0	0	−1	−1
	+1	+1	+1	0	0	0	0	0	0
	+1	+1	+1	+1	+1	+1	+1	+1	+1
10n+9	+1	+1	+1	+1	+1	+1	+1	+1	+1
	+1	+1	+1	+1	+2	+2	+2	+2	+2
	+1	+1	+1	+2	+2	+2	+2	+2	+3
	+1	+1	+2	+2	+2	+2	+3	+3	+3
	+1	+1	+2	+2	+2	+3	+3	+4	+4

Tafel **E 6** Interpolation auf 1/6

1. Differenz	2. Differenz 0 bis 2	2 bis 6	6 bis 10	10 bis 14	14 bis 18	18 bis 22	22 bis 26	26 bis 30	30 bis 34	34 bis 38	38 bis 42	42 bis 46	46 bis 50	50 bis 54	54 bis 58	58 bis 62
6n + 0	0	0	−1	−1	−1	−1	−2	−2	−2	−2	−3	−3	−3	−4	−4	−4
	0	0	0	0	−1	−1	−1	−1	−1	−1	−2	−2	−2	−2	−2	−3
	0	0	0	0	0	0	0	0	0	0	−1	−1	−1	−1	−1	−1
	0	0	0	0	0	0	0	0	0	0	+1	+1	+1	+1	+1	+1
	0	0	0	0	+1	+1	+1	+1	+1	+1	+2	+2	+2	+2	+2	+3
	0	0	+1	+1	+1	+1	+2	+2	+2	+2	+3	+3	+3	+4	+4	+4
6n + 1	0	0	−1	−1	−1	−1	−2	−2	−2	−2	−3	−3	−3	−3	−4	−4
	0	0	0	0	−1	−1	−1	−1	−1	−1	−2	−2	−2	−2	−2	−2
	0	0	0	0	0	0	0	0	0	0	0	0	0	−1	−1	−1
	+1	0	0	0	+1	+1	+1	+1	+1	+1	+1	+1	+1	+1	+1	+1
	0	+1	+1	+1	+1	+1	+1	+1	+1	+1	+2	+2	+2	+2	+3	+3
	0	0	+1	+1	+1	+1	+2	+2	+2	+2	+3	+3	+3	+4	+4	+4
6n + 2	0	0	0	0	−1	−1	−1	−1	−2	−2	−3	−3	−3	−3	−4	−4
	+1	0	0	0	0	−1	−1	−1	−1	−1	−1	−1	−2	−2	−2	−2
	0	0	0	0	0	0	0	0	0	0	0	0	0	0	0	0
	0	0	0	0	+1	+1	+1	+1	+1	+1	+1	+1	+1	+1	+1	+1
	+1	+1	+1	+1	+1	+1	+1	+1	+2	+2	+2	+2	+2	+2	+3	+3
	0	+1	+1	+1	+1	+2	+2	+2	+2	+2	+3	+3	+4	+4	+4	+4
6n + 3	0	0	0	0	−1	−1	−1	−1	−2	−2	−2	−3	−3	−3	−3	−4
	+1	0	0	0	0	0	0	−1	−1	−1	−1	−1	−1	−2	−2	−2
	0	0	0	0	0	0	0	0	0	0	0	0	0	0	0	0
	+1	+1	+1	+1	+1	+1	+1	+1	+1	+1	+1	+1	+1	+1	+1	+1
	0	+1	+1	+1	+1	+1	+1	+2	+2	+2	+2	+2	+2	+3	+3	+3
	+1	+1	+1	+1	+2	+2	+2	+2	+3	+3	+3	+4	+4	+4	+4	+5
6n + 4	+1	0	0	0	−1	−1	−1	−1	−1	−1	−2	−2	−3	−3	−3	−4
	0	0	0	0	0	0	0	−1	−1	−1	−1	−1	−1	−1	−2	−2
	+1	+1	+1	0	0	0	0	0	0	0	0	0	0	0	0	0
	+1	+1	+1	+1	+1	+1	+1	+1	+1	+1	+1	+1	+1	+1	+2	+2
	0	+1	+1	+1	+2	+2	+2	+2	+2	+2	+2	+2	+3	+3	+3	+3
	+1	+1	+1	+2	+2	+2	+2	+3	+3	+3	+4	+4	+4	+4	+4	+5
6n + 5	+1	0	0	0	0	−1	−1	−1	−1	−1	−2	−2	−2	−3	−3	−3
	+1	+1	+1	0	0	0	0	0	0	0	−1	−1	−1	−1	−2	−2
	0	+1	+1	+1	+1	+1	+1	0	0	0	0	0	0	0	0	0
	+1	+1	+1	+1	+1	+1	+1	+1	+1	+1	+1	+1	+1	+2	+2	+2
	+1	+1	+1	+1	+1	+2	+2	+2	+2	+2	+3	+3	+3	+3	+3	+3
	+1	+1	+1	+2	+2	+2	+2	+3	+3	+3	+4	+4	+4	+4	+5	+5

Tafel E 7 Interpolation auf 1/5

1. Differenz	2. Differenz										
	0 bis 2	3 bis 7	8 bis 12	13 bis 17	18 bis 22	23 bis 27	28 bis 32	33 bis 37	38 bis 42	43 bis 47	48 bis 52
5n+0	0	0	−1	−1	−2	−2	−2	−3	−3	−4	−4
	0	0	0	−1	−1	−1	−1	−1	−2	−2	−2
	0	0	0	0	0	0	0	0	0	0	0
	0	0	0	+1	+1	+1	+1	+1	+2	+2	+2
	0	0	+1	+1	+2	+2	+2	+3	+3	+4	+4
5n+1	0	0	−1	−1	−1	−2	−2	−3	−3	−3	−3
	0	0	0	0	−1	−1	−1	−1	−1	−2	−2
	+1	+1	0	0	0	0	0	0	0	0	0
	0	0	+1	+1	+1	+1	+1	+2	+2	+2	+2
	0	0	+1	+1	+2	+3	+3	+3	+3	+4	+4
5n+2	0	0	0	−1	−1	−1	−2	−2	−3	−3	−3
	+1	+1	0	0	0	−1	−1	−1	−1	−1	−2
	0	0	0	0	0	0	0	0	0	0	+1
	+1	+1	+1	+1	+1	+1	+2	+2	+2	+2	+2
	0	0	+1	+2	+2	+3	+3	+3	+4	+4	+4
5n+3	+1	0	0	−1	−1	−1	−2	−2	−3	−3	−3
	0	+1	0	0	0	0	−1	−1	−1	−1	−1
	+1	+1	+1	+1	+1	+1	+1	+1	+1	+1	+1
	0	0	+1	+1	+1	+1	+2	+2	+2	+2	+2
	+1	+1	+1	+2	+2	+2	+3	+3	+4	+4	+4
5n+4	+1	0	0	0	−1	−1	−2	−2	−2	−3	−3
	0	+1	0	0	0	0	0	−1	−1	−1	−1
	+1	+1	+1	+1	+1	+1	+1	+1	+1	+1	+1
	+1	+1	+1	+1	+2	+2	+2	+2	+2	+3	+3
	+1	+1	+2	+2	+2	+2	+3	+4	+4	+4	+4

Tafel E 8 Interpolation auf 1/4

1. Differenz	2. Differenz										
	0 bis 2	2 bis 6	6 bis 10	10 bis 14	14 bis 18	18 bis 22	22 bis 26	26 bis 30	30 bis 34	34 bis 38	38 bis 42
4n+0	0	0	−1	−1	−1	−2	−2	−3	−3	−3	−4
	0	0	0	0	0	−1	−1	−1	−1	−1	−1
	0	0	0	0	0	+1	+1	+1	+1	+1	+1
	0	0	+1	+1	+1	+2	+2	+3	+3	+3	+4
4n+1	0	0	−1	−1	−1	−2	−2	−2	−2	−3	−4
	0	0	0	0	0	0	0	−1	−1	−1	−1
	+1	+1	+1	+1	+1	+1	+1	+1	+1	+1	+2
	0	0	+1	+1	+1	+2	+2	+3	+3	+4	+4
4n+2	0	0	0	−1	−1	−1	−2	−2	−2	−3	−3
	+1	0	0	0	0	0	0	0	0	−1	−1
	0	+1	+1	+1	+1	+1	+1	+1	+1	+2	+2
	+1	+1	+1	+2	+2	+2	+3	+3	+3	+4	+4
4n+3	0	0	0	0	0	−1	−1	−2	−3	−3	−3
	+1	+1	+1	0	0	0	0	0	0	0	0
	+1	+1	+1	+1	+1	+1	+1	+2	+2	+2	+2
	+1	+1	+1	+2	+2	+3	+3	+3	+4	+4	+4

Tafel E 9 Interpolation auf 1/3

1. Differenz	2. Differenz					
	0 bis 4	5 bis 13	14 bis 22	23 bis 31	32 bis 40	41 bis 49
3n+0	0	−1	−2	−3	−4	−5
	0	0	0	0	0	0
	0	+1	+2	+3	+4	+5
3n+1	0	0	−1	−2	−3	−4
	+1	0	0	0	0	0
	0	+1	+2	+3	+4	+5
3n+2	+1	0	−1	−2	−3	−4
	0	+1	+1	+1	+1	+1
	+1	+1	+2	+3	+4	+5

Tafel E 10 Interpolation auf 1/2

1. Differenz	2. Differenz					
	0 bis 5	5 bis 9	9 bis 13	13 bis 17	17 bis 21	21 bis 25
2n+0	0	−1	−1	−2	−2	−3
	0	+1	+1	+2	+2	+3
2n+1	0	0	−1	−1	−2	−2
	+1	+1	+2	+2	+3	+3
	25 bis 29	29 bis 33	33 bis 37	37 bis 41	41 bis 45	45 bis 49
2n+0	−3	−4	−4	−5	−5	−6
	+3	+4	+4	+5	+5	+6
2n+1	−3	−3	−4	−4	−5	−5
	+4	+4	+5	+5	+6	+6
	49 bis 53	53 bis 57	57 bis 61	61 bis 65	65 bis 69	69 bis 73
2n+0	−6	−7	−7	−8	−8	−9
	+6	+7	+7	+8	+8	+9
2n+1	−6	−6	−7	−7	−8	−8
	+7	+7	+8	+8	+9	+9

Tafel **E 11** Koordinatentransformation Argument links, Vorzeichen oben

p rechts unten

Argument		Jahr −4000	−3000	−2000	−1000	0	+1000	+2000	Argument	
		+	+	+	+	+	+	+		
°	°	°	°	°	°	°	°	°	°	°
0	180	0.00	0.00	0.00	0.00	0.00	0.00	0.00	180	360
1	181	0.10	0.10	0.10	0.10	0.10	0.09	0.09	179	359
2	182	0.19	0.19	0.19	0.19	0.19	0.18	0.18	178	358
3	183	0.29	0.29	0.28	0.28	0.28	0.27	0.27	177	357
4	184	0.38	0.38	0.37	0.37	0.37	0.36	0.36	176	356
5	185	0.48	0.48	0.47	0.46	0.46	0.45	0.45	175	355
6	186	0.57	0.57	0.56	0.55	0.55	0.54	0.54	174	354
7	187	0.66	0.66	0.65	0.64	0.64	0.63	0.63	173	353
8	188	0.75	0.75	0.74	0.73	0.73	0.72	0.71	172	352
9	189	0.84	0.84	0.83	0.82	0.82	0.81	0.80	171	351
10	190	0.93	0.93	0.92	0.91	0.90	0.89	0.88	170	350
11	191	1.02	1.02	1.01	1.00	0.99	0.98	0.96	169	349
12	192	1.11	1.10	1.09	1.08	1.07	1.06	1.04	168	348
13	193	1.20	1.19	1.18	1.16	1.15	1.14	1.12	167	347
14	194	1.28	1.27	1.26	1.24	1.23	1.22	1.20	166	346
15	195	1.36	1.35	1.34	1.32	1.31	1.30	1.28	165	345
16	196	1.44	1.43	1.42	1.40	1.39	1.37	1.35	164	344
17	197	1.52	1.51	1.50	1.48	1.47	1.45	1.43	163	343
18	198	1.59	1.58	1.57	1.55	1.54	1.52	1.50	162	342
19	199	1.67	1.66	1.64	1.63	1.61	1.59	1.57	161	341
20	200	1.74	1.73	1.71	1.70	1.68	1.66	1.64	160	340
21	201	1.81	1.80	1.78	1.77	1.75	1.73	1.70	159	339
22	202	1.88	1.86	1.84	1.83	1.81	1.79	1.76	158	338
23	203	1.94	1.93	1.91	1.89	1.87	1.85	1.82	157	337
24	204	2.00	1.99	1.97	1.95	1.93	1.91	1.88	156	336
25	205	2.06	2.05	2.03	2.01	1.99	1.97	1.94	155	335
26	206	2.11	2.10	2.08	2.06	2.04	2.02	1.99	154	334
27	207	2.17	2.16	2.14	2.12	2.09	2.07	2.04	153	333
28	208	2.22	2.21	2.19	2.17	2.14	2.12	2.09	152	332
29	209	2.27	2.26	2.24	2.21	2.19	2.16	2.14	151	331
30	210	2.31	2.30	2.28	2.25	2.23	2.20	2.18	150	330
31	211	2.35	2.34	2.32	2.29	2.27	2.24	2.22	149	329
32	212	2.39	2.38	2.36	2.33	2.31	2.28	2.26	148	328
33	213	2.43	2.42	2.40	2.37	2.35	2.32	2.29	147	327
34	214	2.46	2.45	2.43	2.40	2.38	2.35	2.32	146	326
35	215	2.49	2.48	2.46	2.43	2.41	2.38	2.35	145	325
36	216	2.52	2.50	2.48	2.46	2.43	2.40	2.37	144	324
37	217	2.54	2.52	2.50	2.48	2.45	2.42	2.39	143	323
38	218	2.56	2.54	2.52	2.50	2.47	2.44	2.41	142	322
39	219	2.58	2.56	2.54	2.52	2.49	2.46	2.43	141	321
40	220	2.59	2.57	2.55	2.53	2.50	2.47	2.44	140	320
41	221	2.60	2.58	2.56	2.54	2.51	2.48	2.45	139	319
42	222	2.61	2.59	2.57	2.55	2.52	2.49	2.46	138	318
43	223	2.61	2.59	2.57	2.55	2.52	2.49	2.46	137	317
44	224	2.61	2.59	2.57	2.55	2.52	2.49	2.46	136	316
45	225	2.60	2.59	2.57	2.55	2.52	2.49	2.46	135	315
		—	—	—	—	—	—	—		

Tafel **E 11** Koordinatentransformation Argument links Vorzeichen oben
p rechts unten

Argument		Jahr							Argument	
		—4000	—3000	—2000	—1000	0	+1000	+2000		
		+	+	+	+	+	+	+		
°	°	°	°	°	°	°	°	°	°	°
45	225	2.60	2.59	2.57	2.55	2.52	2.49	2.46	135	315
46	226	2.60	2.59	2.57	2.54	2.52	2.49	2.46	134	314
47	227	2.59	2.58	2.56	2.53	2.51	2.48	2.45	133	313
48	228	2.58	2.57	2.55	2.52	2.50	2.47	2.44	132	312
49	229	2.57	2.55	2.53	2.51	2.49	2.46	2.43	131	311
50	230	2.55	2.53	2.51	2.49	2.47	2.44	2.41	130	310
51	231	2.53	2.51	2.50	2.47	2.45	2.42	2.39	129	309
52	232	2.51	2.49	2.47	2.45	2.42	2.39	2.36	128	308
53	233	2.48	2.46	2.44	2.42	2.39	2.36	2.34	127	307
54	234	2.45	2.43	2.41	2.39	2.36	2.33	2.31	126	306
55	235	2.42	2.40	2.38	2.36	2.33	2.30	2.28	125	305
56	236	2.38	2.36	2.35	2.33	2.30	2.27	2.25	124	304
57	237	2.34	2.32	2.31	2.29	2.27	2.24	2.22	123	303
58	238	2.30	2.28	2.27	2.25	2.23	2.20	2.18	122	302
59	239	2.26	2.24	2.23	2.21	2.19	2.16	2.14	121	301
60	240	2.21	2.20	2.18	2.16	2.14	2.11	2.09	120	300
61	241	2.16	2.15	2.13	2.11	2.09	2.06	2.04	119	299
62	242	2.11	2.10	2.08	2.06	2.04	2.01	1.99	118	298
63	243	2.06	2.05	2.03	2.01	1.99	1.96	1.94	117	297
64	244	2.00	1.99	1.97	1.95	1.93	1.91	1.89	116	296
65	245	1.94	1.93	1.91	1.90	1.88	1.86	1.84	115	295
66	246	1.88	1.87	1.85	1.84	1.82	1.80	1.78	114	294
67	247	1.82	1.81	1.79	1.78	1.76	1.74	1.72	113	293
68	248	1.76	1.75	1.73	1.72	1.70	1.68	1.66	112	292
69	249	1.70	1.69	1.67	1.66	1.64	1.62	1.60	111	291
70	250	1.63	1.62	1.60	1.59	1.57	1.55	1.53	110	290
71	251	1.56	1.55	1.53	1.52	1.50	1.49	1.47	109	289
72	252	1.48	1.47	1.46	1.45	1.43	1.42	1.40	108	288
73	253	1.41	1.40	1.39	1.38	1.36	1.35	1.33	107	287
74	254	1.33	1.32	1.31	1.30	1.29	1.28	1.26	106	286
75	255	1.26	1.25	1.24	1.23	1.22	1.21	1.19	105	285
76	256	1.18	1.17	1.16	1.15	1.14	1.13	1.12	104	284
77	257	1.10	1.10	1.09	1.08	1.07	1.06	1.05	103	283
78	258	1.02	1.02	1.01	1.00	0.99	0.98	0.97	102	282
79	259	0.94	0.94	0.93	0.92	0.91	0.90	0.89	101	281
80	260	0.86	0.86	0.85	0.84	0.83	0.82	0.81	100	280
81	261	0.78	0.78	0.77	0.76	0.75	0.74	0.73	99	279
82	262	0.69	0.69	0.68	0.68	0.67	0.66	0.65	98	278
83	263	0.61	0.61	0.60	0.60	0.59	0.58	0.57	97	277
84	264	0.52	0.52	0.51	0.51	0.50	0.50	0.49	96	276
85	265	0.44	0.44	0.43	0.43	0.42	0.42	0.41	95	275
86	266	0.35	0.35	0.34	0.34	0.33	0.33	0.33	94	274
87	267	0.26	0.26	0.26	0.26	0.25	0.25	0.25	93	273
88	268	0.17	0.17	0.17	0.17	0.16	0.16	0.16	92	272
89	269	0.09	0.09	0.09	0.09	0.08	0.08	0.08	91	271
90	270	0.00	0.00	0.00	0.00	0.00	0.00	0.00	90	270
		—	—	—	—	—	—	—		

Tafel **E 12** Koordinatentransformation Argument links Vorzeichen oben

r rechts unten

Argument		Jahr −4000	−3000	−2000	−1000	0	+1000	+2000	Argument	
		—	—	—	—	—	—	—		
0°	180°	0.00°	0.00°	0.00°	0.00°	0.00°	0.00°	0.00°	180°	360°
1	179	0.45	0.45	0.45	0.44	0.44	0.44	0.44	181	359
2	178	0.90	0.89	0.89	0.88	0.88	0.87	0.87	182	358
3	177	1.35	1.34	1.33	1.32	1.32	1.31	1.30	183	357
4	176	1.79	1.78	1.77	1.76	1.75	1.74	1.73	184	356
5	175	2.24	2.23	2.21	2.20	2.19	2.18	2.16	185	355
6	174	2.68	2.67	2.65	2.64	2.62	2.60	2.59	186	354
7	173	3.12	3.11	3.09	3.08	3.06	3.04	3.02	187	353
8	172	3.56	3.55	3.53	3.51	3.49	3.47	3.45	188	352
9	171	4.00	3.99	3.97	3.95	3.93	3.90	3.88	189	351
10	170	4.44	4.43	4.41	4.38	4.36	4.33	4.30	190	350
11	169	4.88	4.87	4.85	4.82	4.79	4.76	4.73	191	349
12	168	5.32	5.30	5.28	5.25	5.22	5.19	5.15	192	348
13	167	5.75	5.73	5.71	5.68	5.65	5.61	5.57	193	347
14	166	6.18	6.16	6.13	6.10	6.07	6.03	5.99	194	346
15	165	6.61	6.58	6.55	6.52	6.49	6.45	6.40	195	345
16	164	7.03	7.00	6.97	6.94	6.90	6.86	6.81	196	344
17	163	7.45	7.42	7.39	7.35	7.31	7.27	7.22	197	343
18	162	7.87	7.84	7.81	7.77	7.72	7.68	7.62	198	342
19	161	8.29	8.26	8.22	8.18	8.13	8.08	8.03	199	341
20	160	8.70	8.67	8.63	8.59	8.54	8.49	8.43	200	340
21	159	9.11	9.08	9.04	8.99	8.94	8.89	8.83	201	339
22	158	9.52	9.48	9.44	9.39	9.34	9.29	9.23	202	338
23	157	9.92	9.88	9.84	9.79	9.74	9.68	9.62	203	337
24	156	10.32	10.28	10.24	10.19	10.13	10.07	10.00	204	336
25	155	10.71	10.67	10.63	10.58	10.52	10.45	10.38	205	335
26	154	11.10	11.06	11.01	10.96	10.90	10.83	10.76	206	334
27	153	11.48	11.44	11.39	11.33	11.27	11.20	11.13	207	333
28	152	11.86	11.82	11.76	11.70	11.64	11.57	11.50	208	332
29	151	12.24	12.19	12.13	12.07	12.01	11.94	11.86	209	331
30	150	12.61	12.56	12.50	12.44	12.37	12.30	12.22	210	330
31	149	12.98	12.93	12.87	12.80	12.73	12.66	12.58	211	329
32	148	13.34	13.29	13.23	13.16	13.09	13.02	12.93	212	328
33	147	13.70	13.65	13.59	13.52	13.44	13.37	13.28	213	327
34	146	14.05	14.00	13.94	13.87	13.79	13.71	13.62	214	326
35	145	14.40	14.35	14.28	14.21	14.13	14.05	13.96	215	325
36	144	14.74	14.69	14.62	14.55	14.47	14.38	14.29	216	324
37	143	15.08	15.02	14.95	14.88	14.80	14.71	14.62	217	323
38	142	15.41	15.35	15.28	15.21	15.13	15.03	14.94	218	322
39	141	15.73	15.67	15.60	15.53	15.45	15.35	15.26	219	321
40	140	16.05	15.99	15.92	15.84	15.76	15.67	15.57	220	320
41	139	16.36	16.30	16.23	16.15	16.07	15.98	15.87	221	319
42	138	16.67	16.61	16.54	16.46	16.37	16.28	16.17	222	318
43	137	16.97	16.91	16.84	16.76	16.67	16.57	16.46	223	317
44	136	17.27	17.21	17.13	17.05	16.96	16.86	16.75	224	316
45	135	17.56	17.50	17.42	17.34	17.25	17.14	17.03	225	315
		+	+	+	+	+	+	+		

Tafel **E 12** Koordinatentransformation Argument links Vorzeichen oben

r rechts unten

Argument		Jahr −4000	−3000	−2000	−1000	0	+1000	+2000	Argument	
		—	—	—	—	—	—	—		
°	°	°	°	°	°	°	°	°	°	°
45	135	17.56	17.50	17.42	17.34	17.25	17.14	17.03	225	315
46	134	17.85	17.78	17.70	17.62	17.53	17.42	17.31	226	314
47	133	18.13	18.06	17.98	17.89	17.80	17.69	17.58	227	313
48	132	18.40	18.33	18.25	18.16	18.07	17.96	17.85	228	312
49	131	18.67	18.60	18.52	18.43	18.33	18.22	18.11	229	311
50	130	18.93	18.86	18.78	18.69	18.59	18.48	18.36	230	310
51	129	19.18	19.11	19.03	18.94	18.84	18.73	18.61	231	309
52	128	19.43	19.36	19.28	19.18	19.08	18.97	18.85	232	308
53	127	19.67	19.60	19.52	19.42	19.32	19.21	19.09	233	307
54	126	19.91	19.84	19.75	19.65	19.55	19.44	19.32	234	306
55	125	20.14	20.07	19.98	19.88	19.78	19.66	19.54	235	305
56	124	20.36	20.29	20.20	20.10	20.00	19.88	19.76	236	304
57	123	20.57	20.50	20.41	20.31	20.21	20.09	19.97	237	303
58	122	20.78	20.71	20.62	20.52	20.42	20.30	20.18	238	302
59	121	20.98	20.91	20.82	20.72	20.62	20.50	20.38	239	301
60	120	21.18	21.11	21.02	20.92	20.81	20.70	20.57	240	300
61	119	21.37	21.30	21.21	21.11	21.00	20.89	20.76	241	299
62	118	21.56	21.49	21.39	21.29	21.18	21.07	20.94	242	298
63	117	21.74	21.67	21.57	21.47	21.36	21.24	21.11	243	297
64	116	21.91	21.84	21.74	21.64	21.53	21.41	21.28	244	296
65	115	22.08	22.00	21.91	21.80	21.69	21.57	21.44	245	295
66	114	22.24	22.16	22.07	21.96	21.85	21.73	21.60	246	294
67	113	22.39	22.31	22.22	22.11	22.00	21.88	21.75	247	293
68	112	22.54	22.46	22.37	22.26	22.15	22.03	21.89	248	292
69	111	22.68	22.60	22.51	22.40	22.29	22.17	22.03	249	291
70	110	22.81	22.73	22.64	22.53	22.42	22.30	22.16	250	290
71	109	22.94	22.86	22.77	22.66	22.54	22.42	22.28	251	289
72	108	23.06	22.98	22.89	22.78	22.66	22.54	22.40	252	288
73	107	23.17	23.09	23.00	22.89	22.77	22.65	22.51	253	287
74	106	23.28	23.20	23.11	22.99	22.88	22.75	22.61	254	286
75	105	23.38	23.30	23.20	23.09	22.98	22.85	22.71	255	285
76	104	23.47	23.39	23.29	23.18	23.07	22.94	22.80	256	284
77	103	23.56	23.48	23.38	23.27	23.16	23.03	22.89	257	283
78	102	23.64	23.56	23.46	23.35	23.24	23.11	22.97	258	282
79	101	23.71	23.63	23.53	23.42	23.31	23.18	23.04	259	281
80	100	23.78	23.70	23.60	23.49	23.38	23.25	23.11	260	280
81	99	23.84	23.76	23.66	23.55	23.44	23.31	23.17	261	279
82	98	23.90	23.82	23.72	23.61	23.49	23.36	23.22	262	278
83	97	23.95	23.87	23.77	23.66	23.54	23.41	23.27	263	277
84	96	23.99	23.91	23.81	23.70	23.58	23.45	23.31	264	276
85	95	24.03	23.95	23.85	23.74	23.62	23.49	23.35	265	275
86	94	24.06	23.98	23.88	23.77	23.65	23.52	23.38	266	274
87	93	24.08	24.00	23.90	23.79	23.67	23.54	23.40	267	273
88	92	24.10	24.02	23.92	23.81	23.69	23.56	23.42	268	272
89	91	24.11	24.03	23.93	23.82	23.70	23.57	23.43	269	271
90	90	24.11	24.03	23.93	23.83	23.70	23.57	23.43	270	270
		+	+	+	+	+	+	+		

Tafel **E 13** Koordinatentransformation Argument links Vorzeichen oben

ε rechts unten

Argument		Jahr −4000	−3000	−2000	−1000	0	+1000	+2000	Argument	
°	°	+ °	+ °	+ °	+ °	+ °	+ °	+ °	°	°
0	360	24.11	24.03	23.93	23.83	23.70	23.57	23.43	180	180
1	359	24.11	24.03	23.93	23.82	23.70	23.57	23.43	179	181
2	358	24.10	24.02	23.92	23.81	23.69	23.56	23.42	178	182
3	357	24.08	24.00	23.90	23.79	23.67	23.54	23.40	177	183
4	356	24.05	23.97	23.87	23.76	23.64	23.51	23.37	176	184
5	355	24.01	23.93	23.83	23.72	23.60	23.47	23.34	175	185
6	354	23.97	23.89	23.79	23.68	23.56	23.43	23.30	174	186
7	353	23.92	23.84	23.74	23.63	23.51	23.38	23.25	173	187
8	352	23.86	23.78	23.68	23.57	23.46	23.33	23.19	172	188
9	351	23.79	23.71	23.61	23.50	23.39	23.26	23.12	171	189
10	350	23.72	23.64	23.54	23.43	23.32	23.19	23.05	170	190
11	349	23.64	23.56	23.46	23.35	23.24	23.11	22.97	169	191
12	348	23.55	23.47	23.38	23.27	23.15	23.03	22.89	168	192
13	347	23.45	23.37	23.28	23.17	23.05	22.93	22.80	167	193
14	346	23.35	23.27	23.18	23.07	22.95	22.83	22.70	166	194
15	345	23.24	23.16	23.07	22.96	22.84	22.72	22.59	165	195
16	344	23.12	23.04	22.95	22.84	22.73	22.61	22.47	164	196
17	343	22.99	22.91	22.82	22.72	22.61	22.49	22.35	163	197
18	342	22.86	22.78	22.69	22.58	22.48	22.36	22.22	162	198
19	341	22.72	22.64	22.55	22.45	22.35	22.22	22.08	161	199
20	340	22.57	22.50	22.40	22.30	22.19	22.07	21.94	160	200
21	339	22.41	22.35	22.25	22.15	22.04	21.92	21.79	159	201
22	338	22.25	22.19	22.09	21.99	21.88	21.76	21.63	158	202
23	337	22.08	22.02	21.92	21.82	21.71	21.60	21.47	157	203
24	336	21.91	21.84	21.75	21.65	21.54	21.43	21.30	156	204
25	335	21.73	21.66	21.57	21.47	21.36	21.25	21.12	155	205
26	334	21.54	21.47	21.38	21.28	21.17	21.06	20.94	154	206
27	333	21.34	21.27	21.18	21.09	20.98	20.87	20.75	153	207
28	332	21.14	21.07	20.98	20.89	20.78	20.67	20.55	152	208
29	331	20.93	20.86	20.77	20.68	20.58	20.47	20.35	151	209
30	330	20.72	20.65	20.56	20.47	20.37	20.26	20.14	150	210
31	329	20.50	20.43	20.34	20.25	20.15	20.04	19.93	149	211
32	328	20.27	20.20	20.12	20.03	19.93	19.82	19.71	148	212
33	327	20.04	19.97	19.89	19.80	19.70	19.60	19.48	147	213
34	326	19.80	19.73	19.65	19.56	19.47	19.37	19.25	146	214
35	325	19.55	19.49	19.41	19.32	19.23	19.13	19.01	145	215
36	324	19.30	19.24	19.16	19.07	18.98	18.88	18.77	144	216
37	323	19.04	18.98	18.90	18.82	18.73	18.63	18.52	143	217
38	322	18.78	18.72	18.64	18.56	18.47	18.37	18.26	142	218
39	321	18.51	18.45	18.37	18.29	18.20	18.11	18.00	141	219
40	320	18.24	18.18	18.10	18.02	17.93	17.84	17.73	140	220
41	319	17.96	17.90	17.82	17.74	17.66	17.57	17.46	139	221
42	318	17.68	17.62	17.54	17.46	17.38	17.29	17.18	138	222
43	317	17.39	17.33	17.26	17.18	17.10	17.01	16.90	137	223
44	316	17.09	17.03	16.97	16.89	16.81	16.72	16.62	136	224
45	315	16.79	16.73	16.67	16.60	16.52	16.43	16.33	135	225
		—	—	—	—	—	—	—		

Tafel **E 13** Koordinatentransformation *s* Argument links Vorzeichen oben, rechts unten

Argument		−4000	−3000	−2000	−1000	0	+1000	+2000	Argument	
		+	+	+	+	+	+	+		
°	°	°	°	°	°	°	°	°	°	°
45	315	16.79	16.73	16.67	16.60	16.52	16.43	16.33	135	225
46	314	16.48	16.43	16.37	16.30	16.22	16.13	16.03	134	226
47	313	16.17	16.12	16.06	15.99	15.91	15.83	15.73	133	227
48	312	15.86	15.81	15.75	15.68	15.60	15.52	15.43	132	228
49	311	15.54	15.49	15.43	15.36	15.29	15.21	15.12	131	229
50	310	15.22	15.17	15.11	15.04	14.97	14.89	14.81	130	230
51	309	14.89	14.84	14.79	14.72	14.65	14.57	14.49	129	231
52	308	14.56	14.51	14.46	14.40	14.33	14.25	14.17	128	232
53	307	14.23	14.18	14.13	14.07	14.00	13.92	13.85	127	233
54	306	13.89	13.84	13.79	13.73	13.67	13.59	13.52	126	234
55	305	13.55	13.50	13.45	13.39	13.33	13.26	13.19	125	235
56	304	13.20	13.16	13.11	13.05	12.99	12.92	12.85	124	236
57	303	12.85	12.81	12.76	12.71	12.65	12.58	12.51	123	237
58	302	12.50	12.46	12.41	12.36	12.30	12.23	12.17	122	238
59	301	12.14	12.10	12.06	12.01	11.95	11.88	11.82	121	239
60	300	11.78	11.74	11.70	11.65	11.59	11.53	11.47	120	240
61	299	11.42	11.38	11.34	11.29	11.23	11.18	11.12	119	241
62	298	11.06	11.02	10.98	10.93	10.87	10.82	10.76	118	242
63	297	10.69	10.66	10.62	10.57	10.51	10.46	10.40	117	243
64	296	10.32	10.29	10.25	10.20	10.15	10.10	10.04	116	244
65	295	9.95	9.92	9.88	9.83	9.78	9.74	9.68	115	245
66	294	9.57	9.54	9.50	9.46	9.41	9.37	9.31	114	246
67	293	9.19	9.16	9.12	9.08	9.04	9.00	8.94	113	247
68	292	8.80	8.77	8.74	8.70	8.66	8.62	8.57	112	248
69	291	8.42	8.39	8.36	8.32	8.28	8.24	8.20	111	249
70	290	8.03	8.00	7.97	7.94	7.90	7.86	7.82	110	250
71	289	7.64	7.62	7.59	7.56	7.52	7.48	7.44	109	251
72	288	7.25	7.23	7.20	7.17	7.14	7.10	7.06	108	252
73	287	6.86	6.84	6.81	6.78	6.75	6.72	6.68	107	253
74	286	6.46	6.45	6.42	6.39	6.36	6.33	6.29	106	254
75	285	6.07	6.05	6.03	6.00	5.97	5.94	5.91	105	255
76	284	5.67	5.65	5.63	5.61	5.58	5.55	5.52	104	256
77	283	5.27	5.25	5.24	5.22	5.19	5.16	5.13	103	257
78	282	4.87	4.86	4.84	4.82	4.79	4.77	4.74	102	258
79	281	4.47	4.46	4.44	4.42	4.40	4.38	4.35	101	259
80	280	4.07	4.06	4.04	4.02	4.00	3.98	3.96	100	260
81	279	3.67	3.66	3.64	3.62	3.61	3.59	3.57	99	261
82	278	3.26	3.25	3.24	3.22	3.21	3.19	3.17	98	262
83	277	2.86	2.85	2.84	2.82	2.81	2.79	2.78	97	263
84	276	2.45	2.44	2.43	2.42	2.41	2.39	2.38	96	264
85	275	2.05	2.04	2.03	2.02	2.01	2.00	1.99	95	265
86	274	1.64	1.63	1.63	1.62	1.61	1.60	1.59	94	266
87	273	1.23	1.23	1.23	1.22	1.21	1.20	1.20	93	267
88	272	0.82	0.82	0.82	0.81	0.81	0.80	0.80	92	268
89	271	0.41	0.41	0.41	0.41	0.41	0.40	0.40	91	269
90	270	0.00	0.00	0.00	0.00	0.00	0.00	0.00	90	270
		—	—	—	—	—	—	—		

Tafel **E 14** Mondparallaxe: $l-\vartheta$ Argument links $l-\vartheta$ positiv, rechts negativ

$\vartheta+90°$	20°	22°	24°	26°	28°	30°	32°	34°	36°	38°	40°	$\vartheta+90°$
	Geographische Breite φ											
	+	+	+	+	+	+	+	+	+	+	+	
0°	0.0°	0.0°	0.0°	0.0°	0.0°	0.0°	0.0°	0.0°	0.0°	0.0°	0.0°	360°
2	0.6	0.7	0.8	0.8	0.9	0.9	1.0	1.1	1.3	1.4	1.5	358
4	1.2	1.3	1.5	1.6	1.7	1.8	2.0	2.2	2.5	2.7	2.9	356
6	1.8	2.0	2.2	2.4	2.6	2.8	3.0	3.3	3.7	4.0	4.3	354
8	2.4	2.6	2.9	3.1	3.4	3.7	4.0	4.4	4.8	5.2	5.7	352
10	3.0	3.2	3.5	3.8	4.2	4.6	5.0	5.4	5.9	6.4	7.1	350
12	3.5	3.8	4.1	4.5	5.0	5.4	5.9	6.4	7.0	7.6	8.4	348
14	4.1	4.4	4.8	5.3	5.8	6.3	6.8	7.4	8.1	8.8	9.7	346
16	4.6	5.0	5.5	6.0	6.5	7.1	7.7	8.4	9.1	9.9	10.9	344
18	5.1	5.6	6.1	6.7	7.2	7.9	8.5	9.3	10.1	11.0	12.1	342
20	5.6	6.1	6.7	7.3	7.9	8.6	9.3	10.1	11.0	12.0	13.2	340
22	6.1	6.6	7.2	7.9	8.5	9.3	10.0	10.9	11.9	13.0	14.2	338
24	6.5	7.1	7.7	8.4	9.1	9.9	10.7	11.7	12.8	13.9	15.2	336
26	6.9	7.6	8.2	8.9	9.7	10.5	11.4	12.4	13.6	14.8	16.1	334
28	7.3	8.0	8.6	9.4	10.2	11.1	12.0	13.1	14.3	15.6	16.9	332
30	7.7	8.4	9.1	9.9	10.7	11.6	12.6	13.8	15.0	16.3	17.6	330
32	8.0	8.7	9.5	10.3	11.2	12.1	13.2	14.4	15.6	16.9	18.3	328
34	8.3	9.1	9.9	10.7	11.7	12.6	13.7	14.9	16.1	17.5	18.9	326
36	8.6	9.4	10.3	11.1	12.1	13.0	14.2	15.4	16.6	18.1	19.5	324
38	8.9	9.7	10.6	11.5	12.5	13.5	14.6	15.8	17.1	18.5	20.0	322
40	9.2	10.0	10.9	11.8	12.8	13.9	15.0	16.2	17.5	18.9	20.4	320
42	9.4	10.3	11.2	12.1	13.1	14.2	15.3	16.6	17.9	19.3	20.8	318
44	9.6	10.5	11.4	12.4	13.4	14.5	15.6	16.9	18.2	19.6	21.1	316
46	9.8	10.7	11.6	12.6	13.6	14.7	15.9	17.2	18.5	19.9	21.4	314
48	9.9	10.8	11.8	12.8	13.8	14.9	16.1	17.4	18.7	20.1	21.6	312
50	10.0	10.9	11.9	12.9	14.0	15.1	16.3	17.6	18.9	20.3	21.8	310
52	10.1	11.0	12.0	13.0	14.1	15.2	16.4	17.7	19.0	20.4	21.9	308
54	10.1	11.1	12.0	13.0	14.1	15.2	16.4	17.7	19.0	20.4	22.0	306
56	10.2	11.2	12.1	13.1	14.2	15.3	16.5	17.8	19.1	20.5	22.1	304
58	10.2	11.2	12.1	13.1	14.2	15.3	16.5	17.8	19.1	20.5	22.1	302
60	10.2	11.2	12.1	13.1	14.2	15.3	16.5	17.8	19.1	20.5	22.1	300
62	10.2	11.1	12.1	13.1	14.2	15.3	16.5	17.8	19.1	20.5	22.0	298
64	10.2	11.1	12.1	13.1	14.2	15.3	16.5	17.7	19.1	20.5	21.9	296
66	10.1	11.0	12.0	13.0	14.1	15.2	16.4	17.7	19.0	20.4	21.8	294
68	10.1	11.0	12.0	13.0	14.1	15.2	16.4	17.6	19.0	20.4	21.6	292
70	10.0	10.9	11.9	12.9	14.0	15.1	16.3	17.5	18.9	20.2	21.5	290
72	9.9	10.8	11.8	12.8	13.9	15.0	16.2	17.4	18.7	20.0	21.3	288
74	9.8	10.7	11.7	12.7	13.8	14.9	16.1	17.2	18.5	19.8	21.1	286
76	9.6	10.5	11.5	12.5	13.6	14.7	15.9	17.0	18.2	19.5	20.9	284
78	9.5	10.4	11.4	12.4	13.4	14.5	15.7	16.8	18.0	19.3	20.6	282
80	9.3	10.2	11.2	12.2	13.2	14.3	15.4	16.5	17.7	19.0	20.3	280
82	9.1	10.0	11.0	12.0	13.0	14.1	15.2	16.3	17.5	18.7	20.0	278
84	8.9	9.8	10.8	11.8	12.8	13.8	14.9	16.0	17.2	18.4	19.7	276
86	8.7	9.6	10.6	11.6	12.6	13.6	14.6	15.7	16.9	18.1	19.4	274
88	8.5	9.4	10.4	11.3	12.3	13.3	14.3	15.4	16.6	17.8	19.0	272
90	8.3	9.2	10.1	11.1	12.1	13.1	14.1	15.2	16.3	17.5	18.7	270
	—	—	—	—	—	—	—	—	—	—	—	

Tafel **E 14** Mondparallaxe: $l—\vartheta$ Argument links $l—\vartheta$ positiv
rechts negativ

$\vartheta+90°$	Geographische Breite φ 20°	22°	24°	26°	28°	30°	32°	34°	36°	38°	40°	$\vartheta+90°$
	+	+	+	+	+	+	+	+	+	+	+	
90°	8.3°	9.2°	10.1°	11.1°	12.1°	13.1°	14.1°	15.2°	16.3°	17.5°	18.7°	270°
92	8.0	8.9	9.9	10.8	11.8	12.8	13.8	14.9	16.0	17.1	18.3	268
94	7.8	8.7	9.7	10.6	11.6	12.5	13.6	14.6	15.7	16.8	17.9	266
96	7.6	8.5	9.4	10.3	11.3	12.3	13.3	14.3	15.3	16.4	17.5	264
98	7.4	8.3	9.2	10.1	11.0	12.0	13.0	14.0	15.0	16.0	17.1	262
100	7.1	8.0	8.9	9.8	10.7	11.7	12.7	13.6	14.6	15.6	16.7	260
102	6.9	7.8	8.7	9.6	10.5	11.4	12.4	13.3	14.3	15.3	16.3	258
104	6.7	7.5	8.4	9.3	10.2	11.1	12.0	12.9	13.9	14.9	15.9	256
106	6.5	7.3	8.2	9.0	9.9	10.8	11.7	12.6	13.6	14.5	15.5	254
108	6.2	7.0	7.9	8.7	9.6	10.5	11.4	12.3	13.2	14.1	15.0	252
110	6.0	6.8	7.7	8.5	9.3	10.2	11.1	11.9	12.8	13.7	14.6	250
112	5.8	6.6	7.4	8.2	9.0	9.8	10.7	11.5	12.4	13.3	14.2	248
114	5.6	6.4	7.2	7.9	8.7	9.5	10.4	11.2	12.1	12.9	13.8	246
116	5.3	6.1	6.9	7.6	8.4	9.2	10.0	10.8	11.7	12.5	13.4	244
118	5.1	5.9	6.6	7.3	8.1	8.9	9.7	10.5	11.3	12.1	13.0	242
120	4.9	5.6	6.3	7.0	7.8	8.5	9.3	10.1	10.9	11.7	12.6	240
122	4.7	5.4	6.1	6.8	7.5	8.2	9.0	9.8	10.6	11.3	12.2	238
124	4.5	5.1	5.8	6.5	7.2	7.9	8.7	9.4	10.2	10.9	11.7	236
126	4.3	4.9	5.6	6.2	6.9	7.6	8.4	9.1	9.8	10.5	11.3	234
128	4.0	4.6	5.3	5.9	6.6	7.3	8.0	8.7	9.4	10.1	10.9	232
130	3.8	4.4	5.1	5.7	6.3	7.0	7.7	8.3	9.0	9.7	10.5	230
132	3.6	4.2	4.8	5.4	6.0	6.6	7.3	7.9	8.6	9.3	10.0	228
134	3.4	4.0	4.6	5.1	5.7	6.3	7.0	7.6	8.2	8.9	9.6	226
136	3.2	3.7	4.3	4.8	5.4	6.0	6.6	7.2	7.8	8.4	9.1	224
138	3.0	3.5	4.1	4.6	5.1	5.7	6.3	6.9	7.4	8.0	8.7	222
140	2.8	3.3	3.8	4.3	4.9	5.4	6.0	6.5	7.0	7.6	8.2	220
142	2.7	3.1	3.6	4.1	4.7	5.2	5.7	6.2	6.7	7.3	7.8	218
144	2.5	2.9	3.4	3.9	4.4	4.9	5.4	5.9	6.4	6.9	7.4	216
146	2.3	2.7	3.2	3.6	4.1	4.6	5.1	5.6	6.0	6.5	7.0	214
148	2.1	2.5	2.9	3.3	3.8	4.3	4.8	5.2	5.6	6.0	6.5	212
150	2.0	2.3	2.7	3.1	3.6	4.0	4.5	4.9	5.3	5.7	6.1	210
152	1.8	2.1	2.5	2.9	3.3	3.7	4.1	4.5	4.9	5.3	5.7	208
154	1.7	2.0	2.3	2.7	3.1	3.4	3.8	4.2	4.6	4.9	5.3	206
156	1.5	1.8	2.1	2.4	2.8	3.1	3.5	3.8	4.2	4.5	4.9	204
158	1.4	1.6	1.9	2.2	2.6	2.9	3.2	3.5	3.9	4.2	4.5	202
160	1.2	1.4	1.7	2.0	2.3	2.6	2.9	3.2	3.5	3.8	4.1	200
162	1.1	1.3	1.5	1.8	2.1	2.3	2.6	2.9	3.2	3.4	3.7	198
164	0.9	1.1	1.3	1.5	1.8	2.0	2.3	2.5	2.8	3.0	3.2	196
166	0.8	1.0	1.2	1.3	1.6	1.8	2.0	2.2	2.5	2.6	2.8	194
168	0.7	0.8	1.0	1.1	1.4	1.5	1.7	1.9	2.1	2.2	2.4	192
170	0.6	0.7	0.8	0.9	1.2	1.3	1.5	1.6	1.8	1.9	2.0	190
172	0.4	0.5	0.6	0.7	0.9	1.0	1.2	1.3	1.4	1.5	1.6	188
174	0.3	0.4	0.5	0.5	0.7	0.8	0.9	1.0	1.1	1.1	1.2	186
176	0.2	0.3	0.3	0.3	0.4	0.5	0.6	0.6	0.7	0.7	0.8	184
178	0.1	0.2	0.2	0.2	0.2	0.3	0.3	0.3	0.4	0.4	0.4	182
180	0.0	0.0	0.0	0.0	0.0	0.0	0.0	0.0	0.0	0.0	0.0	180
	—	—	—	—	—	—	—	—	—	—	—	

Tafel **E 14** Mondparallaxe: $l-\vartheta$ Argument links $l-\vartheta$ positiv, rechts negativ

$\vartheta+90°$	40°	42°	44°	46°	48°	50°	52°	54°	56°	58°	60°	$\vartheta+90°$
	Geographische Breite φ											
	+	+	+	+	+	+	+	+	+	+	+	
0°	0.0°	0.0°	0.0°	0.0°	0.0°	0.0°	0.0°	0.0°	0.0°	0.0°	0.0°	360°
2	1.5	1.6	1.8	2.1	2.3	2.7	3.1	3.6	4.4	5.4	7.1	358
4	2.9	3.2	3.6	4.1	4.6	5.2	6.0	7.0	8.5	10.5	13.8	356
6	4.3	4.8	5.3	6.0	6.8	7.7	8.9	10.3	12.4	15.4	20.0	354
8	5.7	6.3	7.0	7.8	8.8	10.0	11.6	13.5	16.1	19.8	25.5	352
10	7.1	7.8	8.6	9.6	10.8	12.3	14.2	16.5	19.5	23.8	30.2	350
12	8.4	9.2	10.2	11.4	12.8	14.5	16.6	19.2	22.7	27.4	34.2	348
14	9.7	10.6	11.7	13.0	14.6	16.6	18.9	21.7	25.6	30.6	37.5	346
16	10.9	12.0	13.2	14.6	16.4	18.5	21.0	24.1	28.1	33.3	40.4	344
18	12.1	13.3	14.6	16.1	18.0	20.2	22.9	26.2	30.3	35.6	42.7	342
20	13.2	14.5	15.9	17.6	19.5	21.8	24.6	28.0	32.3	37.6	44.4	340
22	14.2	15.6	17.1	18.9	20.9	23.3	26.2	29.7	34.0	39.2	45.8	338
24	15.2	16.6	18.2	20.0	22.2	24.7	27.6	31.2	35.4	40.6	47.0	336
26	16.1	17.6	19.2	21.1	23.4	25.9	28.9	32.5	36.6	41.7	47.9	334
28	16.9	18.5	20.2	22.1	24.4	27.0	30.0	33.5	37.7	42.6	48.5	332
30	17.6	19.3	21.0	23.0	25.3	27.9	30.9	34.4	38.6	43.3	49.0	330
32	18.3	20.0	21.8	23.8	26.1	28.7	31.7	35.2	39.2	43.9	49.4	328
34	18.9	20.6	22.5	24.5	26.8	29.4	32.4	35.9	39.7	44.3	49.6	326
36	19.5	21.2	23.1	25.1	27.4	30.0	33.0	36.4	40.2	44.5	49.6	324
38	20.0	21.7	23.6	25.6	27.9	30.5	33.4	36.8	40.5	44.7	49.6	322
40	20.4	22.1	24.0	26.0	28.3	30.9	33.8	37.0	40.7	44.8	49.5	320
42	20.8	22.5	24.4	26.4	28.7	31.2	34.1	37.2	40.8	44.8	49.3	318
44	21.1	22.9	24.7	26.7	29.0	31.5	34.3	37.4	40.9	44.7	49.0	316
46	21.4	23.1	25.0	27.0	29.2	31.7	34.4	37.4	40.8	44.5	48.7	314
48	21.6	23.3	25.2	27.2	29.4	31.8	34.5	37.4	40.7	44.3	48.4	312
50	21.8	23.5	25.4	27.3	29.5	31.8	34.5	37.3	40.5	44.0	48.0	310
52	21.9	23.6	25.5	27.4	29.5	31.8	34.4	37.2	40.3	43.7	47.6	308
54	22.0	23.7	25.5	27.4	29.5	31.7	34.3	37.1	40.1	43.4	47.1	306
56	22.1	23.8	25.5	27.4	29.5	31.7	34.2	36.9	39.8	43.0	46.5	304
58	22.1	23.8	25.4	27.3	29.4	31.6	34.0	36.7	39.5	42.6	45.9	302
60	22.1	23.7	25.4	27.3	29.3	31.4	33.7	36.4	39.1	42.1	45.3	300
62	22.0	23.6	25.3	27.2	29.1	31.2	33.5	36.0	38.7	41.6	44.7	298
64	21.9	23.5	25.2	27.0	28.9	31.0	33.2	35.6	38.2	41.0	44.0	296
66	21.8	23.4	25.0	26.8	28.7	30.7	32.9	35.2	37.8	40.5	43.4	294
68	21.6	23.2	24.8	26.6	28.4	30.4	32.6	34.8	37.3	39.9	42.7	292
70	21.5	23.0	24.6	26.3	28.1	30.1	32.2	34.4	36.8	39.4	42.1	290
72	21.3	22.8	24.3	26.0	27.8	29.7	31.8	34.0	36.3	38.8	41.4	288
74	21.1	22.6	24.0	25.7	27.5	29.3	31.3	33.5	35.8	38.2	40.7	286
76	20.9	22.3	23.7	25.4	27.1	28.9	30.8	33.0	35.2	37.6	40.0	284
78	20.6	22.0	23.4	25.1	26.7	28.5	30.3	32.4	34.6	36.9	39.3	282
80	20.3	21.6	23.1	24.7	26.3	28.0	29.8	31.8	33.9	36.2	38.6	280
82	20.0	21.3	22.8	24.3	25.9	27.6	29.3	31.3	33.3	35.5	37.9	278
84	19.7	21.0	22.4	23.9	25.4	27.1	28.8	30.7	32.6	34.8	37.1	276
86	19.4	20.7	22.0	23.5	25.0	26.6	28.3	30.2	32.0	34.1	36.4	274
88	19.0	20.3	21.6	23.0	24.5	26.1	27.8	29.6	31.4	33.4	35.6	272
90	18.7	19.9	21.2	22.6	24.0	25.5	27.2	29.0	30.8	32.7	34.8	270
	—	—	—	—	—	—	—	—	—	—	—	

Tafel **E 14** Mondparallaxe: $l - \vartheta$ Argument links $l - \vartheta$ positiv, rechts negativ

$\vartheta + 90°$	Geographische Breite φ 40°	42°	44°	46°	48°	50°	52°	54°	56°	58°	60°	$\vartheta + 90°$
	+	+	+	+	+	+	+	+	+	+	+	
90°	18.7°	19.9°	21.2°	22.6°	24.0°	25.5°	27.2°	29.0°	30.8°	32.7°	34.8°	270°
92	18.3	19.5	20.8	22.1	23.5	25.0	26.7	28.3	30.1	32.0	34.0	268
94	17.9	19.1	20.4	21.7	23.1	24.5	26.1	27.7	29.5	31.3	33.3	266
96	17.5	18.7	19.9	21.2	22.6	24.0	25.5	27.1	28.8	30.6	32.5	264
98	17.1	18.3	19.5	20.7	22.1	23.5	25.0	26.5	28.2	29.9	31.7	262
100	16.7	17.8	19.0	20.2	21.5	22.9	24.4	25.9	27.5	29.2	30.9	260
102	16.3	17.4	18.6	19.8	21.0	22.4	23.8	25.3	26.8	28.5	30.2	258
104	15.9	17.0	18.1	19.3	20.5	21.8	23.2	24.6	26.1	27.7	29.4	256
106	15.5	16.6	17.7	18.8	20.0	21.2	22.6	24.0	25.5	27.0	28.6	254
108	15.0	16.1	17.2	18.3	19.4	20.6	22.0	23.4	24.8	26.3	27.8	252
110	14.6	15.7	16.7	17.8	18.9	20.1	21.4	22.8	24.1	25.6	27.1	250
112	14.2	15.2	16.2	17.3	18.4	19.6	20.8	22.1	23.4	24.8	26.3	248
114	13.8	14.8	15.8	16.8	17.9	19.0	20.2	21.5	22.7	24.1	25.5	246
116	13.4	14.3	15.3	16.3	17.3	18.4	19.6	20.8	22.0	23.3	24.7	244
118	13.0	13.9	14.8	15.8	16.8	17.8	19.0	20.1	21.3	22.6	23.9	242
120	12.6	13.4	14.3	15.2	16.2	17.2	18.3	19.4	20.6	21.8	23.1	240
122	12.2	13.0	13.9	14.7	15.7	16.7	17.7	18.8	19.9	21.1	22.3	238
124	11.7	12.5	13.4	14.2	15.1	16.1	17.1	18.1	19.2	20.3	21.5	236
126	11.3	12.1	12.9	13.7	14.6	15.5	16.5	17.5	18.5	19.6	20.8	234
128	10.9	11.6	12.4	13.2	14.0	14.9	15.8	16.8	17.8	18.9	20.0	232
130	10.5	11.2	11.9	12.7	13.5	14.3	15.2	16.1	17.1	18.2	19.2	230
132	10.0	10.7	11.4	12.1	12.9	13.7	14.5	15.4	16.4	17.4	18.4	228
134	9.6	10.2	10.9	11.6	12.4	13.1	13.9	14.8	15.7	16.7	17.7	226
136	9.1	9.7	10.4	11.1	11.8	12.5	13.3	14.1	14.9	15.9	16.9	224
138	8.7	9.3	9.9	10.6	11.3	12.0	12.7	13.5	14.2	15.1	16.1	222
140	8.2	8.8	9.4	10.1	10.7	11.4	12.1	12.8	13.5	14.4	15.3	220
142	7.8	8.4	9.0	9.6	10.2	10.9	11.5	12.2	12.9	13.7	14.6	218
144	7.4	7.9	8.5	9.1	9.7	10.3	10.9	11.5	12.2	13.0	13.8	216
146	7.0	7.5	8.0	8.6	9.2	9.7	10.3	10.9	11.5	12.3	13.0	214
148	6.5	7.0	7.5	8.0	8.6	9.1	9.7	10.2	10.8	11.5	12.2	212
150	6.1	6.6	7.1	7.5	8.1	8.6	9.1	9.6	10.2	10.8	11.5	210
152	5.7	6.1	6.6	7.0	7.5	8.0	8.5	8.9	9.5	10.1	10.7	208
154	5.3	5.7	6.1	6.5	7.0	7.4	7.9	8.3	8.8	9.4	9.9	206
156	4.9	5.2	5.6	6.0	6.4	6.8	7.2	7.6	8.1	8.6	9.1	204
158	4.5	4.8	5.2	5.5	5.9	6.2	6.6	7.0	7.5	7.9	8.4	202
160	4.1	4.4	4.7	5.0	5.3	5.6	6.0	6.4	6.8	7.2	7.6	200
162	3.7	3.9	4.2	4.5	4.8	5.1	5.4	5.8	6.1	6.5	6.9	198
164	3.2	3.4	3.7	4.0	4.2	4.5	4.8	5.1	5.4	5.7	6.1	196
166	2.8	3.0	3.2	3.5	3.7	4.0	4.2	4.5	4.8	5.0	5.4	194
168	2.4	2.6	2.8	3.0	3.2	3.4	3.6	3.8	4.1	4.3	4.6	192
170	2.0	2.2	2.3	2.5	2.7	2.8	3.0	3.2	3.4	3.6	3.8	190
172	1.6	1.7	1.8	1.9	2.1	2.2	2.4	2.5	2.7	2.8	3.0	188
174	1.2	1.3	1.4	1.4	1.6	1.7	1.8	1.9	2.0	2.1	2.3	186
176	0.8	0.8	0.9	0.9	1.0	1.1	1.2	1.2	1.3	1.4	1.5	184
178	0.4	0.4	0.5	0.5	0.5	0.5	0.6	0.6	0.7	0.7	0.8	182
180	0.0	0.0	0.0	0.0	0.0	0.0	0.0	0.0	0.0	0.0	0.0	180
	—	—	—	—	—	—	—	—	—	—	—	

Tafel **E 15** Mondparallaxe: b—φ

θ		Geographische Breite φ										
		20°	24°	28°	32°	36°	40°	44°	48°	52°	56°	60°
270°	270°	+23.7°	+23.7°	+23.7°	+23.7°	+23.7°	+23.7°	+23.7°	+23.7°	+23.7°	+23.7°	+23.7°
274	266	+23.6	+23.6	+23.6	+23.6	+23.6	+23.6	+23.5	+23.5	+23.5	+23.5	+23.4
278	262	+23.4	+23.4	+23.4	+23.4	+23.3	+23.3	+23.2	+23.2	+23.1	+22.9	+22.7
282	258	+23.0	+23.0	+23.0	+22.9	+22.8	+22.8	+22.7	+22.6	+22.4	+22.1	+21.7
286	254	+22.5	+22.5	+22.5	+22.4	+22.2	+22.1	+22.0	+21.9	+21.6	+21.1	+20.4
290	250	+21.9	+21.9	+21.8	+21.7	+21.5	+21.4	+21.2	+20.9	+20.6	+19.9	+19.0
294	246	+21.1	+21.1	+21.0	+20.8	+20.6	+20.4	+20.2	+19.9	+19.4	+18.6	+17.6
298	242	+20.2	+20.2	+20.1	+19.9	+19.6	+19.4	+19.1	+18.7	+18.1	+17.2	+16.1
302	238	+19.3	+19.2	+19.0	+18.8	+18.5	+18.2	+17.8	+17.3	+16.7	+15.8	+14.5
306	234	+18.3	+18.1	+17.8	+17.6	+17.3	+16.9	+16.4	+15.9	+15.2	+14.2	+12.9
310	230	+17.1	+16.9	+16.6	+16.3	+15.9	+15.5	+15.0	+14.4	+13.7	+12.7	+11.3
314	226	+15.8	+15.6	+15.3	+14.9	+14.5	+14.0	+13.5	+12.9	+12.1	+11.0	+ 9.6
318	222	+14.5	+14.2	+13.9	+13.5	+13.1	+12.6	+12.0	+11.3	+10.5	+ 9.4	+ 8.0
322	218	+13.1	+12.8	+12.4	+12.0	+11.6	+11.1	+10.5	+ 9.8	+ 8.9	+ 7.8	+ 6.4
326	214	+11.6	+11.3	+10.9	+10.5	+10.1	+ 9.6	+ 8.9	+ 8.1	+ 7.3	+ 6.2	+ 4.8
330	210	+10.1	+ 9.8	+ 9.4	+ 9.0	+ 8.5	+ 7.9	+ 7.3	+ 6.6	+ 5.7	+ 4.6	+ 3.3
334	206	+ 8.6	+ 8.2	+ 7.8	+ 7.4	+ 6.9	+ 6.3	+ 5.7	+ 5.0	+ 4.1	+ 3.0	+ 1.8
338	202	+ 7.0	+ 6.6	+ 6.2	+ 5.8	+ 5.3	+ 4.7	+ 4.1	+ 3.4	+ 2.5	+ 1.5	+ 0.3
342	198	+ 5.4	+ 5.0	+ 4.6	+ 4.2	+ 3.7	+ 3.1	+ 2.5	+ 1.8	+ 0.9	+ 0.0	— 1.2
346	194	+ 3.8	+ 3.4	+ 3.0	+ 2.6	+ 2.1	+ 1.5	+ 0.9	+ 0.2	— 0.6	— 1.6	— 2.7
350	190	+ 2.2	+ 1.8	+ 1.4	+ 1.0	+ 0.5	0.0	— 0.6	— 1.3	— 2.1	— 3.0	— 4.1
354	186	+ 0.6	+ 0.3	— 0.2	— 0.6	— 1.1	— 1.6	— 2.2	— 2.8	— 3.6	— 4.5	— 5.5
358	182	— 1.0	— 1.4	— 1.8	— 2.2	— 2.7	— 3.2	— 3.7	— 4.3	— 5.1	— 6.0	— 6.9
2	178	— 2.6	— 3.0	— 3.4	— 3.8	— 4.2	— 4.7	— 5.2	— 5.8	— 6.5	— 7.3	— 8.2
6	174	— 4.1	— 4.5	— 4.9	— 5.3	— 5.7	— 6.2	— 6.7	— 7.3	— 7.9	— 8.6	— 9.5
10	170	— 5.7	— 6.0	— 6.4	— 6.8	— 7.2	— 7.7	— 8.1	— 8.7	— 9.2	— 9.9	—10.7
14	166	— 7.2	— 7.5	— 7.9	— 8.3	— 8.7	— 9.1	— 9.5	—10.0	—10.5	—11.2	—11.9
18	162	— 8.7	— 9.0	— 9.3	— 9.7	—10.1	—10.4	—10.8	—11.3	—11.8	—12.4	—13.0
22	158	—10.1	—10.4	—10.7	—11.0	—11.4	—11.7	—12.1	—12.5	—13.0	—13.5	—14.1
26	154	—11.5	—11.8	—12.1	—12.4	—12.7	—13.0	—13.4	—13.7	—14.2	—14.6	—15.2
30	150	—12.8	—13.1	—13.4	—13.7	—14.0	—14.3	—14.6	—14.9	—15.3	—15.7	—16.2
34	146	—14.1	—14.3	—14.6	—14.9	—15.2	—15.5	—15.7	—16.0	—16.3	—16.7	—17.1
38	142	—15.3	—15.5	—15.8	—16.0	—16.3	—16.5	—16.8	—17.0	—17.3	—17.6	—18.0
42	138	—16.5	—16.7	—16.9	—17.1	—17.4	—17.5	—17.8	—18.0	—18.2	—18.5	—18.8
46	134	—17.6	—17.8	—18.0	—18.2	—18.4	—18.5	—18.7	—18.9	—19.1	—19.3	—19.6
50	130	—18.6	—18.8	—19.0	—19.2	—19.3	—19.4	—19.5	—19.7	—19.9	—20.0	—20.3
54	126	—19.6	—19.7	—19.9	—20.0	—20.1	—20.2	—20.3	—20.4	—20.6	—20.7	—20.9
58	122	—20.5	—20.5	—20.7	—20.7	—20.8	—20.9	—21.0	—21.1	—21.2	—21.3	—21.5
62	118	—21.2	—21.2	—21.3	—21.4	—21.5	—21.5	—21.6	—21.7	—21.8	—21.9	—22.0
66	114	—21.8	—21.8	—21.9	—22.0	—22.1	—22.1	—22.1	—22.2	—22.3	—22.4	—22.4
70	110	—22.4	—22.4	—22.5	—22.5	—22.6	—22.6	—22.6	—22.6	—22.7	—22.7	—22.8
74	106	—22.9	—22.9	—23.0	—23.0	—23.0	—23.0	—23.0	—23.0	—23.0	—23.0	—23.1
78	102	—23.2	—23.2	—23.3	—23.3	—23.3	—23.3	—23.3	—23.3	—23.3	—23.3	—23.4
82	98	—23.5	—23.5	—23.5	—23.5	—23.5	—23.5	—23.5	—23.5	—23.5	—23.5	—23.6
86	94	—23.6	—23.6	—23.6	—23.6	—23.7	—23.7	—23.7	—23.7	—23.7	—23.7	—23.7
90	90	—23.7	—23.7	—23.7	—23.7	—23.7	—23.7	—23.7	—23.7	—23.7	—23.7	—23.7

Tafel **E 16** Mondparallaxe: Δλ Vorzeichen von Δλ dem von λ—*l* gleich

λ—*l*		*b* 0°	4°	8°	12°	16°	20°	24°	28°	32°	36°	40°	44°
0°	180°	0.00	0.00	0.00	0.00	0.00	0.00	0.00	0.00	0.00	0.00	0.00	0.00
4	176	0.07	0.07	0.06	0.06	0.06	0.06	0.06	0.06	0.06	0.06	0.05	0.05
8	172	0.13	0.13	0.13	0.13	0.13	0.13	0.12	0.12	0.11	0.11	0.10	0.10
12	168	0.20	0.20	0.20	0.20	0.19	0.19	0.18	0.18	0.17	0.16	0.15	0.14
16	164	0.26	0.26	0.26	0.26	0.25	0.25	0.24	0.23	0.22	0.21	0.20	0.19
20	160	0.32	0.32	0.32	0.32	0.31	0.31	0.30	0.29	0.27	0.26	0.25	0.24
24	156	0.39	0.39	0.38	0.38	0.37	0.36	0.35	0.34	0.33	0.32	0.30	0.28
28	152	0.45	0.45	0.44	0.44	0.43	0.42	0.41	0.40	0.38	0.36	0.34	0.32
32	148	0.50	0.50	0.50	0.49	0.48	0.47	0.46	0.45	0.43	0.41	0.39	0.37
36	144	0.56	0.56	0.55	0.55	0.54	0.53	0.51	0.49	0.47	0.45	0.43	0.40
40	140	0.61	0.61	0.60	0.60	0.59	0.58	0.56	0.54	0.52	0.50	0.47	0.44
44	136	0.66	0.66	0.65	0.64	0.63	0.62	0.60	0.58	0.56	0.54	0.51	0.48
48	132	0.71	0.71	0.70	0.69	0.68	0.67	0.65	0.63	0.60	0.57	0.54	0.51
52	128	0.75	0.75	0.74	0.73	0.72	0.71	0.69	0.67	0.64	0.61	0.57	0.54
56	124	0.79	0.79	0.78	0.77	0.76	0.74	0.72	0.70	0.67	0.64	0.60	0.57
60	120	0.82	0.82	0.81	0.80	0.79	0.77	0.75	0.73	0.70	0.67	0.63	0.59
64	116	0.85	0.85	0.85	0.84	0.82	0.80	0.78	0.75	0.72	0.69	0.65	0.61
68	112	0.88	0.88	0.87	0.86	0.85	0.83	0.81	0.78	0.75	0.71	0.67	0.63
72	108	0.90	0.90	0.89	0.88	0.87	0.85	0.83	0.80	0.77	0.73	0.69	0.65
76	104	0.92	0.92	0.91	0.90	0.89	0.87	0.84	0.81	0.78	0.75	0.71	0.67
80	100	0.93	0.93	0.93	0.92	0.90	0.88	0.85	0.82	0.79	0.76	0.72	0.68
84	96	0.94	0.94	0.94	0.93	0.91	0.89	0.86	0.83	0.80	0.76	0.72	0.68
88	92	0.95	0.95	0.94	0.93	0.91	0.89	0.87	0.84	0.80	0.77	0.73	0.68
92	88	0.95	0.95	0.94	0.93	0.91	0.89	0.87	0.84	0.80	0.77	0.73	0.68

λ—*l*		*b* 44°	48°	52°	56°	60°	64°	68°	72°	76°	80°	84°	88°
0°	180°	0.00	0.00	0.00	0.00	0.00	0.00	0.00	0.00	0.00	0.00	0.00	0.00
4	176	0.05	0.04	0.04	0.04	0.04	0.03	0.03	0.02	0.02	0.01	0.01	0.00
8	172	0.10	0.09	0.08	0.07	0.07	0.06	0.05	0.04	0.03	0.02	0.01	0.00
12	168	0.14	0.13	0.12	0.11	0.10	0.09	0.08	0.06	0.05	0.03	0.02	0.01
16	164	0.19	0.18	0.16	0.15	0.13	0.11	0.10	0.08	0.06	0.04	0.03	0.01
20	160	0.24	0.22	0.20	0.18	0.16	0.14	0.12	0.10	0.08	0.06	0.04	0.01
24	156	0.28	0.26	0.24	0.22	0.20	0.17	0.15	0.12	0.10	0.07	0.04	0.01
28	152	0.32	0.30	0.28	0.25	0.23	0.20	0.17	0.14	0.11	0.08	0.05	0.02
32	148	0.37	0.34	0.31	0.28	0.25	0.22	0.19	0.16	0.13	0.09	0.06	0.02
36	144	0.40	0.37	0.34	0.31	0.28	0.24	0.21	0.17	0.14	0.10	0.06	0.02
40	140	0.44	0.41	0.38	0.34	0.31	0.27	0.23	0.19	0.15	0.11	0.07	0.02
44	136	0.48	0.44	0.41	0.37	0.33	0.29	0.25	0.20	0.16	0.11	0.07	0.02
48	132	0.51	0.47	0.43	0.39	0.35	0.31	0.27	0.22	0.17	0.12	0.07	0.02
52	128	0.54	0.50	0.46	0.42	0.38	0.33	0.28	0.23	0.18	0.13	0.08	0.03
56	124	0.57	0.52	0.49	0.44	0.40	0.35	0.30	0.24	0.19	0.14	0.09	0.03
60	120	0.59	0.55	0.51	0.46	0.41	0.36	0.31	0.25	0.20	0.14	0.09	0.03
64	116	0.61	0.57	0.53	0.48	0.43	0.37	0.32	0.26	0.21	0.15	0.09	0.03
68	112	0.63	0.59	0.54	0.49	0.44	0.39	0.33	0.27	0.21	0.15	0.09	0.03
72	108	0.65	0.60	0.55	0.50	0.45	0.40	0.34	0.28	0.22	0.16	0.10	0.03
76	104	0.67	0.62	0.57	0.51	0.45	0.40	0.34	0.28	0.22	0.16	0.10	0.03
80	100	0.68	0.63	0.58	0.52	0.46	0.41	0.35	0.29	0.23	0.16	0.10	0.03
84	96	0.68	0.63	0.58	0.53	0.47	0.41	0.35	0.29	0.23	0.16	0.10	0.03
88	92	0.68	0.63	0.58	0.53	0.48	0.42	0.36	0.29	0.23	0.17	0.10	0.03
92	88	0.68	0.63	0.58	0.53	0.48	0.42	0.36	0.29	0.23	0.17	0.10	0.03

Tafel **E 17**

Mondparallaxe Δβ

b	Δβ
°	°
0	0.00
2	—0.04
4	0.07
6	0.10
8	0.13
10°	—0.16
12	0.20
14	0.23
16	0.26
18	0.29
20	—0.32
22	0.36
24	0.39
26	0.42
28	0.45
30	—0.48
32	0.50
34	0.53
36	0.56
38	0.59
40	—0.61
42	0.64
44	0.66
46	0.69
48	0.71
50	—0.73
52	0.75
54	0.77
56	0.79
58	0.81
60	—0.82
62	0.84
64	0.85
66	0.87
68	0.88
70	—0.89
72	0.90
74	0.91
76	0.92
78	0.93
80	—0.94
82	0.94
84	0.94
86	0.95
88	0.95

Tafel **E 18**

Mondparallaxe: γ

λ—l	b									
	0°	4°	8°	12°	16°	20°	24°	28°	32°	36°
0°	0°	4°	8°	12°	16°	20°	24°	28°	32°	36°
4	0	4	8	12	16	20	24	28	32	36
8	0	4	8	12	16	20	24	28	32	36
12	0	4	8	12	16	20	24	29	33	37
16	0	4	8	12	17	21	25	29	33	37
20	0	4	8	13	17	21	25	29	34	38
24	0	4	9	13	17	22	26	30	34	38
28	0	4	9	13	18	22	27	31	35	39
32	0	5	9	14	19	23	28	32	36	41
36	0	5	10	15	19	24	29	33	38	42
40	0	5	10	16	20	25	30	35	39	43
44	0	5	11	17	22	27	32	36	41	45
48	0	6	12	18	23	29	34	38	43	47
52	0	6	13	19	25	31	36	41	45	50
56	0	7	14	21	27	33	38	43	48	53
60	0	8	16	23	30	36	42	46	51	55
64	0	9	18	26	33	40	46	50	55	59
68	0	11	21	29	37	44	50	55	59	63
72	0	13	24	34	43	50	55	60	64	67
76	0	16	30	41	50	56	61	65	69	72
76	0	16	30	41	50	56	61	65	69	72
78	0	19	34	46	54	60	65	69	72	74
80	0	22	39	51	59	64	69	72	74	76
82	0	27	45	57	64	69	73	75	77	79
84	0	34	53	64	70	74	77	79	80	82
86	0	45	63	72	77	79	81	82	84	85
88	0	63	76	81	83	84	85	86	87	87
90	90	90	90	90	90	90	90	90	90	90

Ist λ—l größer als 90°, so wird die Ergänzung zu 180° genommen.

Das Vorzeichen von γ ergibt sich aus dem Schema:

λ—l	b+	b—
0° bis 90°	γ+	γ—
über 90°	γ—	γ+

Das Vorzeichen von λ—l bleibt unbeachtet.

Tafel **E 18** (Forts.) Mondparallaxe: γ

λ—l	b 36°	40°	44°	48°	52°	56°	60°	64°	68°	72°	76°	80°	84°	88°
0°	36°	40°	44°	48°	52°	56°	60°	64°	68°	72°	76°	80°	84°	88°
4	36	40	44	48	52	56	60	64	68	72	76	80	84	88
8	36	40	44	48	52	56	60	64	68	72	76	80	84	88
12	37	41	45	49	53	57	61	64	68	72	76	80	84	88
16	37	41	45	49	53	57	61	65	69	73	76	80	84	88
20	38	42	46	50	54	58	61	65	69	73	77	81	84	88
24	38	42	47	51	54	58	62	66	70	73	77	81	84	88
28	39	43	48	52	55	59	63	67	70	74	78	81	85	88
32	41	45	49	53	56	60	64	67	71	75	78	81	85	88
36	42	46	50	54	58	61	65	68	72	75	79	82	85	88
40	43	48	52	56	59	63	66	69	73	76	79	82	85	88
44	45	49	53	57	61	64	67	71	74	77	80	83	86	89
48	47	51	55	59	62	66	69	72	75	78	80	83	86	89
52	50	54	57	61	64	67	70	73	76	79	81	84	86	89
56	53	56	60	63	66	69	72	75	77	80	82	84	87	89
60	55	59	63	66	69	71	74	76	79	81	83	85	87	89
64	59	62	66	68	71	73	76	78	80	82	84	86	87	89
68	63	66	69	71	74	76	78	80	81	83	85	86	88	89
72	67	70	72	74	76	78	80	81	83	84	86	87	88	89
76	72	74	76	78	79	81	82	83	84	85	86	88	88	89
76	72	74	76	78	79	81	82	83	84	85	86	88	88	89
78	74	76	78	79	81	82	83	84	85	86	87	88	89	90
80	76	78	80	81	82	84	84	85	86	87	87	88	89	90
82	79	80	82	83	84	85	85	86	87	87	88	89	89	90
84	82	83	84	85	85	86	87	87	88	88	88	89	89	90
86	85	85	86	86	87	87	88	88	88	89	89	89	90	90
88	87	88	88	88	88	89	89	89	89	89	89	90	90	90
90	90	90	90	90	90	90	90	90	90	90	90	90	90	90

Ist λ—l größer als 90°, so wird die Ergänzung zu 180° genommen.

Das Vorzeichen von γ folgt aus dem Schema:

λ—l	b+	b—
0°—90°	γ+	γ—
über 90°	γ—	γ+

Das Vorzeichen von λ—l bleibt unbeachtet.

Tafel **E 19** Mondparallaxe: f

γ und β gleiche Vorzeichen

γ	Mondbreite β 0°	1°	2°	3°	4°	5°	6°
2°	1.00	0.50	0.00	−0.50	−1.00	−1.50	−2.00
4	1.00	0.75	0.50	+0.26	0.00	−0.24	−0.50
6	1.00	0.84	0.67	0.51	+0.33	+0.17	0.00
8	1.00	0.88	0.75	0.63	0.50	0.38	+0.25
10	1.00	0.90	0.80	0.71	0.60	0.50	0.40
12	1.00	0.92	0.84	0.76	0.67	0.59	0.51
14	1.00	0.93	0.86	0.79	0.72	0.65	0.58
16	1.00	0.94	0.88	0.82	0.76	0.70	0.63
18	1.00	0.95	0.89	0.84	0.78	0.73	0.68
20	1.00	0.95	0.90	0.86	0.81	0.76	0.71
24	1.00	0.96	0.92	0.88	0.84	0.80	0.76
28	1.00	0.97	0.93	0.90	0.87	0.84	0.80
32	1.00	0.97	0.94	0.92	0.89	0.86	0.83
36	1.00	0.98	0.95	0.93	0.90	0.88	0.86
40	1.00	0.98	0.96	0.94	0.92	0.90	0.88
44	1.00	0.98	0.96	0.94	0.93	0.91	0.89
48	1.00	0.98	0.97	0.95	0.94	0.92	0.91
52	1.00	0.98	0.97	0.95	0.94	0.93	0.92
56	1.00	0.99	0.98	0.96	0.95	0.94	0.93
60	1.00	0.99	0.98	0.97	0.96	0.95	0.94
64	1.00	0.99	0.98	0.98	0.97	0.96	0.95
68	1.00	0.99	0.99	0.98	0.97	0.96	0.96
72	1.00	0.99	0.99	0.98	0.98	0.97	0.97
76	1.00	1.00	0.99	0.99	0.98	0.98	0.97
80	1.00	1.00	0.99	0.99	0.99	0.98	0.98
84	1.00	1.00	1.00	0.99	0.99	0.99	0.99
88	1.00	1.00	1.00	1.00	1.00	1.00	1.00
92	1.00	1.00	1.00	1.00	1.00	1.00	1.00
96	1.00	1.00	1.00	1.01	1.01	1.01	1.01

γ und β ungleiche Vorzeichen

γ	Mondbreite β 0°	1°	2°	3°	4°	5°	6°
2°	1.00	1.50	2.00	2.50	3.00	3.50	4.00
4	1.00	1.25	1.50	1.74	2.00	2.24	2.49
6	1.00	1.16	1.33	1.49	1.67	1.83	2.00
8	1.00	1.12	1.25	1.37	1.50	1.62	1.75
10	1.00	1.10	1.20	1.29	1.40	1.50	1.60
12	1.00	1.08	1.16	1.24	1.33	1.41	1.49
14	1.00	1.07	1.14	1.21	1.28	1.35	1.42
16	1.00	1.06	1.12	1.18	1.24	1.30	1.37
18	1.00	1.05	1.11	1.16	1.22	1.27	1.32
20	1.00	1.05	1.10	1.14	1.19	1.24	1.29
24	1.00	1.04	1.08	1.12	1.16	1.20	1.24
28	1.00	1.03	1.07	1.10	1.13	1.16	1.20
32	1.00	1.03	1.06	1.08	1.11	1.14	1.17
36	1.00	1.02	1.05	1.07	1.10	1.12	1.14
40	1.00	1.02	1.04	1.06	1.08	1.10	1.12
44	1.00	1.02	1.04	1.06	1.07	1.09	1.11
48	1.00	1.02	1.03	1.05	1.06	1.08	1.09
52	1.00	1.02	1.03	1.05	1.06	1.07	1.08
56	1.00	1.01	1.02	1.04	1.05	1.06	1.07
60	1.00	1.01	1.02	1.03	1.04	1.05	1.06
64	1.00	1.01	1.02	1.02	1.03	1.04	1.05
68	1.00	1.01	1.01	1.02	1.03	1.04	1.04
72	1.00	1.01	1.01	1.02	1.02	1.03	1.03
76	1.00	1.00	1.01	1.01	1.02	1.02	1.03
80	1.00	1.00	1.01	1.01	1.01	1.02	1.02
84	1.00	1.00	1.00	1.01	1.01	1.01	1.01
88	1.00	1.00	1.00	1.00	1.00	1.00	1.00
92	1.00	1.00	1.00	1.00	1.00	1.00	1.00
96	1.00	1.00	1.00	0.99	0.99	0.99	0.99

Das Vorzeichen von f ist nur ausnahmsweise negativ.

Tafel E 20 Mindestwerte von λ—⊙ für Sichtbarkeit des Neulichtes in Babylon.
λ—⊙ gilt für den Augenblick des Sonnenuntergangs

Sonnenlänge		Breite β des Mondes										
		−5°	−4°	−3°	−2°	−1°	0°	+1°	+2°	+3°	+4°	+5°
0°	360°	10.7°	10.7°	10.6°	10.6°	10.6°	10.5°	10.4°	10.3°	10.1°	9.9°	9.6°
10	350	10.7	10.7	10.7	10.6	10.6	10.5	10.4	10.3	10.1	9.9	9.6
20	340	10.8	10.8	10.8	10.7	10.7	10.6	10.4	10.3	10.1	9.9	9.6
30	330	10.9	10.9	10.9	10.8	10.8	10.6	10.4	10.3	10.1	9.8	9.6
40	320	11.2	11.1	11.0	11.0	10.9	10.7	10.5	10.3	10.0	9.8	9.5
50	310	11.7	11.5	11.3	11.2	11.1	10.8	10.6	10.4	10.0	9.7	9.4
60	300	12.3	12.0	11.7	11.5	11.3	11.0	10.7	10.5	10.0	9.7	9.3
70	290	13.0	12.7	12.3	11.9	11.6	11.3	10.9	10.6	10.1	9.8	9.2
80	280	13.8	13.4	13.0	12.5	12.1	11.7	11.2	10.8	10.3	9.8	9.2
90	270	14.6	14.1	13.7	13.1	12.6	12.1	11.6	11.1	10.5	9.9	9.3
100	260	15.4	14.9	14.4	13.8	13.2	12.6	12.0	11.4	10.7	10.0	9.3
110	250	16.2	15.7	15.1	14.5	13.8	13.1	12.4	11.7	10.9	10.2	9.4
120	240	17.0	16.4	15.8	15.1	14.4	13.7	12.9	12.1	11.2	10.4	9.6
130	230	17.7	17.1	16.4	15.7	15.0	14.2	13.4	12.5	11.6	10.7	9.8
140	220	18.4	17.7	17.0	16.3	15.5	14.7	13.9	12.9	11.9	10.9	9.9
150	210	18.9	18.2	17.5	16.7	15.9	15.1	14.3	13.2	12.2	11.1	10.0
160	200	19.3	18.6	17.8	17.0	16.2	15.4	14.5	13.5	12.4	11.3	10.1
170	190	19.6	18.8	18.0	17.2	16.4	15.6	14.7	13.7	12.5	11.4	10.2
180	180	19.7	18.8	18.0	17.2	16.4	15.6	14.8	13.8	12.6	11.5	10.3

Tafel E 21
Neulicht,
Sichtbarkeit

Δ	h_0	Δ	h_0
0°	10.4°	15°	8.0°
1	10.4	16	7.7
2	10.3	17	7.4
3	10.2	18	7.0
4	10.1	19	6.6
5	10.0	20	6.2
6	9.8	21	5.7
7	9.7	22	5.2
8	9.5	23	4.8
9	9.4		
10	9.3		
11	9.1		
12	8.9		
13	8.6		
14	8.3		
15	8.0		

Tafel E 22 Neulicht: c—Δλ

Δλ	β											
	0.0°	0.5°	1.0°	1.5°	2.0°	2.5°	3.0°	3.5°	4.0°	4.5°	5.0°	5.5°
8°	0.0°	0.0°	0.1°	0.1°	0.2°	0.4°	0.5°	0.7°	0.9°	1.2°	1.4°	1.7°
9	0.0	0.0	0.1	0.1	0.2	0.3	0.5	0.6	0.8	1.1	1.3	1.5
10	0.0	0.0	0.0	0.1	0.2	0.3	0.4	0.6	0.8	1.0	1.2	1.4
11	0.0	0.0	0.0	0.1	0.2	0.3	0.4	0.5	0.7	0.9	1.1	1.3
12	0.0	0.0	0.0	0.1	0.2	0.2	0.4	0.5	0.6	0.8	1.0	1.2
13	0.0	0.0	0.0	0.1	0.1	0.2	0.3	0.5	0.6	0.7	0.9	1.1
14	0.0	0.0	0.0	0.1	0.1	0.2	0.3	0.4	0.6	0.7	0.9	1.0
15	0.0	0.0	0.0	0.1	0.1	0.2	0.3	0.4	0.5	0.6	0.8	1.0
16	0.0	0.0	0.0	0.1	0.1	0.2	0.3	0.4	0.5	0.6	0.7	0.9
17	0.0	0.0	0.0	0.1	0.1	0.2	0.3	0.4	0.4	0.6	0.7	0.8
18	0.0	0.0	0.0	0.1	0.1	0.2	0.2	0.3	0.4	0.5	0.7	0.8
19	0.0	0.0	0.0	0.1	0.1	0.2	0.2	0.3	0.4	0.5	0.6	0.7
20	0.0	0.0	0.0	0.1	0.1	0.2	0.2	0.3	0.4	0.5	0.6	0.7
21	0.0	0.0	0.0	0.0	0.1	0.1	0.2	0.3	0.4	0.5	0.6	0.7
22	0.0	0.0	0.0	0.0	0.1	0.1	0.2	0.3	0.3	0.4	0.5	0.6
23	0.0	0.0	0.0	0.0	0.1	0.1	0.2	0.2	0.3	0.4	0.5	0.6
24	0.0	0.0	0.0	0.0	0.1	0.1	0.2	0.2	0.3	0.4	0.5	0.6

Tafel **E 23** Neulicht: *e*

☉		Geographische Breite φ 20°	24°	28°	32°	36°	40°	44°	48°	52°	56°	60°
0°	360°	+23.7°	+23.7°	+23.7°	+23.7°	+23.7°	+23.7°	+23.7°	+23.7°	+23.7°	+23.7°	+23.7°
2	358	23.7	23.7	23.7	23.7	23.7	23.7	23.7	23.7	23.7	23.7	23.7
4	356	23.6	23.6	23.6	23.6	23.6	23.6	23.6	23.6	23.6	23.6	23.6
6	354	23.6	23.6	23.5	23.5	23.5	23.5	23.5	23.5	23.5	23.5	23.5
8	352	23.5	23.5	23.4	23.4	23.4	23.4	23.4	23.4	23.4	23.4	23.4
10	350	+23.4	+23.3	+23.2	+23.2	+23.2	+23.2	+23.2	+23.2	+23.2	+23.2	+23.2
12	348	23.3	23.2	23.1	23.0	23.0	23.0	23.0	23.0	23.0	23.0	23.0
14	346	23.1	23.0	22.9	22.8	22.8	22.8	22.8	22.8	22.7	22.7	22.7
16	344	22.9	22.8	22.7	22.6	22.6	22.5	22.5	22.5	22.4	22.4	22.3
18	342	22.6	22.5	22.4	22.3	22.3	22.2	22.2	22.2	22.1	22.0	21.9
20	340	+22.3	+22.2	+22.1	+22.0	+22.0	+21.9	+21.9	+21.8	+21.7	+21.6	+21.5
22	338	22.0	21.9	21.8	21.7	21.6	21.5	21.5	21.4	21.3	21.2	21.0
24	336	21.7	21.6	21.4	21.3	21.2	21.1	21.1	21.0	20.9	20.7	20.5
26	334	21.3	21.2	21.0	20.9	20.8	20.7	20.6	20.5	20.4	20.2	20.0
28	332	20.9	20.8	20.6	20.5	20.4	20.3	20.1	20.0	19.9	19.7	19.4
30	330	+20.4	+20.4	+20.2	+20.0	+19.9	+19.8	+19.6	+19.5	+19.3	+19.1	+18.8
32	328	20.0	19.9	19.7	19.6	19.4	19.3	19.1	18.9	18.7	18.5	18.1
34	326	19.5	19.4	19.2	19.1	18.9	18.7	18.5	18.3	18.1	17.8	17.3
36	324	19.0	18.9	18.7	18.6	18.3	18.1	17.9	17.7	17.4	17.1	16.5
38	322	18.5	18.3	18.1	18.0	17.7	17.5	17.3	17.0	16.7	16.3	15.7
40	320	+18.0	+17.7	+17.5	+17.4	+17.1	+16.9	+16.6	+16.3	+16.0	+15.5	+14.9
42	318	17.4	17.1	16.9	16.7	16.4	16.2	15.9	15.6	15.2	14.7	14.0
44	316	16.7	16.5	16.3	16.0	15.7	15.5	15.2	14.8	14.4	13.9	13.1
46	314	16.0	15.8	15.6	15.3	15.0	14.8	14.4	14.0	13.6	13.0	12.2
48	312	15.3	15.2	14.9	14.6	14.3	14.0	13.6	13.2	12.7	12.1	11.3
50	310	+14.7	+14.5	+14.2	+13.9	+13.6	+13.2	+12.8	+12.3	+11.8	+11.1	+10.3
52	308	14.0	13.8	13.5	13.1	12.8	12.4	12.0	11.5	10.9	10.2	9.3
54	306	13.3	13.1	12.7	12.3	12.0	11.6	11.1	10.6	10.0	9.2	8.2
56	304	12.6	12.3	11.9	11.5	11.2	10.8	10.3	9.7	9.1	8.2	7.1
58	302	11.8	11.5	11.1	10.7	10.3	9.9	9.4	8.8	8.1	7.2	6.0
60	300	+11.0	+10.7	+10.3	+ 9.9	+ 9.5	+ 9.0	+ 8.5	+ 7.9	+ 7.2	+ 6.2	+ 4.9
62	298	10.2	9.9	9.5	9.1	8.6	8.1	7.6	6.9	6.2	5.2	3.8
64	296	9.4	9.1	8.7	8.3	7.8	7.2	6.7	6.0	5.2	4.2	2.7
66	294	8.6	8.2	7.8	7.4	6.9	6.3	5.7	5.0	4.2	3.1	1.5
68	292	7.8	7.4	7.0	6.5	6.0	5.4	4.8	4.1	3.2	2.1	+ 0.4
70	290	+ 6.9	+ 6.5	+ 6.1	+ 5.6	+ 5.1	+ 4.5	+ 3.9	+ 3.1	+ 2.2	+ 1.0	— 0.8
72	288	+ 6.1	+ 5.7	+ 5.2	+ 4.7	+ 4.2	+ 3.6	+ 3.0	+ 2.1	+ 1.2	0.0	— 1.9
74	286	+ 5.2	+ 4.8	+ 4.3	+ 3.8	+ 3.3	+ 2.7	+ 2.0	+ 1.2	+ 0.2	— 1.1	— 3.0
76	284	+ 4.4	+ 3.9	+ 3.4	+ 2.9	+ 2.4	+ 1.8	+ 1.1	+ 0.3	— 0.8	— 2.2	— 4.1
78	282	+ 3.5	+ 3.0	+ 2.5	+ 2.0	+ 1.5	+ 0.9	+ 0.2	— 0.7	— 1.8	— 3.2	— 5.2
80	280	+ 2.6	+ 2.1	+ 1.6	+ 1.1	+ 0.6	0.0	— 0.8	— 1.7	— 2.8	— 4.2	— 6.3
82	278	+ 1.7	+ 1.2	+ 0.7	+ 0.2	— 0.4	— 0.9	— 1.7	— 2.6	— 3.7	— 5.2	— 7.3
84	276	+ 0.9	+ 0.3	— 0.2	— 0.8	— 1.4	— 1.9	— 2.7	— 3.6	— 4.7	— 6.2	— 8.3
86	274	0.0	— 0.6	— 1.1	— 1.7	— 2.3	— 2.9	— 3.6	— 4.5	— 5.6	— 7.1	— 9.3
88	272	— 1.0	— 1.5	— 2.0	— 2.6	— 3.2	— 3.8	— 4.5	— 5.4	— 6.5	— 8.0	—10.2
90	270	— 1.9	— 2.4	— 2.9	— 3.5	— 4.1	— 4.7	— 5.4	— 6.3	— 7.4	— 8.9	—11.1

Tafel **E 23** Neulicht: *e*

☉		Geographische Breite φ										
		20°	24°	28°	32°	36°	40°	44°	48°	52°	56°	60°
90°	270°	—1.9°	—2.4°	—2.9°	—3.5°	—4.1°	—4.7°	—5.4°	—6.3°	—7.4°	—8.9°	—11.1°
92	268	2.8	3.3	3.8	4.4	4.9	5.6	6.3	7.2	8.3	9.8	11.9
94	266	3.7	4.1	4.6	5.2	5.7	6.4	7.1	8.1	9.1	10.6	12.7
96	264	4.6	5.0	5.5	6.0	6.5	7.2	8.0	8.9	10.0	11.5	13.5
98	262	5.4	5.8	6.3	6.8	7.3	8.0	8.8	9.7	10.8	12.3	14.3
100	260	—6.3	—6.7	—7.1	—7.6	—8.1	—8.8	—9.6	—10.5	—11.6	—13.0	—15.0
102	258	7.1	7.5	7.9	8.4	8.9	9.6	10.4	11.2	12.3	13.7	15.7
104	256	7.9	8.3	8.7	9.2	9.7	10.4	11.1	11.9	13.0	14.4	16.3
106	254	8.7	9.1	9.5	10.0	10.5	11.1	11.8	12.6	13.6	15.0	16.8
108	252	9.5	9.9	10.3	10.8	11.2	11.8	12.5	13.3	14.2	15.6	17.3
110	250	—10.2	—10.6	—11.0	—11.5	—11.9	—12.5	—13.1	—13.9	—14.8	—16.2	—17.8
112	248	11.0	11.3	11.7	12.2	12.6	13.2	13.8	14.5	15.4	16.7	18.3
114	246	11.7	12.0	12.4	12.8	13.3	13.8	14.4	15.1	16.0	17.2	18.7
116	244	12.4	12.7	13.1	13.5	14.0	14.4	15.0	15.7	16.6	17.7	19.1
118	242	13.1	13.4	13.7	14.1	14.6	15.0	15.6	16.2	17.1	18.1	19.5
120	240	—13.8	—14.1	—14.4	—14.8	—15.2	—15.6	—16.2	—16.8	—17.6	—18.6	19.9
122	238	14.4	14.7	15.0	15.4	15.8	16.2	16.7	17.3	18.1	19.0	20.2
124	236	15.0	15.3	15.6	16.0	16.4	16.8	17.2	17.8	18.6	19.4	20.5
126	234	15.6	15.9	16.2	16.6	16.9	17.3	17.7	18.3	19.0	19.8	20.8
128	232	16.2	16.5	16.8	17.1	17.5	17.8	18.2	18.7	19.4	20.1	21.1
130	230	—16.8	—17.0	—17.3	—17.6	—18.0	—18.3	—18.7	—19.1	—19.7	—20.4	—21.3
132	228	17.4	17.5	17.8	18.1	18.5	18.8	19.1	19.5	20.1	20.7	21.5
134	226	17.9	18.0	18.3	18.5	18.9	19.2	19.5	19.9	20.4	21.0	21.7
136	224	18.4	18.5	18.8	19.0	19.3	19.6	19.9	20.3	20.7	21.3	21.9
138	222	18.9	19.0	19.2	19.4	19.7	19.9	20.2	20.6	21.0	21.5	22.1
140	220	—19.3	—19.4	—19.6	—19.8	—20.1	—20.3	—20.6	—20.9	—21.3	—21.7	—22.3
142	218	19.7	19.8	20.0	20.2	20.4	20.6	20.9	21.2	21.5	21.9	22.4
144	216	20.1	20.2	20.4	20.6	20.8	21.0	21.2	21.5	21.8	22.1	22.6
146	214	20.5	20.6	20.8	20.9	21.1	21.3	21.5	21.7	22.0	22.3	22.7
148	212	20.9	21.0	21.1	21.2	21.4	21.6	21.8	21.9	22.2	22.5	22.8
150	210	—21.2	—21.3	—21.4	—21.5	—21.7	—21.9	—22.0	—22.1	—22.4	—22.6	—22.9
152	208	21.6	21.6	21.7	21.8	22.0	22.1	22.2	22.3	22.6	22.8	23.0
154	206	21.9	21.9	22.0	22.1	22.2	22.3	22.4	22.5	22.7	22.9	23.1
156	204	22.2	22.2	22.3	22.3	22.4	22.5	22.6	22.7	22.9	23.0	23.2
158	202	22.4	22.4	22.5	22.5	22.6	22.7	22.8	22.9	23.0	23.1	23.3
160	200	—22.6	—22.6	—22.7	—22.7	—22.8	—22.9	—23.0	—23.1	—23.2	—23.2	—23.4
162	198	22.8	22.8	22.9	22.9	23.0	23.0	23.1	23.2	23.3	23.3	23.4
164	196	23.0	23.0	23.1	23.1	23.2	23.2	23.3	23.3	23.4	23.4	23.5
166	194	23.1	23.1	23.2	23.2	23.3	23.3	23.4	23.4	23.5	23.5	23.5
168	192	23.3	23.3	23.4	23.4	23.4	23.4	23.5	23.5	23.6	23.6	23.6
170	190	—23.4	—23.4	—23.5	—23.5	—23.5	—23.5	—23.6	—23.6	—23.6	—23.6	—23.6
172	188	23.5	23.5	23.5	23.6	23.6	23.6	23.6	23.6	23.6	23.6	23.6
174	186	23.6	23.6	23.6	23.6	23.6	23.6	23.6	23.6	23.6	23.7	23.7
176	184	23.6	23.6	23.6	23.6	23.6	23.6	23.7	23.7	23.7	23.7	23.7
178	182	23.6	23.6	23.7	23.7	23.7	23.7	23.7	23.7	23.7	23.7	23.7
180	180	—23.7	—23.7	—23.7	—23.7	—23.7	—23.7	—23.7	—23.7	—23.7	—23.7	—23.7

Tafel **E 24** Neulicht: *m* *m* erhält das Vorzeichen von β

β	Δλ 10.0°	10.5°	11.0°	11.5°	12.0°	12.5°	13.0°	13.5°	14.0°	14.5°	15.0°	15.5°	16.0°	16.5°	17.0°
0.0°	0.0°	0.0°	0.0°	0.0°	0.0°	0.0°	0.0°	0.0°	0.0°	0.0°	0.0°	0.0°	0.0°	0.0°	0.0°
0.1	0.6	0.6	0.5	0.5	0.5	0.5	0.5	0.4	0.4	0.4	0.4	0.4	0.4	0.4	0.4
0.2	1.2	1.1	1.0	1.0	1.0	0.9	0.9	0.8	0.8	0.8	0.8	0.8	0.7	0.7	0.7
0.3	1.8	1.7	1.6	1.5	1.5	1.4	1.4	1.3	1.3	1.2	1.2	1.2	1.1	1.1	1.1
0.4	2.3	2.2	2.1	2.0	1.9	1.8	1.8	1.7	1.7	1.6	1.5	1.5	1.5	1.4	1.4
0.5	2.9	2.8	2.6	2.5	2.4	2.3	2.3	2.2	2.1	2.0	1.9	1.9	1.9	1.8	1.8
0.6	3.5	3.3	3.1	3.0	2.9	2.8	2.7	2.6	2.5	2.4	2.3	2.2	2.2	2.1	2.1
0.7	4.1	3.9	3.7	3.5	3.4	3.3	3.2	3.0	2.9	2.8	2.7	2.6	2.6	2.5	2.4
0.8	4.6	4.4	4.2	4.0	3.8	3.7	3.6	3.4	3.3	3.2	3.1	3.0	2.9	2.8	2.7
0.9	5.2	4.9	4.7	4.5	4.3	4.2	4.0	3.8	3.7	3.6	3.5	3.4	3.3	3.2	3.1
1.0	5.7	5.4	5.2	5.0	4.8	4.6	4.4	4.2	4.1	4.0	3.9	3.7	3.6	3.5	3.4
1.1	6.3	6.0	5.8	5.5	5.3	5.1	4.9	4.7	4.5	4.4	4.3	4.1	4.0	3.9	3.8
1.2	6.9	6.6	6.3	6.0	5.8	5.5	5.3	5.1	4.9	4.8	4.6	4.5	4.4	4.2	4.1
1.3	7.5	7.1	6.8	6.5	6.3	6.0	5.8	5.6	5.4	5.2	5.0	4.9	4.8	4.6	4.5
1.4	8.0	7.6	7.3	7.0	6.7	6.4	6.2	6.0	5.8	5.6	5.4	5.2	5.1	4.9	4.8
1.5	8.6	8.2	7.8	7.5	7.2	6.9	6.7	6.4	6.2	6.0	5.8	5.6	5.5	5.3	5.2
1.6	9.1	8.7	8.3	8.0	7.7	7.4	7.1	6.8	6.6	6.4	6.2	6.0	5.8	5.6	5.5
1.7	9.7	9.2	8.8	8.5	8.2	7.8	7.5	7.2	7.0	6.8	6.6	6.4	6.2	6.0	5.8
1.8	10.2	9.7	9.3	8.9	8.6	8.2	7.9	7.6	7.4	7.1	6.9	6.7	6.5	6.3	6.1
1.9	10.8	10.3	9.9	9.4	9.1	8.7	8.4	8.1	7.8	7.5	7.3	7.1	6.9	6.7	6.5
2.0	11.3	10.8	10.4	9.9	9.5	9.1	8.8	8.5	8.2	7.9	7.7	7.4	7.2	7.0	6.8
2.1	11.9	11.4	10.9	10.4	10.0	9.6	9.3	8.9	8.6	8.3	8.1	7.8	7.6	7.4	7.2
2.2	12.5	11.9	11.4	10.9	10.5	10.1	9.7	9.3	9.0	8.7	8.5	8.2	7.9	7.7	7.5
2.3	13.0	12.4	11.9	11.4	11.0	10.6	10.2	9.8	9.4	9.1	8.9	8.6	8.3	8.0	7.8
2.4	13.5	12.9	12.4	11.9	11.4	11.0	10.6	10.2	9.8	9.5	9.2	8.9	8.6	8.3	8.1
2.5	14.1	13.5	12.9	12.4	11.9	11.4	11.0	10.6	10.2	9.9	9.6	9.3	9.0	8.7	8.5
2.6	14.6	14.0	13.4	12.8	12.3	11.8	11.4	11.0	10.6	10.2	9.9	9.6	9.4	9.1	8.8
2.7	15.2	14.5	13.9	13.3	12.8	12.3	11.9	11.4	11.0	10.6	10.3	10.0	9.8	9.5	9.2
2.8	15.7	15.0	14.3	13.7	13.2	12.7	12.3	11.8	11.4	11.0	10.7	10.4	10.1	9.8	9.5
2.9	16.3	15.5	14.8	14.2	13.7	13.2	12.7	12.2	11.8	11.4	11.1	10.8	10.5	10.2	9.9
3.0	16.8	16.0	15.3	14.7	14.1	13.6	13.1	12.6	12.2	11.8	11.4	11.1	10.8	10.5	10.2
3.1	17.3	16.5	15.8	15.2	14.6	14.0	13.5	13.0	12.6	12.2	11.8	11.5	11.2	10.8	10.5
3.2	17.8	17.0	16.3	15.6	15.0	14.4	13.9	13.4	13.0	12.6	12.2	11.8	11.5	11.1	10.8
3.3	18.4	17.6	16.8	16.1	15.5	14.9	14.4	13.9	13.4	13.0	12.6	12.2	11.9	11.4	11.2
3.4	18.9	18.1	17.3	16.6	16.0	15.4	14.8	14.3	13.8	13.3	12.9	12.5	12.2	11.8	11.5
3.5	19.4	18.6	17.8	17.1	16.4	15.8	15.2	14.7	14.2	13.7	13.3	12.9	12.6	12.2	11.9
3.6	19.9	19.0	18.2	17.5	16.8	16.2	15.6	15.1	14.6	14.1	13.7	13.3	12.9	12.5	12.2
3.7	20.4	19.5	18.7	18.0	17.3	16.6	16.0	15.5	15.0	14.5	14.1	13.7	13.3	12.9	12.5
3.8	20.9	20.0	19.2	18.4	17.7	17.0	16.4	15.9	15.3	14.8	14.4	14.0	13.6	13.2	12.8
3.9	21.4	20.5	19.7	18.9	18.2	17.5	16.9	16.3	15.7	15.2	14.8	14.3	14.0	13.6	13.2
4.0	21.9	21.0	20.1	19.3	18.6	17.9	17.3	16.7	16.1	15.6	15.1	14.7	14.3	13.9	13.5
4.1	22.4	21.5	20.6	19.8	19.0	18.3	17.7	17.1	16.5	16.0	15.5	15.0	14.6	14.2	13.8
4.2	22.9	21.9	21,0	20.2	19.4	18.7	18.1	17.5	16.9	16'3	15.8	15.3	14.9	14.5	14.1
4.3	23.4	22.4	21.5	20.7	19.9	19.2	18.5	17.9	17.3	16.7	16.2	15.7	15.3	14.8	14.4
4.4	23.9	22.9	21.9	21.1	20.3	19.6	18.9	18.2	17.6	17.1	16.6	16.1	15.6	15.1	14.7
4.5	24.4	23.4	22.4	21.6	20.8	20.0	19.3	18.6	18.0	17.5	17.0	16.5	16.0	15.5	15.1
4.6	24.8	23.8	22.8	22.0	21.2	20.4	19.7	19.0	18.4	17.8	17.3	16.8	16.3	15.8	15.4
4.7	25.3	24.3	23.3	22.4	21.6	20.8	20.1	19.4	18.8	18.2	17.7	17.1	16.6	16.1	15.7
4.8	25.8	24.7	23.7	22.8	22.0	21.2	20.5	19.8	19.1	18.5	18.0	17.4	16.9	16.4	16.0
4.9	26.3	25.2	24.2	23.3	22.4	21.6	20.9	20.2	19.5	18.9	18.4	17.8	17.3	16.8	16.4
5.0	26.7	25.6	24.6	23.7	22.8	22.0	21.3	20.6	19.9	19.3	18.7	18.1	17.6	17.1	16.7
5.1	27.2	26.1	25.1	24.1	23.2	22.4	21.7	21.0	20.3	19.7	19.1	18.5	18.0	17.5	17.0
5.2	27.6	26.5	25.5	24.5	23.6	22.8	22.0	21.3	20.6	20.0	19.4	18.8	18.3	17.8	17.3

Tafel E 24 Neulicht: *m* *m* erhält das Vorzeichen von β

β	Δλ 17.0°	17.5°	18.0°	18.5°	19.0°	19.5°	20.0°	20.5°	21.0°	21.5°	22.0°	22.5°	23.0°	23.5°	24.0°
0.0°	0.0°	0.0°	0.0°	0.0°	0.0°	0.0°	0.0°	0.0°	0.0°	0.0°	0.0°	0.0°	0.0°	0.0°	0.0°
0.1	0.4	0.4	0.3	0.3	0.3	0.3	0.3	0.3	0.3	0.3	0.3	0.3	0.3	0.3	0.3
0.2	0.7	0.7	0.6	0.6	0.6	0.6	0.6	0.6	0.6	0.5	0.5	0.5	0.5	0.5	0.5
0.3	1.1	1.0	1.0	0.9	0.9	0.9	0.9	0.9	0.9	0.8	0.8	0.8	0.8	0.8	0.8
0.4	1.4	1.3	1.3	1.2	1.2	1.2	1.2	1.1	1.1	1.1	1.1	1.0	1.0	1.0	1.0
0.5	1.8	1.7	1.6	1.6	1.5	1.5	1.5	1.4	1.4	1.4	1.4	1.3	1.3	1.3	1.3
0.6	2.1	2.0	1.9	1.9	1.8	1.8	1.8	1.7	1.7	1.6	1.6	1.6	1.5	1.5	1.5
0.7	2.4	2.3	2.3	2.2	2.2	2.1	2.1	2.0	2.0	1.9	1.9	1.8	1.8	1.8	1.8
0.8	2.7	2.6	2.6	2.5	2.5	2.4	2.3	2.2	2.2	2.1	2.1	2.0	2.0	2.0	2.0
0.9	3.1	3.0	2.9	2.8	2.8	2.7	2.6	2.5	2.5	2.4	2.4	2.3	2.3	2.3	2.3
1.0	3.4	3.3	3.2	3.1	3.1	3.0	2.9	2.8	2.8	2.7	2.7	2.6	2.6	2.5	2.5
1.1	3.8	3.7	3.6	3.5	3.4	3.3	3.2	3.1	3.1	3.0	3.0	2.9	2.9	2.8	2.8
1.2	4.1	4.0	3.9	3.8	3.7	3.6	3.5	3.4	3.3	3.2	3.2	3.1	3.1	3.0	3.0
1.3	4.5	4.3	4.2	4.1	4.0	3.9	3.8	3.7	3.6	3.5	3.5	3.4	3.4	3.3	3.2
1.4	4.8	4.6	4.5	4.4	4.3	4.2	4.1	4.0	3.9	3.8	3.7	3.6	3.6	3.5	3.4
1.5	5.2	5.0	4.9	4.7	4.6	4.5	4.4	4.3	4.2	4.1	4.0	3.9	3.8	3.8	3.7
1.6	5.5	5.3	5.2	5.0	4.9	4.8	4.7	4.6	4.5	4.4	4.3	4.2	4.1	4.0	3.9
1.7	5.8	5.6	5.5	5.3	5.2	5.1	5.0	4.9	4.8	4.7	4.6	4.5	4.4	4.3	4.2
1.8	6.1	5.9	5.8	5.6	5.5	5.3	5.2	5.1	5.0	4.9	4.8	4.7	4.6	4.5	4.4
1.9	6.5	6.3	6.1	5.9	5.8	5.6	5.5	5.4	5.3	5.2	5.1	5.0	4.9	4.8	4.7
2.0	6.8	6.6	6.4	6.2	6.1	5.9	5.8	5.7	5.6	5.4	5.3	5.2	5.1	5.0	4.9
2.1	7.2	7.0	6.8	6.6	6.4	6.2	6.1	6.0	5.9	5.7	5.6	5.5	5.4	5.3	5.2
2.2	7.5	7.3	7.1	6.9	6.7	6.5	6.4	6.2	6.1	6.0	5.9	5.7	5.6	5.5	5.4
2.3	7.8	7.6	7.4	7.2	7.0	6.8	6.7	6.5	6.4	6.3	6.2	6.0	5.9	5.8	5.7
2.4	8.1	7.9	7.7	7.5	7.3	7.1	7.0	6.8	6.7	6.5	6.4	6.2	6.1	6.0	5.9
2.5	8.5	8.3	8.1	7.8	7.6	7.4	7.3	7.1	7.0	6.8	6.7	6.5	6.4	6.3	6.2
2.6	8.8	8.6	8.4	8.1	7.9	7.7	7.6	7.4	7.2	7.0	6.9	6.7	6.6	6.5	6.4
2.7	9.2	8.9	8.7	8.4	8.2	8.0	7.9	7.7	7.5	7.3	7.2	7.0	6.9	6.8	6.7
2.8	9.5	9.2	9.0	8.7	8.5	8.3	8.1	7.9	7.8	7.6	7.4	7.2	7.1	7.0	6.9
2.9	9.9	9.6	9.3	9.0	8.8	8.6	8.4	8.2	8.1	7.9	7.7	7.5	7.4	7.2	7.1
3.0	10.2	9.9	9.6	9.3	9.1	8.9	8.7	8.5	8.3	8.1	7.9	7.7	7.6	7.4	7.3
3.1	10.5	10.2	10.0	9.7	9.4	9.2	9.0	8.8	8.6	8.4	8.2	8.0	7.9	7.7	7.6
3.2	10.8	10.5	10.3	10.0	9.7	9.5	9.3	9.1	8.9	8.7	8.5	8.3	8.1	7.9	7.8
3.3	11.2	10.9	10.6	10.3	10.0	9.8	9.6	9.4	9.2	9.0	8.8	8.6	8.4	8.2	8.1
3.4	11.5	11.2	10.9	10.6	10.3	10.1	9.9	9.6	9.4	9.2	9.0	8.8	8.6	8.4	8.3
3.5	11.9	11.5	11.2	10.9	10.6	10.4	10.2	9.9	9.7	9.5	9.3	9.1	8.9	8.7	8.6
3.6	12.2	11.8	11.5	11.2	10.9	10.6	10.4	10.2	10.0	9.7	9.5	9.3	9.2	9.0	8.8
3.7	12.5	12.1	11.8	11.5	11.2	10.9	10.7	10.5	10.3	10.0	9.8	9.6	9.5	9.3	9.1
3.8	12.8	12.4	12.1	11.8	11.5	11.2	11.0	10.7	10.5	10.2	10.0	9.8	9.7	9.5	9.3
3.9	13.2	12.8	12.5	12.1	11.8	11.5	11.3	11.0	10.8	10.5	10.3	10.1	10.0	9.8	9.6
4.0	13.5	13.1	12.8	12.4	12.1	11.8	11.6	11.3	11.0	10.8	10.6	10.4	10.2	10.0	9.8
4.1	13.8	13.4	13.1	12.7	12.4	12.1	11.9	11.6	11.3	11.1	10.9	10.6	10.4	10.2	10.0
4.2	14.1	13.7	13.4	13.0	12.7	12.4	12.1	11.8	11.6	11.3	11.1	10.8	10.6	10.4	10.2
4.3	14.4	14.0	13.7	13.3	13.0	12.7	12.4	12.1	11.9	11.6	11.4	11.1	10.9	10.7	10.5
4.4	14.7	14.3	14.0	13.6	13.3	13.0	12.7	12.4	12.1	11.8	11.6	11.3	11.1	10.9	10.7
4.5	15.1	14.7	14.3	13.9	13.6	13.3	13.0	12.7	12.4	12.1	11.9	11.6	11.4	11.2	11.0
4.6	15.4	15.0	14.6	14.2	13.9	13.5	13.2	12.9	12.7	12.4	12.1	11.9	11.7	11.4	11.2
4.7	15.7	15.3	14.9	14.5	14.2	13.8	13.5	13.2	13.0	12.7	12.4	12.1	11.9	11.7	11.5
4.8	16.0	15.6	15.2	14.8	14.4	14.1	13.8	13.5	13.2	12.9	12.6	12.3	12.1	11.9	11.7
4.9	16.4	15.9	15.5	15.1	14.7	14.4	14.1	13.8	13.5	13.2	12.9	12.6	12.4	12.1	11.9
5.0	16.7	16.2	15.8	15.4	15.0	14.6	14.3	14.0	13.7	13.4	13.1	12.8	12.6	12.3	12.1
5.1	17.0	16.5	16.1	15.7	15.3	14.9	14.6	14.3	14.0	13.7	13.4	13.1	12.9	12.6	12.4
5.2	17.3	16.8	16.4	16.0	15.6	15.2	14.9	14.5	14.2	13.9	13.6	13.3	13.1	12.8	12.6

Tafel **E 25** Neulicht: Azimutdifferenz Δ Mond—Sonne

E		*c*														
		10°	11°	12°	13°	14°	15°	16°	17°	18°	19°	20°	21°	22°	23°	24°
10°	170°	9.9°	10.9°	11.8°	12.8°	13.8°	14.8°	15.7°	16.7°	17.7°	18.7°	19.7°	20.7°	21.6°	22.6°	23.6°
12	168	9.8	10.8	11.7	12.7	13.7	14.7	15.6	16.6	17.6	18.6	19.6	20.6	21.5	22.5	23.5
14	166	9.7	10.7	11.6	12.6	13.6	14.6	15.5	16.5	17.5	18.5	19.5	20.5	21.4	22.4	23.4
16	164	9.6	10.6	11.5	12.5	13.5	14.5	15.4	16.4	17.4	18.4	19.3	20.3	21.2	22.2	23.2
18	162	9.5	10.5	11.4	12.4	13.4	14.4	15.3	16.3	17.2	18.2	19.1	20.1	21.0	22.0	23.0
20	160	9.4	10.4	11.3	12.3	13.2	14.2	15.1	16.1	17.0	18.0	18.9	19.9	20.8	21.8	22.7
22	158	9.3	10.3	11.2	12.1	13.0	14.0	14.9	15.9	16.8	17.8	18.7	19.7	20.6	21.6	22.5
24	156	9.2	10.1	11.0	11.9	12.8	13.8	14.7	15.6	16.5	17.5	18.4	19.4	20.3	21.3	22.2
26	154	9.0	9.9	10.8	11.7	12.6	13.6	14.5	15.4	16.3	17.2	18.1	19.1	20.0	21.0	21.9
28	152	8.8	9.7	10.6	11.5	12.4	13.3	14.2	15.1	16.0	16.9	17.8	18.7	19.6	20.6	21.5
30	150	8.7	9.5	10.4	11.3	12.2	13.0	13.9	14.8	15.7	16.6	17.5	18.4	19.3	20.2	21.1
32	148	8.5	9.3	10.2	11.0	11.9	12.7	13.6	14.5	15.4	16.3	17.2	18.0	18.9	19.8	20.7
34	146	8.3	9.1	10.0	10.8	11.7	12.5	13.3	14.2	15.1	16.0	16.8	17.7	18.5	19.4	20.3
36	144	8.1	8.9	9.7	10.5	11.4	12.2	13.0	13.8	14.7	15.6	16.4	17.3	18.1	19.0	19.8
38	142	7.9	8.7	9.5	10.3	11.1	11.9	12.7	13.5	14.4	15.2	16.0	16.9	17.7	18.5	19.3
40	140	7.7	8.4	9.2	10.0	10.8	11.6	12.4	13.2	14.0	14.8	15.6	16.4	17.2	18.0	18.8
42	138	7.5	8.2	9.0	9.7	10.5	11.3	12.1	12.8	13.6	14.4	15.2	15.9	16.7	17.5	18.3
44	136	7.2	7.9	8.7	9.4	10.2	10.9	11.7	12.4	13.2	13.9	14.7	15.4	16.2	17.0	17.8
46	134	7.0	7.7	8.4	9.1	9.9	10.6	11.3	12.0	12.8	13.5	14.2	14.9	15.7	16.4	17.2
48	132	6.7	7.4	8.1	8.8	9.5	10.2	10.9	11.6	12.3	13.0	13.7	14.4	15.1	15.8	16.6
50	130	6.5	7.1	7.8	8.4	9.1	9.8	10.5	11.1	11.8	12.5	13.2	13.8	14.5	15.2	16.0
52	128	6.2	6.8	7.4	8.0	8.7	9.3	10.0	10.6	11.3	11.9	12.6	13.2	13.9	14.6	15.3
54	126	5.9	6.5	7.1	7.7	8.3	8.9	9.6	10.2	10.8	11.4	12.1	12.7	13.3	14.0	14.7
56	124	5.6	6.2	6.8	7.3	7.9	8.5	9.1	9.7	10.3	10.9	11.5	12.1	12.7	13.3	14.0
58	122	5.3	5.9	6.5	7.0	7.5	8.1	8.6	9.2	9.8	10.3	10.9	11.5	12.1	12.7	13.3
60	120	5.0	5.5	6.1	6.6	7.1	7.6	8.1	8.6	9.2	9.7	10.3	10.8	11.4	12.0	12.6
62	118	4.7	5.2	5.7	6.2	6.7	7.1	7.6	8.1	8.7	9.2	9.7	10.2	10.8	11.3	11.9
64	116	4.4	4.8	5.3	5.7	6.2	6.6	7.1	7.6	8.1	8.6	9.1	9.6	10.1	10.6	11.1
66	114	4.1	4.5	5.0	5.3	5.8	6.2	6.6	7.1	7.5	8.0	8.5	8.9	9.4	9.8	10.3
68	112	3.8	4.2	4.6	4.9	5.3	5.7	6.1	6.5	6.9	7.3	7.8	8.2	8.6	9.0	9.5
70	110	3.5	3.8	4.2	4.5	4.9	5.2	5.6	6.0	6.3	6.7	7.1	7.5	7.9	8.2	8.7
72	108	3.1	3.4	3.8	4.1	4.4	4.7	5.1	5.4	5.7	6.0	6.4	6.7	7.1	7.4	7.8
74	106	2.8	3.0	3.4	3.7	4.0	4.2	4.6	4.8	5.1	5.4	5.7	6.0	6.4	6.6	7.0
76	104	2.4	2.6	2.9	3.2	3.5	3.7	4.0	4.2	4.5	4.7	5.0	5.3	5.6	5.8	6.1
78	102	2.1	2.3	2.5	2.8	3.0	3.2	3.5	3.6	3.9	4.1	4.3	4.6	4.8	5.0	5.3
80	100	1.8	1.9	2.1	2.3	2.5	2.7	2.9	3.0	3.2	3.4	3.6	3.8	4.0	4.2	4.4
82	98	1.5	1.6	1.7	1.9	2.0	2.2	2.3	2.4	2.6	2.7	2.9	3.1	3.2	3.4	3.6
84	96	1.1	1.2	1.3	1.4	1.5	1.6	1.7	1.8	1.9	2.0	2.2	2.3	2.4	2.5	2.7
86	94	0.8	0.8	0.9	0.9	1.0	1.1	1.2	1.2	1.3	1.4	1.5	1.5	1.6	1.7	1.8
88	92	0.4	0.4	0.4	0.4	0.5	0.5	0.6	0.6	0.7	0.7	0.7	0.7	0.8	0.8	0.9
90	90	0.0	0.0	0.0	0.0	0.0	0.0	0.0	0.0	0.0	0.0	0.0	0.0	0.0	0.0	0.0

Tafel **E 26** Neulicht: Höhe des Mondes *h*

E		*c* 10°	11°	12°	13°	14°	15°	16°	17°	18°	19°	20°	21°	22°	23°	24°
10°	170°	1.8°	1.9°	2.1°	2.2°	2.4°	2.5°	2.7°	2.9°	3.1°	3.2°	3.4°	3.6°	3.8°	3.9°	4.0°
12	168	2.1	2.3	2.5	2.7	2.9	3.1	3.3	3.5	3.7	3.9	4.1	4.3	4.5	4.6	4.8
14	166	2.4	2.7	2.9	3.1	3.4	3.6	3.9	4.1	4.3	4.5	4.8	5.0	5.2	5.4	5.6
16	164	2.7	3.0	3.3	3.5	3.8	4.1	4.4	4.6	4.9	5.1	5.4	5.6	5.9	6.1	6.4
18	162	3.1	3.4	3.7	4.0	4.3	4.6	4.9	5.2	5.5	5.8	6.1	6.3	6.6	6.9	7.2
20	160	3.4	3.7	4.1	4.4	4.8	5.1	5.4	5.7	6.1	6.4	6.7	7.0	7.4	7.7	8.0
22	158	3.7	4.1	4.5	4.8	5.2	5.6	5.9	6.3	6.7	7.0	7.4	7.7	8.1	8.4	8.8
24	156	4.0	4.4	4.8	5.2	5.6	6.0	6.4	6.8	7.2	7.6	8.0	8.4	8.8	9.1	9.5
26	154	4.4	4.8	5.2	5.6	6.1	6.5	6.9	7.3	7.8	8.2	8.6	9.0	9.4	9.8	10.3
28	152	4.7	5.1	5.6	6.0	6.5	6.9	7.4	7.8	8.3	8.7	9.2	9.6	10.1	10.5	11.0
30	150	5.0	5.5	6.0	6.4	7.0	7.4	7.9	8.4	8.9	9.3	9.8	10.3	10.8	11.2	11.7
32	148	5.3	5.8	6.3	6.8	7.4	7.9	8.4	8.9	9.4	9.9	10.4	10.9	11.4	11.9	12.4
34	146	5.6	6.1	6.7	7.2	7.8	8.3	8.9	9.4	9.9	10.5	11.0	11.5	12.1	12.6	13.1
36	144	5.8	6.4	7.0	7.6	8.2	8.7	9.3	9.8	10.4	11.0	11.6	12.1	12.7	13.2	13.8
38	142	6.1	6.7	7.4	8.0	8.6	9.1	9.7	10.3	10.9	11.5	12.2	12.7	13.3	13.9	14.5
40	140	6.4	7.0	7.7	8.3	8.9	9.5	10.2	10.8	11.4	12.0	12.7	13.3	13.9	14.5	15.1
42	138	6.7	7.3	8.0	8.7	9.3	10.0	10.7	11.3	11.9	12.5	13.2	13.9	14.5	15.1	15.8
44	136	6.9	7.6	8.3	9.0	9.7	10.4	11.1	11.7	12.4	13.0	13.7	14.4	15.1	15.7	16.4
46	134	7.2	7.9	8.6	9.3	10.1	10.8	11.5	12.1	12.8	13.5	14.2	14.9	15.6	16.3	17.0
48	132	7.4	8.1	8.9	9.6	10.4	11.1	11.8	12.5	13.3	14.0	14.7	15.4	16.2	16.9	17.6
50	130	7.7	8.4	9.2	9.9	10.7	11.5	12.2	12.9	13.7	14.4	15.2	15.9	16.7	17.4	18.2
52	128	7.9	8.6	9.4	10.2	11.0	11.8	12.6	13.3	14.1	14.8	15.6	16.4	17.2	17.9	18.7
54	126	8.1	8.9	9.7	10.5	11.3	12.1	12.9	13.7	14.5	15.3	16.1	16.9	17.7	18.4	19.2
56	124	8.3	9.1	9.9	10.7	11.6	12.4	13.2	14.1	14.9	15.7	16.5	17.3	18.1	18.9	19.7
58	122	8.5	9.3	10.2	11.0	11.9	12.7	13.5	14.4	15.2	16.0	16.9	17.7	18.6	19.4	20.2
60	120	8.7	9.5	10.4	11.2	12.1	12.9	13.8	14.6	15.5	16.3	17.2	18.1	19.0	19.8	20.7
62	118	8.9	9.7	10.6	11.5	12.4	13.2	14.1	14.9	15.8	16.7	17.6	18.5	19.4	20.2	21.1
64	116	9.0	9.9	10.8	11.7	12.6	13.4	14.3	15.2	16.1	17.0	17.9	18.8	19.7	20.5	21.4
66	114	9.2	10.1	11.0	11.9	12.8	13.7	14.6	15.5	16.4	17.3	18.2	19.1	20.1	20.9	21.8
68	112	9.3	10.2	11.1	12.0	13.0	13.9	14.8	15.7	16.6	17.5	18.5	19.4	20.4	21.3	22.2
70	110	9.4	10.3	11.3	12.2	13.2	14.1	15.0	15.9	16.9	17.8	18.8	19.7	20.7	21.6	22.5
72	108	9.5	10.4	11.4	12.3	13.3	14.2	15.2	16.1	17.1	18.0	19.0	19.9	20.9	21.8	22.8
74	106	9.6	10.5	11.5	12.5	13.5	14.4	15.4	16.3	17.3	18.2	19.2	20.1	21.1	22.0	23.0
76	104	9.7	10.6	11.6	12.6	13.6	14.5	15.5	16.4	17.4	18.4	19.4	20.3	21.3	22.2	23.2
78	102	9.8	10.7	11.7	12.7	13.7	14.6	15.6	16.6	17.6	18.6	19.6	20.5	21.5	22.4	23.4
80	100	9.8	10.8	11.8	12.8	13.8	14.7	15.7	16.7	17.7	18.7	19.7	20.7	21.7	22.6	23.6
82	98	9.9	10.9	11.9	12.9	13.9	14.8	15.8	16.8	17.8	18.8	19.8	20.8	21.8	22.7	23.7
84	96	10.0	11.0	12.0	12.9	13.9	14.9	15.9	16.9	17.9	18.9	19.9	20.9	21.9	22.8	23.8
86	94	10.0	11.0	12.0	13.0	14.0	15.0	16.0	17.0	18.0	19.0	20.0	21.0	22.0	22.9	23.9
88	92	10.0	11.0	12.0	13.0	14.0	15.0	16.0	17.0	18.0	19.0	20.0	21.0	22.0	23.0	24.0
90	90	10.0	11.0	12.0	13.0	14.0	15.0	16.0	17.0	18.0	19.0	20.0	21.0	22.0	23.0	24.0

Konjunktionen Jupiter—Saturn

Tafel E 27 Zyklen

Jahr Zyklus	T_1	L_1	E_1	M_1	m_1
		°	°	°	°
—3976.70	—3977.70	344.6	266	84	28
—3182.34	—3183.34	343.4	42	71	12
—2387.98	—2388.98	342.2	177	58	356
—1593.62	—1594.62	341.0	312	45	339
— 799.27	— 800.27	339.8	86	31	323
— 4.91	— 5.91	338.7	220	18	306
+ 789.44	+ 788.44	337.7	353	4	290
+1583.80	+1582.80	336.7	127	351	273

	T	L	E
Konst.	+1.00	+21.6	+270

Die Konstanten sind nur dann zu T_1, L_1 und E_1 zuzulegen, wenn bei genäherter Rechnung nur die Tafeln E 27 und E 28 benutzt werden.

Tafel E 29
Verwandlung des Jahresbruches in Tag

Jahresbruch	Tag Jahr negativ	Tag Jahr positiv	Jahresbruch	Tag Jahr negativ	Tag Jahr positiv
0.00	Dez. 31*	Jan. 0	0.50	Juli 1*	Juli 1
02	24*	7	52	Juni 24*	9
04	16*	15	54	17*	16
06	9*	22	56	10*	23
08	2*	29	58	2*	31
0.10	Nov. 26*	Febr. 5	0.60	Mai 26*	Aug. 7
12	17*	13	62	19*	14
14	10*	20	64	11*	22
16	3*	27	66	4*	29
18	Okt. 26*	März 6	68	April 27*	Sept. 5
0.20	19*	14	0.70	19*	12
22	12*	21	72	12*	20
24	4*	29	74	5*	27
26	Sept. 27*	April 5	76	März 29*	Okt. 4
28	20*	12	78	21*	12
0.30	12*	19	0.80	14*	19
32	5*	27	82	6*	26
34	Aug. 29*	Mai 4	84	Febr. 27*	Nov. 3
36	22*	11	86	20*	10
38	14*	19	88	13*	17
0.40	7*	26	0.90	5*	26
42	Juli 31*	Juni 2	92	Jan. 29*	Dez. 2
44	23*	10	94	22*	9
46	16*	17	96	15*	16
48	9*	24	98	7*	24
0.50	Juli 1*	Juli 1	0.99	Jan. 3*	Dez. 28

* des vorhergehenden Jahres

Tafel E 28 Perioden

Nr.	T_2	L_2	E_2	M_2	m_2
		°	°	°	°
0	0.00	0.0	0	0	0
1	19.86	243.0	309	243	243
2	39.72	126.0	259	125	125
3	59.58	8.9	208	8	8
4	79.43	251.9	157	251	250
5	99.29	134.9	107	133	133
6	119.15	17.8	56	16	15
7	139.01	260.8	5	259	258
8	158.87	143.8	315	141	141
9	178.73	26.8	264	24	23
10	198.59	269.8	213	267	266
11	218.45	152.7	163	149	148
12	238.31	35.7	112	32	31
13	258.17	278.7	61	275	274
14	278.02	161.6	11	157	156
15	297.88	44.6	320	40	39
16	317.74	287.6	270	282	281
17	337.60	170.6	219	165	164
18	357.46	53.6	168	48	47
19	377.32	296.5	118	290	289
20	397.18	179.5	67	173	172
21	417.04	62.5	16	56	54
22	436.90	305.4	326	298	297
23	456.75	188.4	275	181	180
24	476.61	71.4	224	64	62
25	496.47	314.4	174	306	305
26	516.33	197.4	123	189	187
27	536.19	80.3	72	72	70
28	556.05	323.3	22	314	312
29	575.91	206.3	331	197	195
30	595.77	89.2	280	80	78
31	615.62	332.2	230	322	320
32	635.48	215.2	179	205	203
33	655.34	98.2	128	88	85
34	675.20	341.2	78	330	328
35	695.06	224.1	27	213	210
36	714.92	107.1	337	96	93
37	734.78	350.1	286	338	336
38	754.64	233.0	235	221	218
39	774.50	116.0	185	104	101

Zu beachten! Die Jahresbrüche sind algebraisch richtig gezählt, daher bedeutet

—100.50 = — 101 Juli 1
+100.50 = + 100 Juli 1.

Konjunktionen Jupiter—Saturn

Tafel **E 30** Große Ungleichung: T_3 L_3 E_3

$T_1 + T_2$		T_3	L_3	E_3	$T_1 + T_2$		T_3	L_3	E_3
			°	°				°	°
—4000	—1160	0.04	0.8	16	—2400	+ 440	0.17	3.0	61
—3960	—1120	03	0.5	11	—2360	+ 480	16	2.8	57
—3920	—1080	02	0.3	7	—2320	+ 520	14	2.5	50
—3880	—1040	02	0.3	7	—2280	+ 560	12	2.1	43
—3840	—1000	02	0.3	7	—2240	+ 600	10	1.8	35
—3800	— 960	0.03	0.5	10	—2200	+ 640	0.08	1.4	28
—3760	— 920	04	0.8	14	—2160	+ 680	06	1.1	22
—3720	— 880	06	1.1	20	—2120	+ 720	05	0.8	16
—3680	— 840	08	1.4	26	—2080	+ 760	03	0.5	11
—3640	— 800	09	1.7	32	—2040	+ 800	02	0.3	7
—3600	— 760	0.11	2.0	39	—2000	+ 840	0.01	0.2	3
—3560	— 720	13	2.3	46	—1960	+ 880	01	0.2	3
—3520	— 680	14	2.5	50	—1920	+ 920	02	0.3	6
—3480	— 640	15	2.7	54	—1880	+ 960	03	0.5	10
—3440	— 600	16	2.9	57	—1840	+1000	04	0.7	14
—3400	— 560	0.16	2.9	57	—1800	+1040	0.06	1.1	21
—3360	— 520	16	2.9	57	—1760	+1080	09	1.5	29
—3320	— 480	15	2.7	54	—1720	+1120	10	1.8	36
—3280	— 440	14	2.5	50	—1680	+1160	12	2.2	43
—3240	— 400	13	2.3	46	—1640	+1200	14	2.6	50
—3200	— 360	0.11	2.0	39	—1600	+1240	0.16	2.8	56
—3160	— 320	09	1.6	32	—1560	+1280	16	2.9	59
—3120	— 280	06	1.1	21	—1520	+1320	17	3.0	61
—3080	— 240	04	0.7	14	—1480	+1360	16	2.9	59
—3040	— 200	02	0.4	8	—1440	+1400	15	2.7	55
—3000	— 160	0.01	0.2	3	—1400	+1440	0.14	2.5	50
—2960	— 120	00	0.1	1	—1360	+1480	13	2.3	45
—2920	— 80	00	0.0	0	—1320	+1520	11	2.0	39
—2880	— 40	00	0.1	1	—1280	+1560	09	1.7	33
—2840	0	01	0.2	3	—1240	+1600	08	1.4	28
—2800	+ 40	0.02	0.4	7	—1200	+1640	0.06	1.1	22
—2760	+ 80	04	0.7	14	—1160	+1680	04	0.8	16
—2720	+ 120	06	1.1	21	—1120	+1720	03	0.5	11
—2680	+ 160	09	1.6	32	—1080	+1760	02	0.3	7
—2640	+ 200	12	2.1	43	—1040	+1800	02	0.3	7
—2600	+ 240	0.14	2.5	50	—1000	+1840	0.02	0.3	7
—2560	+ 280	16	2.8	57	— 960	+1880	03	0.5	10
—2520	+ 320	17	3.0	61	— 920	+1920	04	0.8	14
—2480	+ 360	18	3.2	64	— 880	+1960	06	1.1	20
—2440	+ 400	18	3.2	64	— 840	+2000	08	1.4	26
—2400	+ 440	0.17	3.0	61	— 800		0.09	1.7	32

Konjunktionen Jupiter—Saturn

Tafel E 31

Mittelpunktsgleichung T_4, T_5

Arg.	Arg. M T_4	Arg. m T_5
0°	0.33	0.38
10	0.28	0.45
20	0.23	0.52
30	0.19	0.59
40	0.15	0.64
50	0.11	0.69
60	0.09	0.73
70	0.07	0.75
80	0.06	0.76
90	0.05	0.76
100	0.06	0.75
110	0.08	0.73
120	0.10	0.70
130	0.13	0.66
140	0.16	0.61
150	0.20	0.56
160	0.24	0.50
170	0.28	0.44
180	0.33	0.38
190	0.38	0.32
200	0.42	0.26
210	0.46	0.20
220	0.50	0.15
230	0.53	0.10
240	0.56	0.06
250	0.58	0.03
260	0.60	0.01
270	0.61	0.00
280	0.60	0.00
290	0.59	0.01
300	0.57	0.03
310	0.55	0.07
320	0.51	0.12
330	0.47	0.18
340	0.43	0.24
350	0.38	0.31
360	0.33	0.38

Tafel E 32

Korrektion T_6 für Jupiter

M	T_4+T_5				
	0.00	0.40	0.80	1.20	1.60
0°	0.24	0.18	0.12	0.06	0.00
10	24	18	12	06	01
20	24	18	12	07	02
30	23	18	12	07	03
40	22	17	12	08	05
50	0.21	0.16	0.12	0.09	0.07
60	20	15	12	10	09
70	18	14	12	11	11
80	16	13	12	12	13
90	14	13	12	13	15
100	0.12	0.12	0.12	0.14	0.17
110	10	11	12	14	18
120	08	10	12	15	20
130	06	09	12	16	21
140	05	08	12	16	22
150	0.03	0.07	0.12	0.17	0.22
160	02	07	12	17	23
170	02	07	12	17	23
180	01	06	12	17	23
190	01	06	12	17	22
200	0.01	0.07	0.12	0.17	0.21
210	02	07	12	16	20
220	02	07	12	16	19
230	03	08	12	15	18
240	04	09	12	14	16
250	0.06	0.09	0.12	0.13	0.14
260	07	10	12	12	12
270	09	11	12	11	10
280	11	12	12	11	08
290	13	12	12	10	06
300	0.15	0.13	0.12	0.09	0.04
310	17	15	12	08	03
320	19	16	12	07	02
330	21	17	12	07	01
340	22	17	12	06	00
350	0.23	0.18	0.12	0.06	0.00
360	24	18	12	06	00

Tafel E 33

Korrektion T_7 für Saturn

m	T_4+T_5				
	0.00	0.40	0.80	1.20	1.60
0°	0.01	0.05	0.08	0.11	0.15
10	01	05	08	11	15
20	01	05	08	11	14
30	02	05	08	11	14
40	02	05	08	11	13
50	0.03	0.06	0.08	0.10	0.12
60	04	06	08	09	10
70	06	07	08	08	09
80	07	08	08	08	08
90	08	08	08	08	07
100	0.09	0.08	0.08	0.07	0.06
110	10	09	08	07	05
120	11	09	08	06	04
130	12	10	08	06	03
140	13	10	08	06	03
150	0.13	0.10	0.08	0.05	0.02
160	14	11	08	05	02
170	14	11	08	05	02
180	14	11	08	05	02
190	14	11	08	05	02
200	0.14	0.11	0.08	0.05	0.02
210	14	11	08	05	03
220	13	11	08	06	03
230	13	10	08	06	04
240	12	10	08	07	05
250	0.11	0.09	0.08	0.07	0.06
260	10	09	08	08	07
270	09	08	08	08	08
280	08	08	08	08	09
290	07	08	08	09	10
300	0.06	0.07	0.08	0.10	0.12
310	04	06	08	10	13
320	03	06	08	11	14
330	02	05	08	11	15
340	01	05	08	11	15
350	0.01	0.05	0.08	0.11	0.15
360	01	05	08	11	15

Konjunktionen Jupiter—Saturn

Tafel E 34 Korrektionen L_4, E_4. Arg. $= T_4 + T_5 + T_6 + T_7$

Arg.	L_4	E_4	Arg.	L_4	E_4	Arg.	L_4	E_4	Arg.	L_4	E_4
	°	°		°	°		°	°		°	°
0.00	352.4	270	0.50	7.6	90	1.00	22.7	270	1.50	37.9	90
0.01	352.7	273	0.51	7.9	94	1.01	23.0	274	1.51	38.2	94
0.02	353.0	276	0.52	8.2	98	1.02	23.3	278	1.52	38.5	98
0.03	353.3	280	0.53	8.5	101	1.03	23.6	281	1.53	38.8	101
0.04	353.6	284	0.54	8.8	105	1.04	23.9	285	1.54	39.1	105
0.05	353.9	288	0.55	9.1	108	1.05	24.2	288	1.55	39.4	108
0.06	354.2	291	0.56	9.4	112	1.06	24.5	292	1.56	39.7	112
0.07	354.5	295	0.57	9.7	116	1.07	24.8	296	1.57	40.0	116
0.08	354.8	298	0.58	10.0	119	1.08	25.1	299	1.58	40.3	120
0.09	355.2	302	0.59	10.3	122	1.09	25.5	303	1.59	40.6	124
0.10	355.5	306	0.60	10.6	126	1.10	25.8	306	1.60	40.9	127
0.11	355.8	309	0.61	10.9	130	1.11	26.1	310	1.61	41.2	131
0.12	356.1	313	0.62	11.2	134	1.12	26.4	314	1.62	41.5	134
0.13	356.4	316	0.63	11.5	138	1.13	26.7	317	1.63	41.8	138
0.14	356.7	320	0.64	11.8	141	1.14	27.0	321	1.64	42.1	142
0.15	357.0	324	0.65	12.1	144	1.15	27.3	324	1.65	42.4	145
0.16	357.3	327	0.66	12.4	148	1.16	27.6	328	1.66	42.7	149
0.17	357.6	331	0.67	12.7	152	1.17	27.9	332	1.67	43.0	152
0.18	357.9	334	0.68	13.0	155	1.18	28.2	335	1.68	43.3	156
0.19	358.2	338	0.69	13.3	159	1.19	28.5	338	1.69	43.6	160
0.20	358.5	342	0.70	13.6	162	1.20	28.8	342	1.70	43.9	163
0.21	358.8	345	0.71	13.9	166	1.21	29.1	346	1.71	44.2	167
0.22	359.1	349	0.72	14.2	170	1.22	29.4	350	1.72	44.5	170
0.23	359.4	352	0.73	14.5	173	1.23	29.7	353	1.73	44.8	174
0.24	359.7	356	0.74	14.9	177	1.24	30.0	357	1.74	45.2	178
0.25	0.0	0	0.75	15.2	180	1.25	30.3	0	1.75	45.5	181
0.26	0.3	4	0.76	15.5	184	1.26	30.6	4	1.76	45.8	185
0.27	0.6	8	0.77	15.8	188	1.27	30.9	8	1.77	46.1	188
0.28	0.9	11	0.78	16.1	191	1.28	31.2	11	1.78	46.4	192
0.29	1.2	15	0.79	16.4	195	1.29	31.5	15			
0.30	1.5	18	0.80	16.7	198	1.30	31.8	18			
0.31	1.8	22	0.81	17.0	202	1.31	32.1	22			
0.32	2.1	26	0.82	17.3	206	1.32	32.4	26			
0.33	2.4	29	0.83	17.6	209	1.33	32.7	29			
0.34	2.7	33	0.84	17.9	213	1.34	33.0	33			
0.35	3.0	36	0.85	18.2	216	1.35	33.3	36			
0.36	3.3	40	0.86	18.5	220	1.36	33.6	40			
0.37	3.6	44	0.87	18.8	224	1.37	33.9	44			
0.38	3.9	47	0.88	19.1	227	1.38	34.2	47			
0.39	4.2	51	0.89	19.4	231	1.39	34.5	51			
0.40	4.5	54	0.90	19.7	234	1.40	34.8	54			
0.41	4.8	58	0.91	20.0	238	1.41	35.2	58			
0.42	5.2	62	0.92	20.3	242	1.42	35.5	62			
0.43	5.5	65	0.93	20.6	245	1.43	35.8	65			
0.44	5.8	69	0.94	20.9	249	1.44	36.1	69			
0.45	6.1	72	0.95	21.2	252	1.45	36.4	72			
0.46	6.4	76	0.96	21.5	256	1.46	36.7	76			
0.47	6.7	80	0.97	21.8	260	1.47	37.0	80			
0.48	7.0	84	0.98	22.1	263	1.48	37.3	83			
0.49	7.3	87	0.99	22.4	267	1.49	37.6	87			

Tafel E 35 T'

$L-E$ zwischen 0° und 180° zu bilden (positiv oder negativ).

Bei negativen $L-E$ sind die Vorzeichen umzukehren.

$L-E$	T'
180°	0.00
170	—0.02
160	—0.04
150	—0.05
140	—0.07
130	—0.08
120	—0.10
110	—0.12
100	—0.14
90	—0.15
80	—0.17
70	—0.19
60	—0.20
50	—0.22
40	—0.23
30	—0.24

$L-E$	T' I	T' II	T' III
30°	—0.24	+0.23	+0.23
28	—0.25	+0.20	+0.26
26	—0.25	+0.18	+0.27
24	—0.25	+0.16	+0.27
22	—0.25	+0.14	+0.28
20	—0.25	+0.13	+0.28
18	—0.26	+0.12	+0.28
16	—0.26	+0.10	+0.28
14	—0.26	+0.09	+0.28
12	—0.26	+0.07	+0.28
10	—0.27	+0.06	+0.28
8	—0.27	+0.05	+0.28
6	—0.27	+0.04	+0.28
4	—0.27	+0.03	+0.28
2	—0.27	+0.01	+0.28
0	—0.27	0.00	+0.27

Mars—Jupiter

Tafel E 36 Zyklen

T_1	L_1	T_1	L_1	T_1	L_1
	°		°		°
—4122.2	268	—2110.5	150	— 98.7	32
—3921.0	257	—1909.3	138	+ 102.5	20
—3719.9	245	—1708.1	126	+ 303.6	9
—3518.7	233	—1506.9	114	+ 504.8	357
—3317.5	221	—1305.8	103	+ 706.0	345
—3116.3	209	—1104.6	91	+ 907.2	334
—2915.2	197	— 903.4	79	+1108.3	322
—2714.0	185	— 702.2	67	+1309.5	310
—2512.8	173	— 501.1	56	+1510.7	298
—2311.6	162	— 299.9	44	+1711.9	287

Tafel E 37 Perioden

T_2	L_2	T_2	L_2	T_2	L_2
	°		°		°
0.0	0	69.3	304	138.6	248
2.2	68	71.5	12	140.8	316
4.5	136	73.8	80	143.0	24
6.7	204	76.0	148	145.3	92
8.9	271	78.2	215	147.5	159
11.2	339	80.5	283	149.7	227
13.4	47	82.7	351	152.0	295
15.6	115	84.9	59	154.2	3
17.9	183	87.2	127	156.4	71
20.1	251	89.4	195	158.7	139
22.4	319	91.6	263	160.9	207
24.6	27	93.9	331	163.2	275
26.8	94	96.1	38	165.4	342
29.1	162	98.3	106	167.6	50
31.3	230	100.6	174	169.9	118
33.5	298	102.8	242	172.1	186
35.8	6	105.0	310	174.3	254
38.0	74	107.3	18	176.6	322
40.2	142	109.5	86	178.8	30
42.5	209	111.8	153	181.0	97
44.7	277	114.0	221	183.3	165
46.9	345	116.2	289	185.5	233
49.2	53	118.4	357	187.7	301
51.4	121	120.7	65	190.0	9
53.6	189	122.9	133	192.2	77
55.9	257	125.2	201	194.4	145
58.1	325	127.4	269	196.7	213
60.3	32	129.6	336	198.9	280
62.6	100	131.9	44	201.2	348
64.8	168	134.1	112		
67.1	236	136.3	180		

Mars—Saturn

Tafel E 38 Zyklen

T_1	L_1	T_1	L_1	T_1	L_1
	°		°		°
—3999.0	93	—1989.9	195	+ 19.3	296
—3798.1	31	—1789.0	133	+ 220.2	234
—3597.2	330	—1588.0	71	+ 421.1	172
—3396.3	268	—1387.1	9	+ 622.0	111
—3195.3	206	—1186.2	307	+ 822.9	49
—2994.4	144	— 985.3	245	+1023.8	347
—2793.5	82	— 784.4	184	+1224.7	285
—2592.6	20	— 583.5	122	+1425.6	223
—2391.7	318	— 382.6	60	+1626.6	161
—2190.8	257	— 181.6	358	+1827.5	100

Tafel E 39 Perioden

T_2	L_2	T_2	L_2	T_2	L_2
	°		°		°
0.0	0	68.3	116	136.6	231
2.0	25	70.3	140	138.6	256
4.0	49	72.3	165	140.6	281
6.0	74	74.3	189	142.6	305
8.0	98	76.3	214	144.6	330
10.0	123	78.4	239	146.7	354
12.1	147	80.4	263	148.7	19
14.1	172	82.4	288	150.7	43
16.1	197	84.4	312	152.7	68
18.1	221	86.4	337	154.7	93
20.1	246	88.4	2	156.7	117
22.1	270	90.4	26	158.7	142
24.1	295	92.4	51	160.7	166
26.1	320	94.4	75	162.7	191
28.1	344	96.4	100	164.7	216
30.1	9	98.4	124	166.7	240
32.1	33	100.5	149	168.8	265
34.2	58	102.5	174	170.8	289
36.2	82	104.5	198	172.8	314
38.2	107	106.5	223	174.8	338
40.2	132	108.5	247	176.8	3
42.2	156	110.5	272	178.8	28
44.2	181	112.5	296	180.8	52
46.2	205	114.5	321	182.8	77
48.2	230	116.5	346	184.8	101
50.2	254	118.5	10	186.8	126
52.2	279	120.5	35	188.8	151
54.2	304	122.5	59	190.9	175
56.3	328	124.6	84	192.9	200
58.3	353	126.6	109	194.9	224
60.3	17	128.6	133	196.9	249
62.3	42	130.6	158	198.9	273
64.3	67	132.6	182	200.9	298
66.3	91	134.6	207		

Tafel E 40

Jahres-bruch	Jahr neg.	Jahr pos.
0.0	Dez. 31*	Jan. 0
0.1	Nov. 26*	Febr. 5
0.2	Okt. 19*	März 14
0.3	Spt. 12*	Apr. 19
0.4	Aug. 7*	Mai 26
0.5	Juli 1*	Juli 1
0.6	Mai 26*	Aug. 7
0.7	Apr. 19*	Sept. 12
0.8	März 14*	Okt. 19
0.9	Febr. 5*	Nov. 26
1.0		Dez. 31

* des vorhergehenden Jahres!

Die Jahre sind algebraisch richtig gezählt:

—104.5 = —105 Juli 1.

+104.5 = +104 Juli 1.

Tafel E 41 Genäherte Länge der Sonne (Julianischer Kalender!)

Jahr	Jan. 0 *	Jan. 23	Febr. 15 *	März 9	Apr. 1 *	Apr. 24	Mai 17 *	Juni 9	Juli 1 *	Juli 24	Aug. 16 *	Sept. 8	Okt. 1 *	Okt. 23	Nov. 15 *	Dez. 8
—4000	252	274	297	318	340	2	24	46	67	89	112	135	159	181	205	228
—3800	253	276	298	319	341	3	25	47	68	91	114	137	160	183	206	230
—3600	254	277	300	321	343	5	27	49	70	92	115	138	161	184	207	231
—3400	256	279	301	322	344	6	28	50	71	94	116	139	163	185	209	232
—3200	257	280	302	324	346	8	30	51	73	95	118	141	164	187	210	234
—3000	258	281	304	325	347	9	31	53	74	96	119	142	165.	188	211	235
—2800	260	283	305	327	349	11	33	55	76	98	121	144	167	189	213	236
—2600	261	284	307	328	350	12	34	56	77	99	122	145	168	191	214	238
—2400	262	285	308	330	352	14	35	57	78	101	123	146	170	192	215	239
—2200	264	287	310	331	353	15	37	59	80	102	125	147	171	193	217	240
—2000	265	288	311	332	355	17	38	60	81	104	126	149	172	195	218	242
—1800	267	290	312	334	356	18	40	62	83	105	128	150	174	196	219	243
—1600	268	291	314	335	358	20	41	63	84	107	129	152	175	197	221	244
—1400	269	292	315	337	359	21	43	65	86	108	131	153	176	199	222	246
—1200	271	294	317	338	1	23	44	66	87	109	132	155	178	200	224	247
—1000	272	295	318	340	2	24	46	68	89	111	133	156	179	201	225	248
— 800	273	297	320	341	4	26	47	69	90	113	135	158	181	203	226	250
— 600	275	298	321	343	5	27	49	71	92	114	136	159	182	204	228	251
— 400	276	300	323	344	7	29	51	73	94	116	138	161	184	206	229	253
— 200	278	301	324	346	8	30	52	74	95	117	139	162	185	207	231	254
0	279	302	326	347	10	32	54	76	97	119	141	164	186	209	232	255
+ 200	281	304	327	349	11	33	55	77	98	120	142	165	188	210	233	257
+ 400	282	305	328	350	13	35	57	79	100	122	144	167	190	211	235	258
+ 600	283	307	330	351	14	36	58	80	101	123	145	168	191	213	236	260
+ 800	285	308	331	353	16	38	60	82	103	125	147	170	192	214	238	261
+1000	286	310	333	355	17	39	62	83	104	126	149	171	194	216	239	263
+1200	288	311	334	356	19	41	63	85	106	128	150	173	195	217	241	264
+1400	289	313	336	358	20	42	65	87	108	130	152	174	197	219	242	266
+1600	291	314	337	359	22	44	66	88	109	131	153	176	198	220	244	267
+1800	292	316	339	1	23	46	68	90	111	133	155	177	200	222	245	268

Bei den genäherten Ephemeriden von Mars, Jupiter und Saturn werden nur die mit * bezeichneten Spalten benutzt.

Tafel **E 42** Genäherte Mondephemeride

M_0	Tag T_0 +														
	0	1	2	3	4	5	6	7	8	9	10	11	12	13	14
°	°	°	°	°	°	°	°	°	°	°	°	°	°	°	°
0	0	15	29	44	58	72	85	98	111	124	136	148	160	172	184
10	1	16	30	44	59	72	85	98	111	123	135	147	159	171	183
20	2	17	31	45	59	72	85	98	110	123	135	146	158	170	182
30	3	18	32	45	59	72	85	97	110	122	134	145	157	169	181
40	4	18	32	46	59	72	84	97	109	121	133	144	156	168	180
50	5	19	32	46	59	71	84	96	108	120	132	143	155	168	180
60	6	19	33	46	58	71	83	95	107	119	131	142	154	167	179
70	6	19	32	45	58	70	82	94	106	118	130	142	154	166	179
80	6	19	32	45	57	69	81	93	105	117	129	141	153	166	178
90	6	19	32	44	56	68	80	92	104	116	128	140	153	165	178
100	6	19	31	43	55	67	79	91	103	115	127	139	152	165	178
110	5	18	30	42	54	66	78	90	102	114	127	139	152	165	179
120	5	18	30	42	53	65	77	89	101	113	126	139	152	165	179
130	4	17	29	41	52	64	76	88	101	113	126	139	152	166	180
140	4	16	28	40	51	63	75	88	100	112	126	139	152	166	180
150	3	15	27	39	51	63	75	87	100	112	126	139	153	167	181
160	2	14	26	38	50	62	74	86	99	112	126	139	154	168	182
170	1	13	25	37	49	61	74	86	99	113	126	140	155	169	184
180	0	12	24	36	48	60	73	86	99	113	127	141	156	170	185
190	359	11	23	35	47	60	73	86	100	114	128	142	157	171	186
200	358	10	22	34	47	60	73	86	100	114	129	143	158	172	187
210	357	9	21	34	46	60	73	87	101	115	130	144	159	173	188
220	356	8	21	33	46	60	73	87	102	116	131	145	160	174	189
230	356	8	21	33	46	60	74	88	103	117	132	146	161	175	190
240	355	7	20	33	47	60	75	89	104	118	133	148	162	176	190
250	355	7	20	34	47	61	76	90	105	119	134	149	163	177	191
260	354	7	20	34	48	62	77	91	106	121	135	150	164	177	191
270	354	7	21	34	49	63	78	92	107	122	136	150	164	177	191
280	354	7	21	35	50	64	79	93	108	123	137	151	164	178	190
290	354	8	22	36	51	65	80	94	109	123	137	151	164	177	190
300	354	8	23	37	52	66	81	95	110	124	138	151	164	177	190
310	355	9	24	38	53	68	82	96	111	124	138	151	164	176	189
320	356	10	25	39	54	69	83	97	111	125	138	151	164	176	188
330	357	11	26	40	55	70	84	98	112	125	138	150	163	175	187
340	358	12	27	42	56	71	85	98	112	125	138	150	162	174	186
350	359	14	28	43	57	71	85	98	111	124	137	149	161	173	185
360	0	15	29	44	58	72	85	98	111	124	136	148	160	172	184

Tafel **E 42** Genäherte Mondephemeride

M_0	Tag T_0 +													
	15	16	17	18	19	20	21	22	23	24	25	26	27	28
°	°	°	°	°	°	°	°	°	°	°	°	°	°	°
0	196	208	220	232	245	257	270	284	297	311	326	340	355	10
10	195	207	219	232	244	257	271	284	298	312	327	341	356	11
20	194	206	219	231	244	257	271	285	299	313	328	343	357	12
30	193	206	218	231	244	258	271	285	300	314	329	344	358	13
40	193	205	218	231	244	258	272	286	301	315	330	345	359	14
50	192	205	218	231	245	259	273	287	302	316	331	346	0	14
60	192	205	218	231	245	259	274	288	303	318	332	347	1	15
70	191	205	218	232	246	260	275	289	304	319	333	348	1	15
80	191	205	218	232	247	261	276	291	305	320	334	348	2	15
90	192	205	219	233	248	262	277	292	306	321	335	349	2	15
100	192	206	220	234	249	264	278	293	307	321	335	349	2	15
110	192	207	221	235	250	265	279	294	308	322	336	349	2	14
120	193	207	222	237	251	266	280	295	309	322	336	349	1	14
130	194	208	223	238	252	267	281	295	309	322	336	348	1	13
140	195	209	224	239	253	268	282	296	309	322	335	348	0	12
150	196	210	225	240	254	268	282	296	309	322	335	347	359	11
160	197	212	226	241	255	269	283	296	309	322	334	346	358	10
170	198	213	227	242	256	269	283	296	309	321	333	345	357	9
180	199	214	228	243	256	270	283	296	308	320	333	345	356	8
190	200	215	229	243	256	270	283	295	308	320	332	344	355	7
200	201	216	230	243	257	270	282	295	307	319	331	343	354	6
210	202	216	230	243	256	269	282	294	306	318	330	342	354	5
220	203	217	230	243	256	269	281	293	305	317	329	341	353	5
230	203	217	230	243	256	268	280	292	304	316	328	340	352	4
240	204	217	230	243	255	267	279	291	303	315	327	339	351	3
250	204	217	230	242	254	266	278	290	302	314	326	338	350	3
260	204	217	229	241	253	265	277	289	301	313	325	337	350	3
270	203	216	228	241	252	264	276	288	300	312	324	337	350	3
280	203	216	228	240	251	263	275	287	299	311	324	336	349	3
290	202	215	227	239	251	262	274	286	298	311	323	336	350	3
300	202	214	226	238	250	261	273	286	298	310	323	336	350	4
310	201	213	225	237	249	260	273	285	297	310	323	337	350	4
320	200	212	224	236	248	260	272	284	297	310	323	337	351	5
330	199	211	223	235	247	259	271	284	297	310	324	338	352	6
340	198	210	222	234	246	258	271	284	297	310	324	338	353	7
350	197	209	221	233	245	258	271	284	297	311	325	339	354	8
360	196	208	220	232	245	257	270	284	297	311	326	340	355	10

Tafel **E 43** Merkur (Jahre) Periode 116

B_0	Jahr T_0 +														
	1	2	3	4	5	6	7	8	9	10	11	12	13	14	15
0	24	41	54	67	80	100	10	33	47	60	71	88	112	21	39
2	23	39	52	65	78	100	10	31	45	58	69	88	112	20	37
4	22	37	49	63	77	99	9	29	43	56	67	87	112	19	35
6	21	35	47	61	77	100	9	27	41	54	65	87	112	18	33
8	20	34	45	59	76	100	9	26	39	52	64	86	112	17	32
10	19	32	43	57	76	100	8	24	37	50	63	86	112	16	30
12	17	31	42	56	76	101	8	23	35	48	62	86	112	14	29
14	16	29	40	55	77	101	7	21	34	47	62	87	112	13	27
16	15	28	39	54	77	102	7	20	33	46	62	88	112	12	26
18	15	27	39	54	78	103	7	20	32	46	63	89	112	12	25
20	14	26	38	54	79	104	6	19	31	45	63	91	113	11	24
22	14	26	38	55	81	105	6	19	31	45	64	92	113	11	24
24	13	26	38	56	83	106	6	18	30	45	66	94	113	10	23
26	13	25	38	57	85	106	6	18	30	46	68	96	113	10	23
28	13	25	38	59	87	107	6	17	30	46	70	97	113	10	23
30	13	25	39	61	89	107	5	17	30	47	72	98	113	10	23
32	12	25	39	63	90	107	5	17	30	48	74	99	113	9	23
34	12	25	40	65	92	108	5	17	31	50	76	100	114	9	23
36	12	25	42	67	93	108	5	17	31	52	78	101	114	9	23
38	12	25	43	69	93	108	5	17	31	54	80	101	114	9	23
40	12	25	45	71	94	108	5	17	32	56	81	101	114	9	23
42	12	26	47	73	94	108	5	17	33	58	83	102	114	9	24
44	12	27	49	75	95	108	5	18	35	61	84	102	114	9	24
46	13	28	51	77	95	108	5	18	37	63	86	102	114	10	25
48	13	30	53	79	96	108	5	19	39	65	87	103	114	10	26
50	13	31	56	80	96	108	5	19	41	67	87	103	113	10	27
52	13	33	58	81	96	108	5	20	43	68	88	103	113	10	28
54	14	34	60	82	96	108	6	21	45	70	88	103	113	11	29
56	14	36	62	83	96	108	6	23	47	72	88	103	113	11	31
58	15	37	64	83	96	108	6	24	49	73	88	102	113	12	33
60	15	39	65	83	96	108	6	26	51	74	88	102	113	12	35
62	16	41	66	83	95	108	6	27	53	74	88	101	113	13	37
64	17	43	67	83	95	107	6	29	54	75	88	101	113	14	39
66	18	45	67	83	94	107	7	31	56	75	87	100	113	15	41
68	20	47	68	83	94	107	7	32	57	75	87	100	113	17	43
70	21	48	68	82	93	106	7	34	57	74	86	99	113	18	44
72	22	49	67	81	93	106	8	35	58	74	86	99	113	19	45
74	23	49	66	80	92	105	8	36	58	73	85	98	113	19	45
76	24	49	65	79	90	104	9	37	57	72	83	97	113	20	46
78	24	48	64	77	89	103	9	37	56	70	81	96	113	20	46
80	25	48	62	75	87	102	9	37	54	68	79	94	112	21	45
82	25	47	60	73	86	102	9	36	53	66	77	93	112	21	44
84	25	45	58	71	84	101	10	36	51	64	75	91	112	22	43
86	24	43	56	69	82	101	10	35	49	62	73	90	112	22	41
88	24	41	54	67	80	100	10	33	47	60	71	88	112	21	39

Tafel E 44 Venus (Jahre) Periode 584

Jahr T_0 +														
1	2	3	4	5	6	7	8	9	10	11	12	13	14	15
365	146	511	293	74	439	220	2	367	148	513	296	77	442	223

Tafel E 45 Mars (Jahre) Periode 780

B_0	Jahr T_0 +														
	1	2	3	4	5	6	7	8	9	10	11	12	13	14	15
0	369	720	327	664	283	610	237	560	189	513	137	469	81	426	22
10	373	720	331	665	287	612	240	563	191	517	138	473	82	430	22
20	377	721	335	666	290	614	243	566	193	520	139	477	82	434	23
30	381	721	338	668	293	616	245	569	195	523	139	481	82	438	23
40	385	722	341	669	296	618	247	571	196	526	140	484	82	442	22
50	389	723	344	671	299	620	249	574	197	530	140	488	81	446	22
60	392	724	347	672	301	623	250	577	197	533	140	492	81	450	22
70	395	724	350	674	303	625	251	580	197	536	139	495	80	453	21
80	397	725	352	675	304	627	252	583	197	539	139	498	79	456	21
90	400	726	354	677	306	630	253	586	197	543	138	502	79	460	21
100	402	727	356	679	307	632	253	589	196	546	137	505	78	463	21
110	404	728	357	681	307	634	252	592	195	549	136	508	77	466	20
120	406	729	358	682	307	636	252	594	194	552	134	511	76	468	20
130	408	730	359	684	307	638	251	597	193	554	133	513	75	470	20
140	409	730	359	685	307	640	249	599	191	556	131	515	74	471	19
150	409	731	358	686	306	642	247	601	189	558	129	517	73	472	19
160	409	731	357	687	304	643	245	602	186	560	127	518	71	473	18
170	409	732	357	689	302	645	243	604	184	562	125	520	70	474	18
180	409	733	356	690	299	647	241	606	181	563	123	521	69	475	18
190	408	734	354	691	297	649	238	608	178	565	121	521	68	476	18
200	406	734	352	692	294	650	235	609	176	566	119	522	67	476	17
210	405	735	349	692	291	651	232	609	173	566	117	522	66	475	17
220	403	735	346	693	288	651	228	610	171	567	115	522	65	474	16
230	401	736	343	693	285	652	225	610	168	567	113	522	64	473	16
240	398	736	340	694	281	652	222	611	166	567	112	522	63	472	16
250	395	737	337	694	278	653	219	611	163	566	110	521	62	470	15
260	392	737	333	695	274	653	215	611	161	566	109	519	61	468	15
270	388	738	329	695	271	654	212	610	159	565	107	518	61	466	15
280	385	738	325	696	267	654	209	610	157	565	106	516	60	464	15
290	381	738	321	697	263	654	206	610	155	564	105	514	60	461	15
300	378	738	317	697	260	654	204	609	153	562	104	512	59	458	15
310	374	738	313	697	256	653	201	608	151	560	103	510	59	454	15
320	369	738	309	696	253	652	199	607	150	558	102	507	58	450	15
330	365	738	305	696	250	652	197	606	148	556	102	504	58	447	15
340	361	738	302	696	248	651	195	605	147	554	101	501	58	443	15

Tafel **E 45** (Forts.) Mars (Jahre) Periode 780

B_0	Jahr $T_0 +$														
	1	2	3	4	5	6	7	8	9	10	11	12	13	14	15
350	357	738	299	695	245	650	193	603	145	552	100	498	57	439	14
360	353	738	296	695	242	649	191	601	144	549	99	494	57	435	14
370	349	737	292	694	239	648	189	599	143	546	99	490	57	431	14
380	345	737	289	693	237	646	188	597	142	542	98	486	57	427	14
390	342	737	286	693	235	645	187	595	142	539	98	483	57	423	14
400	339	736	284	692	234	643	186	592	141	536	98	479	57	419	15
410	336	736	282	691	233	642	186	590	141	533	99	475	57	415	15
420	333	735	280	690	232	640	185	587	141	530	99	471	58	411	15
430	330	735	278	689	231	638	185	584	141	527	99	467	58	407	15
440	328	734	277	687	230	636	184	581	141	523	100	463	59	404	15
450	326	734	276	686	230	634	184	578	142	520	100	460	59	401	15
460	325	733	275	685	230	632	185	575	143	517	101	457	60	399	16
470	324	733	275	683	230	630	185	572	144	513	102	454	60	396	16
480	323	732	274	681	230	627	186	569	145	509	103	451	61	394	16
490	322	731	274	679	230	624	187	566	146	506	103	448	61	392	16
500	321	730	274	678	231	621	188	563	147	503	104	446	62	390	16
510	321	730	275	676	232	619	189	560	148	501	105	445	63	389	17
520	322	729	276	675	234	617	191	558	150	499	107	444	64	389	18
530	323	729	277	673	235	615	193	555	152	497	108	443	65	389	18
540	324	728	279	672	237	613	195	553	154	495	110	443	66	389	18
550	325	727	281	670	239	611	197	551	156	494	111	442	67	390	19
560	327	726	283	669	242	609	200	550	158	493	113	441	68	390	19
570	329	725	285	667	244	607	202	549	160	492	114	441	69	391	19
580	331	724	288	666	247	606	204	548	162	492	116	441	70	392	19
590	334	723	291	665	250	605	207	547	164	493	118	442	71	394	20
600	337	722	294	664	253	604	210	547	167	494	121	444	73	397	21
610	340	722	297	663	256	604	213	548	169	495	123	446	74	399	21
620	343	721	300	662	260	603	217	548	172	497	125	448	75	402	21
630	347	721	304	662	263	603	220	549	175	498	127	450	76	405	22
640	351	720	308	662	267	604	223	551	178	500	129	453	77	408	22
650	355	720	312	662	270	605	226	553	180	502	131	456	78	411	22
660	358	719	316	663	274	606	229	554	183	505	132	459	79	415	22
670	362	719	319	663	277	607	232	556	185	507	134	462	80	418	22
680	366	720	323	663	280	608	235	558	187	510	135	466	80	422	22
690	370	720	327	664	284	610	238	560	189	513	137	469	81	426	22

Tafel **E 46** Korrektion von B_0

Planet	Jahr $T_0 +$														
	1	2	3	4	5	6	7	8	9	10	11	12	13	14	15
Merkur	13	26	39	53	67	80	5	19	32	45	58	73	86	11	24
Mars	365	43	408	87	452	130	495	174	539	217	582	261	626	304	669
Jup.	36	73	109	146	183	219	256	292	329	365	402	5	41	78	114
Sat.	4	7	11	15	18	22	26	29	33	37	40	44	47	51	55

Perioden: Merkur 88 Mars 687 Jupiter 433 Saturn 108

Tafel **E 47** Jupiter (Jahre) Periode 399

B_0	Jahr $T_0 +$ 1	2	3	4	5	6	7	8	9	10	11	12	13	14	15
0	362	327	292	260	227	197	166	134	101	67	31	394	357	321	288
20	363	328	294	263	230	200	169	136	102	67	30	394	358	322	290
40	364	329	296	265	233	203	171	138	103	67	30	394	358	324	292
60	365	331	298	268	236	205	172	139	103	67	29	394	359	326	294
80	365	332	300	270	238	207	173	139	102	66	29	394	360	327	296
100	366	333	302	272	239	207	173	138	101	65	28	394	361	329	298
120	366	334	303	273	240	207	172	137	99	64	28	394	361	330	299
140	367	335	304	273	240	206	170	135	97	62	27	394	362	331	300
160	368	336	305	273	239	205	168	133	96	61	27	394	363	332	301
180	368	336	304	272	237	202	165	130	94	59	27	394	363	332	300
200	368	336	303	270	235	199	162	127	92	58	26	394	363	331	299
220	368	335	302	268	232	196	159	125	90	57	26	394	362	330	298
240	367	334	300	265	229	193	157	123	89	57	26	394	362	329	296
260	367	333	298	262	226	191	155	122	89	57	26	394	362	328	294
280	366	332	296	260	224	189	154	121	89	57	27	394	361	327	292
300	366	331	294	258	222	188	153	121	90	58	27	394	361	325	290
320	365	329	292	257	221	187	153	122	91	59	27	394	360	324	288
340	364	327	290	256	220	187	154	123	92	60	27	394	359	322	286
360	363	326	289	255	220	188	155	125	94	61	28	394	358	321	285
380	363	325	289	255	221	190	157	127	96	62	28	394	357	320	285
400	362	325	290	256	223	193	160	130	98	64	29	394	356	320	286
420	362	326	291	258	226	196	163	133	100	65	30	394	357	321	287
440	363	327	293	261	229	199	167	136	102	67	31	394	358	322	289

Tafel **E 48** Saturn (Jahre) Periode 378

B_0	Jahr $T_0 +$ 1	2	3	4	5	6	7	8	9	10	11	12	13	14	15
0	363	349	334	321	307	294	280	268	255	243	231	220	209	197	186
4	363	349	335	322	309	296	282	270	258	245	234	223	212	200	189
8	363	349	336	323	310	297	284	272	260	248	237	226	215	203	192
12	363	350	337	324	312	299	286	274	263	251	240	229	218	206	195
16	364	351	338	326	313	301	288	277	266	254	243	232	221	209	197
20	364	351	339	328	315	303	290	279	268	256	245	234	223	211	198
24	365	352	340	329	317	305	292	281	270	258	247	236	224	212	199
28	365	353	341	331	319	307	294	283	272	260	248	237	225	212	199
32	366	354	342	332	320	308	295	284	273	261	249	238	225	212	198
36	366	354	342	332	320	308	295	284	273	261	249	237	224	211	197
40	366	355	343	333	321	309	296	285	273	261	248	236	223	209	195
44	366	355	343	333	321	309	296	285	272	260	247	234	221	206	192
48	366	355	343	333	320	308	295	284	271	258	245	232	218	203	189
52	366	355	343	332	320	308	294	283	270	256	243	229	215	200	186
56	366	355	343	332	319	307	293	281	268	254	240	226	212	197	182
60	366	355	342	331	318	306	292	279	265	251	237	223	209	194	179
64	366	354	342	330	317	304	290	276	262	248	234	220	206	191	176
68	366	354	341	329	316	302	288	274	260	246	231	218	203	188	174
72	366	353	340	328	314	300	285	272	258	243	228	215	200	186	173
76	365	353	339	327	313	298	283	270	256	241	226	213	198	185	172
80	365	352	338	325	311	297	281	268	253	239	224	211	197	184	171
84	365	351	336	323	309	295	279	266	251	237	223	210	197	184	171
88	364	350	335	322	308	293	278	265	250	236	222	210	197	185	172
92	364	350	334	321	307	292	277	264	250	236	223	211	198	186	174
96	363	349	334	320	306	292	277	264	250	237	224	212	200	188	176
100	363	348	334	320	306	292	277	265	251	239	226	214	202	191	179
104	363	348	334	320	306	293	278	266	253	241	228	217	205	194	182
108	363	349	334	321	307	294	280	268	255	243	231	220	209	197	186

Tafel **E 49** Merkur (Tage) Periode 116

B_0	Jan. 23	Febr. 15	März 9	Apr. 1	Apr. 24	Mai 17	Juni 9	Juli 1	Juli 24	Aug. 16	Sept. 8	Okt. 1	Okt. 23	Nov. 15	Dez. 8
0	30	45	60	93	4	19	36	70	95	109	11	47	68	81	103
2	28	43	58	93	2	17	35	70	93	107	11	47	66	79	103
4	26	41	57	93	0	15	34	69	91	105	10	46	64	77	103
6	24	39	56	93	114	13	34	69	89	103	10	45	62	75	103
8	23	37	56	93	113	11	34	68	87	101	10	44	60	74	103
10	21	35	56	92	111	9	34	68	85	99	11	43	58	72	103
12	20	34	56	92	110	8	34	67	84	98	11	41	56	71	103
14	18	32	57	92	108	7	35	66	82	97	12	40	54	71	104
16	17	31	57	91	107	6	36	66	81	96	13	39	53	70	105
18	16	30	58	91	107	6	37	65	80	96	14	39	53	70	106
20	15	30	60	90	106	5	39	65	79	96	15	38	52	71	107
22	15	31	62	90	106	5	40	65	79	97	16	38	52	72	108
24	14	31	64	90	105	6	42	65	79	98	18	38	51	74	109
26	14	32	66	90	105	7	44	65	78	99	19	38	51	75	110
28	14	33	67	90	104	8	45	64	78	101	20	37	51	77	111
30	14	34	69	90	104	9	46	64	78	103	20	37	51	79	111
32	14	35	70	89	104	11	47	64	78	105	21	37	51	81	112
34	14	37	72	89	104	13	47	64	78	107	21	37	52	83	112
36	14	39	73	89	104	15	48	64	79	109	22	37	52	85	112
38	14	41	74	89	104	17	48	64	79	111	22	37	53	87	112
40	14	43	74	89	104	20	49	64	79	113	22	37	53	89	113
42	15	45	75	89	105	22	49	64	80	115	22	37	54	91	113
44	15	48	75	89	106	24	50	64	81	1	23	37	56	93	113
46	16	50	76	89	107	26	50	64	82	3	23	37	58	95	113
48	17	52	76	89	108	28	51	64	84	5	23	37	60	96	113
50	18	54	76	89	109	30	51	64	85	6	23	37	62	97	113
52	20	55	76	89	111	31	51	64	87	7	23	37	64	97	113
54	21	57	76	89	113	33	51	64	89	8	23	38	66	97	113
56	23	58	76	90	115	34	51	64	91	9	23	38	68	98	113
58	24	59	76	90	0	35	50	64	93	9	23	39	70	98	113
60	26	60	76	90	2	35	50	65	95	9	22	39	72	98	113
62	27	60	75	90	4	35	50	65	97	9	22	40	74	98	112
64	29	61	75	90	6	35	49	65	99	9	22	41	75	98	112
66	31	61	74	91	8	35	49	66	101	9	21	42	76	97	112
68	33	60	74	91	10	35	49	67	102	9	21	43	78	97	111
70	35	60	73	91	11	34	48	67	103	8	20	44	79	96	111
72	36	60	73	92	12	34	47	68	104	7	20	45	79	96	110
74	37	59	72	92	12	33	46	68	104	6	19	46	78	95	110
76	37	57	70	93	13	31	45	69	104	4	18	47	78	93	109
78	37	56	69	93	12	30	44	69	103	2	17	47	77	91	108
80	36	54	67	93	11	28	42	69	102	1	15	48	75	89	107
82	35	52	66	93	10	26	41	69	101	115	14	48	74	87	106
84	34	50	64	93	9	24	39	70	99	113	13	48	72	85	105
86	32	48	62	93	7	22	38	70	97	111	12	47	70	83	104
88	30	45	60	93	4	19	36	70	95	109	11	47	68	81	103

Tafel E 50 — Venus (Tage) — Periode 584

Korr. für	Jan. 23	Febr. 15	März 9	Apr. 1	Apr. 24	Mai 17	Juni 9	Juli 1	Juli 24	Aug. 16	Sept. 8	Okt. 1	Okt. 23	Nov. 15	Dez. 8
	22	44	66	89	113	137	161	184	208	231	255	278	299	321	343
−4000	0	+2	+3	+4	+4	+4	+4	+4	+3	+3	+2	+1	0	−1	−1
−3000	0	+2	+2	+3	+3	+3	+3	+3	+3	+3	+2	+1	+1	0	0
−2000	0	+1	+1	+2	+2	+3	+2	+2	+2	+2	+1	+1	0	0	0
−1000	0	+1	+1	+1	+1	+2	+2	+2	+2	+2	+1	+1	0	0	0
0	0	+1	+1	+1	+1	+1	+1	+1	+1	+1	+1	+1	0	0	0
+1000	0	0	0	0	0	0	0	0	0	0	0	0	0	0	0
+2000	0	0	−1	−1	−2	−2	−2	−2	−2	−1	−1	−1	−1	−1	0

Tafel E 51 — Mars (Tage) — Periode 780

B_0	Febr. 15	Apr. 1	Mai 17	Juli 1	Aug. 16	Okt. 1	Nov. 15
0	38	76	116	158	206	257	312
10	38	77	118	161	210	261	316
20	39	79	121	164	213	265	320
30	39	80	123	167	217	269	324
40	40	82	125	170	220	273	328
50	40	83	127	173	224	277	332
60	41	85	130	176	228	280	336
70	42	86	132	179	231	284	339
80	43	88	135	182	234	287	342
90	44	90	137	185	238	291	345
100	45	92	140	188	241	294	348
110	46	93	142	190	244	297	351
120	47	95	144	193	246	299	353
130	48	96	146	196	249	301	355
140	49	98	148	198	251	303	356
150	49	99	149	200	253	305	357
160	50	100	151	201	254	306	358
170	51	101	153	203	256	307	359
180	52	103	155	205	258	308	360
190	52	104	156	207	259	308	360
200	53	105	157	208	260	309	359
210	53	106	158	209	260	309	358
220	54	107	159	209	260	309	357
230	54	108	160	210	260	308	356
240	55	109	161	210	260	308	354
250	55	109	161	210	259	307	352

B_0	Febr. 15	Apr. 1	Mai 17	Juli 1	Aug. 16	Okt. 1	Nov. 15
250	55	109	161	210	259	307	352
260	55	109	161	210	259	305	350
270	55	109	161	209	258	304	347
280	56	110	162	209	257	302	344
290	56	110	162	209	256	300	341
300	56	110	162	208	254	297	337
310	56	110	161	207	252	294	334
320	56	110	160	206	250	291	330
330	57	110	160	205	248	288	327
340	57	110	159	203	245	285	323
350	56	109	158	201	243	281	319
360	56	108	157	199	240	277	315
370	56	107	155	197	237	273	311
380	55	106	153	194	233	269	307
390	55	106	152	192	230	266	303
400	55	105	150	190	226	262	299
410	54	104	148	187	223	258	295
420	54	103	146	184	219	254	292
430	53	102	144	181	216	251	288
440	53	100	142	178	212	247	285
450	52	99	140	175	209	244	282
460	52	98	138	172	206	241	280
470	51	96	136	169	203	238	278
480	50	94	133	166	199	235	276
490	49	92	130	163	196	232	274
500	48	91	127	159	193	230	273

Tafel **E 51** Mars (Tage) Periode 780

B_0	Febr. 15	Apr. 1	Mai 17	Juli 1	Aug. 16	Okt. 1	Nov. 15
500	48	91	127	159	193	230	273
510	47	89	125	156	191	228	273
520	46	88	123	154	189	227	272
530	45	86	121	152	187	227	272
540	45	84	119	150	186	226	272
550	44	82	116	148	185	226	273
560	43	81	114	147	184	226	274
570	42	79	112	146	184	227	275
580	41	78	111	145	183	227	276
590	40	77	111	145	183	229	278
600	40	76	110	145	184	231	281
610	39	75	110	146	186	233	283
620	39	74	109	146	188	235	286
630	38	74	109	147	190	238	289
640	38	74	110	148	192	241	293
650	37	74	111	150	195	244	296
660	37	74	112	152	198	247	300
670	37	75	113	154	200	250	304
680	37	75	115	156	203	254	308
690	37	76	117	159	206	258	312

Tafel **E 52** Mars Korrektion

Jahr	Febr. 15	Apr. 1	Mai 17	Juli 1	Aug. 16	Okt. 1	Nov. 15
—4000	—1	—5	—7	—6	—4	—1	+1
—3000	—1	—4	—5	—5	—3	—1	+1
—2000	—1	—3	—4	—4	—3	—1	0
—1000	0	—2	—3	—2	—2	0	0
0	0	—1	—2	—1	—1	0	0
+1000	0	0	0	0	0	0	0
+2000	0	0	0	0	0	0	0

Tafel **E 53** Jupiter (Tage) Periode 399

B_0	Febr. 15	Apr. 1	Mai 17	Juli 1	Aug. 16	Okt. 1	Nov. 15
0	47	91	136	178	223	269	316
40	47	91	136	179	224	270	317
80	47	92	137	180	225	271	318
120	47	92	137	180	225	272	319
160	47	93	138	181	226	273	320
200	47	93	138	181	226	273	320
240	47	93	138	181	226	273	320
280	47	92	137	180	225	272	319
320	47	92	137	180	225	271	318
360	47	91	136	179	224	269	316
400	47	91	136	178	223	268	315
440	47	91	136	178	223	269	316

Tafel **E 55** Jupiter, Saturn Korrektion

Jahr	Febr. 15	Apr. 1	Mai 17	Juli 1	Aug. 16	Okt. 1	Nov. 15
—4000	—1	—2	—3	—2	—1	0	0
—3000	—1	—2	—3	—2	—1	0	0
—2000	—1	—1	—2	—1	—1	0	0
—1000	0	0	—1	0	0	0	—1
0	0	0	0	0	0	0	—1
+1000	0	0	0	0	0	0	0
+2000	+1	+1	+1	+1	+1	+1	0

Tafel **E 54** Saturn (Tage) Periode 378

Febr. 15	Apr. 1	Mai 17	Juli 1	Aug. 16	Okt. 1	Nov. 15
47	92	137	180	225	271	318

Tafel **E 56** Elongation: Merkur, Venus

Elong.	Merkur		Venus	
0°	0	58	0	292
1	1	58	4	292
2	2	57	7	291
3	3	56	11	291
4	4	55	15	291
5	5	55	18	291
6	6	54	22	290
7	7	54	26	290
8	8	53	30	289
9	9	52	34	289
10	10	52	37	288
11	12	51	41	287
12	14	51	45	286
13	16	50	49	286
14	18	50	52	285
15	20	49	56	285
16	21	48	60	284
17	23	47	64	284
18	24	45	68	283
19	26	44	72	282
20	28	43	76	281
21	30	40	80	281
22	32 bis	38	84	280
23			88	279
24			93	278
25			97	277
26			101	276
27			105	275
28			110	274
29			115	273
30			120	272
31			125	271
32			130	270
33			135	269
34			140	267
35			145	266
36			150	264
37			155	262
38			160	260
39			165	258
40			170	255
41			175	253
42			180	250
43			185	246
44			190	243
45			197	239
46			208	235
47			220 bis	230

Elong.	Merkur		Venus	
360°	58	116	292	584
359	58	115	293	580
358	59	114	294	576
357	59	113	295	572
356	60	112	296	567
355	61	111	296	564
354	62	110	297	560
353	62	109	297	557
352	63	107	298	553
351	63	106	298	550
350	64	104	299	546
349	64	103	299	543
348	65	101	300	540
347	66	100	300	536
346	67	99	301	533
345	67	97	301	529
344	68	95	302	526
343	69	94	302	522
342	70	92	303	518
341	71	90	304	514
340	72	88	305	510
339	74	86	306	506
338	78 bis	84	306	502
337			307	498
336			308	493
335			308	489
334			309	484
333			309	480
332			310	475
331			311	470
330			312	465
329			313	460
328			315	455
327			316	450
326			318	445
325			319	440
324			321	435
323			323	430
322			325	425
321			328	420
320			330	415
319			332	410
318			335	405
317			339	399
316			342	394
315			346	387
314			350	376
313			354 bis	364

Tafel **E 57** Elongation: Mars, Jupiter, Saturn

Elong.	Mars	Jup.	Sat.
360°	0	0	0
359	4	2	2
358	7	3	3
357	11	4	4
356	15	5	5
355	18	7	6
354	22	8	7
353	26	9	8
352	30	10	9
351	34	12	11
350	37	13	12
349	41	14	13
348	45	15	14
347	48	17	16
346	52	18	17
345	55	20	18
344	59	21	19
343	62	22	21
342	66	24	22
341	69	25	23
340	73	26	24
339	76	27	26
338	80	29	27
337	83	30	28
336	87	31	29
335	90	32	31
334	93	34	32
333	96	35	33
332	100	36	34
331	103	37	35
330	106	39	36
329	109	40	37
328	113	42	38
327	116	43	39
326	120	45	40
325	123	46	41
324	127	47	42
323	130	48	44
322	134	50	45
321	137	51	46
320	140	52	47
319	143	53	48
318	146	55	49
317	149	56	50
316	153	57	51
315	156	58	53

Elong.	Mars	Jup.	Sat.
315°	156	58	53
314	160	60	54
313	163	61	55
312	167	62	56
311	170	64	57
310	174	65	58
309	177	66	59
308	180	67	60
307	183	69	62
306	186	70	63
305	189	71	64
304	192	72	65
303	195	74	66
302	198	75	67
301	201	76	68
300	203	77	69
299	206	79	70
298	209	80	71
297	212	81	72
296	215	82	73
295	218	84	75
294	221	85	76
293	224	86	77
292	226	87	78
291	229	88	79
290	232	89	80
289	235	90	81
288	237	91	82
287	240	93	83
286	243	94	84
285	246	95	85
284	249	96	86
283	252	97	87
282	255	98	88
281	258	99	89
280	260	100	90
279	263	101	91
278	265	102	92
277	268	103	93
276	270	104	94
275	272	106	95
274	274	107	96
273	277	108	98
272	279	109	99
271	281	110	100
270	283	111	101

Elong.	Mars	Jup.	Sat.
270°	283	111	101
268	288	113	103
266	292	116	105
264	296	118	107
262	299	120	109
260	303	122	111
258	306	125	113
256	310	127	115
254	313	129	117
252	317	131	119
250	320	133	121
248	323	135	123
246	326	137	125
244	329	139	127
242	331	141	129
240	334	143	131
238	336	145	133
236	339	147	135
234	341	149	137
232	343	151	139
230	345	153	141
228	347	155	143
226	349	157	144
224	351	159	146
222	353	161	148
220	355	163	150
218	357	165	152
216	359	167	154
214	361	169	156
212	363	171	158
210	364	173	160
208	366	175	162
206	368	177	164
204	370	179	166
202	372	181	167
200	374	183	169
198	375	184	171
196	377	186	173
194	379	188	174
192	381	190	176
190	382	191	178
188	384	193	180
186	386	195	182
184	387	197	184
182	388	198	186
180	390	200	188

Tafel **E 57** Elongation: Mars, Jupiter. Saturn

Elong.	Mars	Jup.	Sat.
°			
180	390	200	188
178	391	201	190
176	393	203	192
174	394	205	194
172	396	207	196
170	397	208	197
168	399	210	199
166	401	212	201
164	403	214	203
162	404	215	205
160	406	217	207
158	408	219	209
156	410	221	211
154	412	223	213
152	414	225	215
150	415	227	216
148	417	229	218
146	419	231	220
144	421	233	222
142	423	234	224
140	425	236	226
138	427	238	228
136	429	240	230
134	431	242	232
132	433	244	234
130	435	246	236
128	437	248	237
126	439	250	239
124	441	252	241
122	443	254	243
120	446	256	245
118	448	258	247
116	451	260	249
114	454	262	251
112	457	264	253
110	460	267	255
108	463	269	257
106	466	271	259
104	470	273	261
102	473	275	263
100	477	277	265
98	480	280	267
96	484	282	269
94	488	285	271
92	492	287	273
90	496	289	276

Elong.	Mars	Jup.	Sat.
°			
90	496	289	276
89	498	290	277
88	500	291	278
87	502	292	279
86	505	294	280
85	507	295	281
84	510	296	282
83	512	297	283
82	515	298	285
81	517	299	286
80	520	300	287
79	522	301	288
78	525	302	289
77	528	303	290
76	531	304	291
75	533	305	292
74	536	307	294
73	539	308	295
72	542	309	296
71	544	310	297
70	547	311	298
69	550	312	299
68	553	313	300
67	556	314	301
66	559	315	302
65	561	316	303
64	564	318	304
63	567	319	305
62	570	320	307
61	573	321	308
60	576	322	309
59	578	323	310
58	581	325	311
57	584	326	312
56	587	327	313
55	590	328	314
54	593	330	315
53	596	331	316
52	600	333	317
51	603	334	318
50	606	335	319
49	609	336	320
48	613	338	321
47	617	339	323
46	620	340	324
45	624	341	325

Elong.	Mars	Jup.	Sat.
°			
45	624	341	325
44	627	342	326
43	630	344	327
42	633	345	328
41	637	347	329
40	640	348	330
39	643	349	331
38	646	350	332
37	650	352	333
36	653	353	334
35	657	354	336
34	660	355	337
33	664	357	338
32	667	358	339
31	670	359	340
30	673	360	341
29	677	362	342
28	680	363	343
27	683	364	344
26	686	365	345
25	690	367	347
24	693	368	348
23	697	369	349
22	700	370	350
21	704	372	351
20	707	373	352
19	710	375	354
18	713	376	355
17	717	377	356
16	720	378	357
15	724	380	359
14	727	381	360
13	731	382	361
12	735	383	362
11	739	385	364
10	742	386	365
9	746	388	366
8	750	389	367
7	754	391	369
6	757	392	370
5	761	394	371
4	765	395	372
3	769	397	374
2	772	398	375
1	776	399	376
0	780	400	378

Siriusaufgang

Tafel E 58 Jahrhunderte: t_1

Jahrhundert	L_0	t_1	D
	°	Juli	
—4400	246.94	14.93	4
4300	247.61	14.97	4
4200	248.29	15.01	4
4100	248.96	15.05	4
4000	249.64	15.09	4
—3900	250.32	15.13	4
3800	251.00	15.17	4
3700	251.68	15.21	5
3600	252.37	15.26	5
3500	253.06	15.31	4
—3400	253.75	15.35	5
3300	254.44	15.40	5
3200	255.14	15.45	6
3100	255.84	15.51	5
3000	256.54	15.56	6
—2900	257.24	15.62	5
2800	257.94	15.67	5
2700	258.64	15.72	6
2600	259.35	15.78	6
2500	260.05	15.84	6
—2400	260.76	15.90	5
2300	261.47	15.95	6
2200	262.18	16.01	6
2100	262.89	16.07	6
2000	263.60	16.13	7
—1900	264.31	16.20	7
1800	265.03	16.27	7
1700	265.75	16.34	7
1600	266.47	16.41	7
1500	267.19	16.48	7
—1400	267.91	16.55	7
1300	268.63	16.62	8
1200	269.36	16.70	7
1100	270.08	16.77	8
1000	270.81	16.85	9
— 900	271.54	16.94	8
800	272.27	17.02	9
700	273.00	17.11	9
600	273.73	17.20	9
500	274.46	17.29	10
— 400	275.20	17.39	11
300	275.94	17.50	11
200	276.68	17.61	11
— 100	277.42	17.72	11
0	278.16	17.83	12
+ 100	278.90	17.95	12
200	279.65	18.07	12

Tafel E 59 Jahre: t_2

Jahr	D								
	4	5	6	7	8	9	10	11	12
00	0	0	0	0	0	0	0	0	0
01	25	25	25	25	25	25	25	25	25
02	50	50	50	50	50	50	50	50	50
03	74	74	75	75	75	75	75	75	75
04	0	0	0	0	0	1	1	1	1
05	25	25	25	25	25	25	25	25	25
06	50	50	50	50	50	50	50	50	50
07	75	75	75	75	75	75	75	75	75
08	0	0	1	1	1	1	1	1	1
09	25	25	26	26	26	26	26	26	26
10	50	50	50	50	50	51	51	51	51
11	74	74	74	74	74	75	75	75	75
12	1	1	1	1	1	1	1	1	2
13	26	26	26	26	26	26	26	26	27
14	50	50	51	51	51	51	51	51	52
15	74	74	75	75	75	75	75	75	76
16	1	1	1	1	1	2	2	2	2
17	26	26	26	26	26	27	27	27	27
18	50	50	50	50	50	51	51	51	51
19	74	74	75	75	75	76	76	76	76
20	1	1	2	2	2	2	2	2	3
21	25	25	26	26	26	26	26	26	27
22	50	50	50	50	50	51	51	51	52
23	75	75	75	75	75	76	76	76	77
24	1	1	2	2	2	3	3	3	4
25	25	25	26	26	26	27	27	27	27
26	50	50	51	51	51	52	52	52	52
27	75	75	75	75	75	76	76	76	77
28	1	1	1	1	1	2	2	2	3
29	25	25	26	26	26	27	27	27	28
30	50	50	51	51	51	52	52	52	53
31	75	75	76	76	76	77	77	77	78
32	2	2	2	2	3	4	4	4	5
33	26	26	27	27	27	28	28	28	29
34	51	51	52	52	52	53	53	53	54
35	75	75	76	76	76	77	77	77	78
36	1	1	2	2	3	3	3	3	4
37	26	26	27	27	27	28	28	28	29
38	51	51	52	52	52	53	53	53	54
39	76	76	77	77	77	78	78	78	79
40	1	1	2	3	3	4	4	4	5
41	26	26	27	27	27	28	29	29	30
42	51	51	52	52	52	53	54	54	55
43	76	76	77	77	77	78	78	78	79
44	2	2	3	3	3	4	4	4	5
45	26	26	27	28	28	29	29	29	30
46	51	51	52	53	53	54	54	54	55
47	76	76	77	77	77	78	78	78	79
48	2	2	3	3	3	4	5	5	6
49	27	27	28	28	28	29	30	30	31

Tafel **E 59** Jahre t_2

Jahr	D 4	5	6	7	8	9	10	11	12
50	52	52	53	53	53	54	54	55	55
51	76	77	77	78	78	79	79	80	80
52	2	3	3	4	4	5	5	6	6
53	27	28	28	29	29	30	30	31	31
54	52	52	53	53	54	54	55	56	56
55	77	77	78	78	79	79	80	81	81
56	2	3	3	4	5	5	6	6	7
57	27	28	28	29	30	30	31	31	32
58	52	53	53	54	54	55	55	56	56
59	77	78	78	79	79	80	80	81	81
60	3	3	4	4	5	5	6	7	7
61	27	28	28	29	30	30	31	32	32
62	52	53	53	54	55	55	56	57	57
63	76	77	77	78	79	79	80	81	81
64	3	4	4	5	6	6	7	8	8
65	28	29	29	30	31	31	32	32	33
66	53	53	54	54	55	55	56	57	57
67	76	77	77	78	79	79	80	81	81
68	3	4	4	5	6	6	7	8	8
69	28	29	29	30	31	31	32	33	33
70	52	53	53	54	55	55	56	57	57
71	77	78	78	79	80	80	81	82	82
72	4	4	5	5	6	7	8	9	9
73	29	29	30	30	31	32	33	34	34
74	52	53	53	54	55	56	57	58	58
75	77	78	78	79	80	80	81	82	83
76	4	5	5	6	7	7	8	9	9
77	28	28	29	30	31	31	32	33	33
78	52	53	54	55	56	56	57	58	58
79	77	78	78	79	80	81	82	83	83
80	3	4	4	5	6	7	8	9	9
81	28	29	29	30	31	31	32	33	34
82	52	53	54	55	56	56	57	58	59
83	77	78	79	80	81	81	82	83	84
84	3	4	5	6	7	7	8	9	10
85	28	29	29	30	31	32	33	34	34
86	53	54	54	55	56	57	58	59	59
87	77	78	79	80	81	82	83	84	84
88	3	4	5	6	7	8	9	10	10
89	28	29	30	31	32	33	34	35	35
90	53	54	55	56	57	57	58	59	60
91	78	79	79	80	81	82	83	84	85
92	4	5	5	6	7	8	9	10	11
93	28	29	30	31	32	33	34	35	36
94	53	54	55	56	57	58	59	60	61
95	78	79	80	81	82	83	84	85	86
96	4	5	6	7	8	9	10	11	11
97	29	30	30	31	32	33	34	35	36
98	53	54	55	56	57	58	59	60	61
99	78	79	80	81	82	83	84	85	86

Tafel **E 60** Reduktion t_3 auf andere Breiten in Ägypten

Jahr	Geographische Breite φ 31°	30°	29°	28°	27°
—4000	+1.49	0.00	—1.46	—2.89	—4.29
—3800	1.45	0.00	1.42	2.82	4.19
—3600	1.42	0.00	1.39	2.75	4.09
—3400	1.38	0.00	1.35	2.68	3.99
—3200	1.35	0.00	1.32	2.62	3.89
—3000	+1.32	0.00	—1.29	—2.55	—3.79
—2800	1.29	0.00	1.26	2.49	3.70
—2600	1.26	0.00	1.23	2.43	3.61
—2400	1.23	0.00	1.20	2.38	3.53
—2200	1.20	0.00	1.17	2.33	3.45
—2000	+1.18	0.00	—1.14	—2.28	—3.38
—1800	1.15	0.00	1.12	2.23	3.31
—1600	1.13	0.00	1.10	2.19	3.25
—1400	1.10	0.00	1.08	2.14	3.19
—1200	1.08	0.00	1.06	2.10	3.13
—1000	+1.06	0.00	—1.04	—2.06	—3.07
— 800	1.04	0.00	1.02	2.02	3.01
— 600	1.02	0.00	1.00	1.99	2.96
— 400	1.00	0.00	0.99	1.96	2.91
— 200	0.98	0.00	0.97	1.93	2.86
0	+0.97	0.00	—0.96	—1.90	—2.82
+ 200	0.95	0.00	0.94	1.87	2.78

Jahr	Geogr. Breite φ 27°	26°	25°	24°
—4000	—4.29	—5.64	—6.97	—8.26
—3800	4.19	5.51	6.81	8.07
—3600	4.09	5.38	6.66	7.89
—3400	3.99	5.25	6.50	7.70
—3200	3.89	5.12	6.34	7.52
—3000	—3.79	—5.00	—6.18	—7.34
—2800	3.70	4.88	6.03	7.17
—2600	3.61	4.77	5.89	7.01
—2400	3.53	4.66	5.76	6.85
—2200	3.45	4.56	5.64	6.70
—2000	—3.38	—4.46	—5.52	—6.57
—1800	3.31	4.37	5.42	6.44
—1600	3.25	4.29	5.32	6.32
—1400	3.19	4.21	5.22	6.20
—1200	3.13	4.13	5.13	6.08
—1000	—3.07	—4.05	—5.03	—5.97
— 800	3.01	3.98	4.94	5.86
— 600	2.96	3.91	4.85	5.76
— 400	2.91	3.85	4.77	5.66
— 200	2.86	3.79	4.69	5.57
0	—2.82	—3.74	—4.62	—5.50
+ 200	2.78	3.69	4.57	5.44

Tafel E 61 Änderung von Sonnenlänge L und Sehungsbogen β

Jahr	t_4	t_5
—4000	—1.02	+1.40
—3600	—1.02	+1.38
—3200	—1.02	+1.36
—2800	—1.03	+1.34
—2400	—1.03	+1.31
—2000	—1.03	+1.29
—1600	—1.04	+1.26
—1200	—1.04	+1.24
— 800	—1.04	+1.22
— 400	—1.04	+1.20
0	—1.04	+1.17
+ 400	—1.04	+1.15

Ist L' die verbesserte Sonnenlänge, β' der verbesserte Sehungsbogen, so ist der berechnete Wert zu korrigieren um

$t_4 (L'—L_0)$, L_0 aus E 58

$t_5 (\beta' — 9.0^\circ)$

Tafel E 62 Tageszeit T_0 des Siriusaufganges

Jahr	Geographische Breite φ								
	32°—28°			28°—24°			24°—20°		
	Juli	Juli	Juli	Juli	Juli	Juli	Juli	Juli	Juli
—4000	10.18	15.17	20.15	10.17	15.16	20.15	10.16	15.15	20.14
—3200	10.18	15.17	20.16	10.18	15.16	20.15	10.17	15.15	20.14
—2400	10.19	15.17	20.16	10.18	15.17	20.15	10.17	15.16	20.15
—1600	10.19	15.18	20.16	10.19	15.17	20.16	10.18	15.17	20.15
— 800	10.20	15.18	20.17	10.19	15.18	20.16	10.19	15.17	20.16
0	10.20	15.19	20.17	10.20	15.18	20.17	10.19	15.18	20.16
+ 400	10.21	15.19	20.18	10.20	15.19	20.17	10.20	15.18	20.17

Tafel E 63 Spezialtafel für Babylon

Jahr	Korr.	Jahr	Korr.
—4000	+2.00	—2000	+1.33
—3800	+1.92	—1800	+1.29
—3600	+1.85	—1600	+1.25
—3400	+1.77	—1400	+1.21
—3200	+1.69	—1200	+1.17
—3000	+1.61	—1000	+1.12
—2800	+1.54	— 800	+1.08
—2600	+1.48	— 600	+1.04
—2400	+1.43	— 400	+1.01
—2200	+1.38	— 200	+0.98
—2000	+1.33	0	+0.96
		+ 200	+0.93

Die Korr. ist an die für Memphis berechnete Zeit t anzubringen. Als Sehungsbogen ist 7.7° angenommen.

Tafel E 64 Werte des Sehungsbogens für die Gestirne

		Hel. Aufg.	Hel. Unt.
Merkur,	Aufg. W		11.0°
	Unt. W		11.5
	Aufg. O	13.5°	
	Unt. O	10.0	
Venus,	Aufg. W		6.5
	Unt. W		5.7
	Aufg. O	6.2	
	Unt. O	6.5	
Mars		15.0	14.0
Jupiter		9.5	8.0
Saturn		13.5	10.5
Sirius (Babylon)		8.3	7.3
(Ägypten)		9.5	8.5
Sterne in der Nähe der Ekliptik	Gr. —1.0	10.0	9.0
	0.0	11.0	10.0
	1.0	12.0	11.0
	2.0	14.0	13.0
	3.0	16.5	15.5
	4.0	19.5	18.5

Akronychischer Aufg. Kosmischer Unterg.	
Mars	3°—5°
Jupiter	3.0
Saturn	6.0
Sirius	4.5
Arktur, Wega, Capella, Procyon, Rigel	6.0
Sterne 1. Gr.	7.0
2.	8.0
3.	10.0

Allgemeine Formel für heliak. Aufgang

Sterne Gr.	
0.0	8.4° + 2.6° cos Δ
1.0	9.5 + 2.7 cos Δ
2.0	11.2 + 2.9 cos Δ
3.0	13.4 + 3.3 cos Δ
4.0	16.0 + 3.7 cos Δ

Δ = Azimutdifferenz Sonne-Stern (für Stern im Horizont).
Sehungsbogen für heliak. Untergang einfach 1° kleiner anzusetzen.

Die hier gegebenen Werte des Sehungsbogens gelten nur für die Berechnung nach Taf. Chr. III § 24.

Wird mit einem nicht für Refraktion korrigierten Tagbogen gerechnet, so sind 0.6° vom Sehungsbogen abzuziehen.

Tafel **E 65** Drehbare Sternkarte

Geogr. Breite	Meridian Nr. 0	Nr. 1	Nr. 2	Nr. 3	Nr. 4	Nr. 5	Nr. 6	Nr. 7	Nr. 8	Nr. 9
18	162.0	161.7	160.9	159.5	157.0	153.2	147.0	136.4	118.1	90.0
20	160.0	159.7	158.8	157.2	154.6	150.5	144.0	133.2	115.6	90.0
22	158.0	157.7	156.7	155.0	152.2	147.8	141.1	130.3	113.3	90.0
24	156.0	155.7	154.6	152.8	149.8	145.2	138.3	127.5	111.3	90.0
26	154.0	153.7	152.5	150.6	147.5	142.8	135.7	125.0	109.6	90.0
28	152.0	151.6	150.4	148.4	145.2	140.4	133.2	122.7	108.1	90.0
30	150.0	149.6	148.4	146.3	143.0	138.1	130.9	120.6	106.8	90.0
32	148.0	147.6	146.3	144.2	140.8	135.8	128.7	118.7	105.6	90.0
34	146.0	145.6	144.3	142.1	138.6	133.6	126.5	116.9	104.4	90.0
36	144.0	143.5	142.3	140.0	136.5	131.5	124.5	115.2	103.4	90.0
38	142.0	141.5	140.2	137.9	134.4	129.4	122.6	113.6	102.5	90.0
40	140.0	139.5	138.2	135.9	132.4	127.4	120.8	112.1	101.7	90.0
42	138.0	137.5	136.2	133.9	130.4	125.5	119.0	110.8	100.9	90.0
44	136.0	135.5	134.2	131.9	128.4	123.6	117.3	109.5	100.2	90.0
46	134.0	133.5	132.2	129.9	126.5	121.8	115.8	108.3	99.5	90.0
50	130.0	129.5	128.3	126.0	122.7	118.3	112.8	106.0	98.3	90.0
54	126.0	125.6	124.3	122.2	119.0	115.0	109.9	103.9	97.2	90.0
58	122.0	121.6	120.4	118.4	115.5	111.9	107.3	102.1	96.2	90.0
62	118.0	117.6	116.5	114.7	112.1	108.9	104.9	100.3	95.3	90.0
66	114.0	113.7	112.7	111.1	108.8	106.0	102.6	98.7	94.4	90.0
70	110.0	109.7	108.9	107.5	105.6	103.2	100.3	97.1	93.6	90.0

Geogr. Breite	Meridian Nr. 10	Nr. 11	Nr. 12	Nr. 13	Nr. 14	Nr. 15	Nr. 16	Nr. 17	Nr. 18
18°	61.9	43.6	33.0	26.8	23.0	20.5	19.1	18.3	18.0
20	64.4	46.8	36.0	29.5	25.4	22.8	21.2	20.3	20.0
22	66.7	49.7	38.9	32.2	27.8	25.0	23.3	22.3	22.0
24	68.7	52.5	41.7	34.8	30.2	27.2	25.4	24.3	24.0
26	70.4	55.0	44.3	37.2	32.5	29.4	27.6	26.3	26.0
28	71.9	57.3	46.8	39.6	34.8	31.6	29.6	28.4	28.0
30	73.2	59.4	49.1	41.9	37.0	33.7	31.6	30.4	30.0
32	74.4	61.3	51.3	44.2	39.2	35.8	33.7	32.4	32.0
34	75.6	63.1	53.5	46.4	41.4	37.9	35.7	34.4	34.0
36	76.6	64.8	55.5	48.5	43.5	40.0	37.7	36.5	36.0
38	77.5	66.4	57.4	50.6	45.6	42.1	39.8	38.5	38.0
40	78.3	67.9	59.2	52.6	47.6	44.1	41.8	40.5	40.0
42	79.1	69.2	61.0	54.5	49.6	46.1	43.8	42.5	42.0
44	79.8	70.5	62.7	56.4	51.6	48.1	45.8	44.5	44.0
46	80.5	71.7	64.2	58.2	53.5	50.1	47.8	46.5	46.0
50	81.7	74.0	67.2	61.7	57.3	54.0	51.7	50.5	50.0
54	82.8	76.1	70.1	65.0	61.0	57.8	55.7	54.4	54.0
58	83.8	77.9	72.6	68.1	64.5	61.6	59.6	58.4	58.0
62	84.7	79.7	75.1	71.1	67.9	65.3	63.5	62.4	62.0
66	85.6	81.3	77.4	74.0	71.2	68.9	67.3	66.3	66.0
70	86.4	82.9	79.7	76.8	74.4	72.5	71.1	70.3	70.0

Tafel **E 66** Drehbare Sternkarte

Meridian	Jahr											
	−4000	−3500	−3000	−2500	−2000	−1500	−1000	−500	0	+500	+1000	+1500
0°	IV 22	IV 18	IV 14	IV 10	IV 6	IV 3	III 30	III 26	III 22	III 18	III 14	III 11
10	V 3	30	26	22	18	14	IV 10	IV 6	IV 2	29	25	22
20	15	V 11	V 7	V 3	29	25	21	17	13	IV 9	IV 6	IV 2
30	26	22	18	14	V 10	V 6	V 2	28	25	21	17	13
40	VI 6	VI 2	29	25	21	17	13	V 9	V 5	V 1	27	23
50	16	12	VI 9	VI 5	VI 1	28	24	20	16	12	V 8	V 4
60	26	22	19	15	11	VI 7	VI 3	30	26	22	18	14
70	VII 6	VII 2	28	24	21	17	13	VI 9	VI 5	VI 1	28	24
80	15	12	VII 8	VII 4	30	26	22	18	14	10	VI 6	VI 2
90	24	21	17	14	VII 10	VII 6	VII 2	28	24	20	16	12
100	VIII 3	30	27	23	19	15	12	VII 8	VII 4	30	26	22
110	12	VIII 9	VIII 5	VIII 1	29	25	21	17	13	VII 9	VII 5	VII 1
120	22	18	15	11	VIII 7	VIII 4	31	27	23	19	15	11
130	31	28	24	21	17	13	VIII 10	VIII 6	VIII 2	29	25	21
140	IX 10	IX 8	IX 3	31	27	24	20	16	12	VIII 8	VIII 4	31
150	20	17	13	IX 10	IX 7	IX 3	30	27	23	19	15	VIII 11
160	30	27	24	20	17	14	IX 10	IX 6	IX 3	30	26	22
170	X 11	X 8	X 5	X 1	28	24	21	17	14	IX 10	IX 6	IX 2
180	22	19	15	12	X 9	X 5	X 2	28	24	21	17	13
190	XI 2	29	26	23	19	16	12	X 9	X 5	X 2	28	24
200	12	XI 9	XI 6	XI 2	30	26	23	20	16	12	X 9	X 5
210	22	19	16	13	XI 9	XI 6	XI 2	30	27	23	19	16
220	XII 2	29	26	23	19	16	13	XI 9	XI 6	XI 2	30	26
230	12	XII 9	XII 6	XII 2	29	26	22	19	15	12	XI 8	XI 5
240	22	19	15	12	XII 9	XII 5	XII 2	28	25	21	18	14
250	31	28	25	21	18	14	11	XII 8	XII 4	XII 1	27	24
260	I 9	I 6	I 3	30	27	23	20	17	13	10	XII 6	XII 3
270	19	15	12	I 8	I 5	I 1	29	26	22	19	15	12
280	28	24	21	17	14	10	I 7	I 4	31	28	24	21
290	II 6	II 3	30	27	23	20	16	13	I 9	I 6	I 2	30
300	16	12	II 9	II 5	II 2	29	25	22	18	15	11	I 8
310	26	22	18	15	11	II 8	II 4	II 1	28	25	21	18
320	III 8	III 5	III 1	25	21	18	14	11	II 7	II 4	31	27
330	19	15	12	III 8	III 4	28	25	21	17	14	II 10	II 7
340	30	26	23	19	15	III 11	III 8	III 4	28	24	21	17
350	IV 10	IV 7	IV 3	30	26	22	18	15	III 11	III 7	III 4	28
360	22	18	14	IV 10	IV 6	IV 3	30	26	22	18	14	III 11

Tafel **E 67** Finsternisse. Hilfstafel für die Zeitzählung

Jahrestag	Jahr negativ	Jahr positiv
Jan. 1— 2		0.00
3— 6	0.99	0.01
7—10	0.98	0.02
11—13	0.97	0.03
14—17	0.96	0.04
18—21	0.95	0.05
22—24	0.94	0.06
25—28	0.93	0.07
29—Febr. 1	0.92	0.08
Febr. 2— 4	0.91	0.09
5— 8	0.90	0.10
9—11	0.89	0.11
12—15	0.88	0.12
16—19	0.87	0.13
20—22	0.86	0.14
23—26	0.85	0.15
27—März 2	0.84	0.16
März 3— 5	0.83	0.17
6— 9	0.82	0.18
10—13	0.81	0.19
14—16	0.80	0.20
17—20	0.79	0.21
21—24	0.78	0.22
25—27	0.77	0.23
28—31	0.76	0.24
April 1— 4	0.75	0.25
5— 7	0.74	0.26
8—11	0.73	0.27
12—15	0.72	0.28
16—18	0.71	0.29
19—22	0.70	0.30
23—26	0.69	0.31
27—29	0.68	0.32
30—Mai 3	0.67	0.33
Mai 4— 7	0.66	0.34
8—10	0.65	0.35
11—14	0.64	0.36
15—17	0.63	0.37
18—21	0.62	0.38
22—25	0.61	0.39
26—28	0.60	0.40
29—Juni 1	0.59	0.41
Juni 2— 5	0.58	0.42
6— 8	0.57	0.43
9—12	0.56	0.44
13—16	0.55	0.45
17—19	0.54	0.46
20—23	0.53	0.47
24—27	0.52	0.48
28—30	0.51	0.49

Jahrestag	Jahr negativ	Jahr positiv
Juli 1— 4	0.50	0.50
5— 8	0.49	0.51
9—11	0.48	0.52
12—15	0.47	0.53
16—19	0.46	0.54
20—22	0.45	0.55
23—26	0.44	0.56
27—30	0.43	0.57
31—Aug. 2	0.42	0.58
Aug. 3— 6	0.41	0.59
7— 9	0.40	0.60
10—13	0.39	0.61
14—17	0.38	0.62
18—20	0.37	0.63
21—24	0.36	0.64
25—28	0.35	0.65
29—31	0.34	0.66
Sept. 1— 4	0.33	0.67
5— 8	0.32	0.68
9—11	0.31	0.69
12—15	0.30	0.70
16—19	0.29	0.71
20—22	0.28	0.72
23—26	0.27	0.73
27—30	0.26	0.74
Okt. 1— 3	0.25	0.75
4— 7	0.24	0.76
8—11	0.23	0.77
12—14	0.22	0.78
15—18	0.21	0.79
19—22	0.20	0.80
23—25	0.19	0.81
26—29	0.18	0.82
30—Nov. 1	0.17	0.83
Nov. 2— 5	0.16	0.84
6— 9	0.15	0.85
10—12	0.14	0.86
13—16	0.13	0.87
17—20	0.12	0.88
21—23	0.11	0.89
24—27	0.10	0.90
28—Dez. 1	0.09	0.91
Dez. 2— 4	0.08	0.92
5— 8	0.07	0.93
9—12	0.06	0.94
13—15	0.05	0.95
16—19	0.04	0.96
20—23	0.03	0.97
24—26	0.02	0.98
27—30	0.01	0.99
31	0.00	

Tafel **E 68** Finsternisse: Zyklen

Jahr T_a	I_c	II_c	T_c	P_c	L_c
				°	°
—3449.61	785	567	461 453.520	357.4	31.3
—3420.67	458	510	472 025.476	177.5	11.5
—3391.72	131	454	482 597.433	357.6	351.7
—3373.69	122	483	489 182.759	357.1	2.5
—3344.74	795	427	499 754.715	177.2	342.7
—3315.80	467	370	510 326.672	357.3	322.9
—3286.85	140	314	520 898.628	177.4	303.1
—3257.91	813	258	531 470.585	357.5	283.3
—3228.96	485	201	542 042.542	177.5	263.5
—3210.93	477	230	548 627.867	177.1	274.3
—3181.98	150	174	559 199.824	357.2	254.5
—3153.04	822	118	569 771.780	177.3	234.7
—3124.10	495	61	580 343.736	357.3	214.9
—3095.15	168	5	590 915.693	177.4	195.1
—3066.21	841	949	601 487.649	357.5	175.3
—3048.18	832	978	608 072.974	357.1	186.1
—3019.23	505	921	618 644.931	177.1	166.3
—2990.29	178	865	629 216.887	357.2	146.5
—2961.35	850	809	639 788.843	177.3	126.7
—2932.40	523	752	650 360.800	357.4	106.9
—2903.46	196	696	660 932.756	177.5	87.1
—2885.43	187	725	667 518.081	177.0	97.9
—2856.49	860	669	678 090.037	357.1	78.1
—2827.54	533	612	688 661.993	177.2	58.3
—2798.60	206	556	699 233.949	357.2	38.5
—2769.65	878	500	709 805.905	177.3	18.7
—2740.71	551	443	720 377.861	357.4	358.9
—2711.77	224	387	730 949.817	177.5	339.1
—2693.74	216	416	737 535.142	177.0	349.9
—2664.79	888	360	748 107.098	357.1	330.1
—2635.85	561	303	758 679.054	177.2	310.3
—2606.90	234	247	769 251.010	357.3	290.5
—2577.96	907	191	779 822.966	177.4	270.7
—2549.02	579	134	790 394.921	357.4	250.9
—2520.07	252	78	800 966.877	177.5	231.1
—2491.13	925	22	811 538.833	357.6	211.3
—2462.18	598	965	822 110.789	177.7	191.5
—2433.24	270	909	832 682.744	357.7	171.7
—2404.30	943	853	843 254.700	177.8	151.9
—2375.35	616	796	853 826.656	357.9	132.1
—2346.41	289	740	864 398.611	178.0	112.3
—2317.46	962	683	874 970.567	358.0	92.5
—2288.52	634	627	885 542.522	178.1	72.7
—2270.49	626	656	892 127.847	177.7	83.5
—2241.54	299	600	902 699.802	357.7	63.7
—2212.60	972	544	913 271.758	177.8	43.9
—2183.66	645	487	923 843.713	357.9	24.1
—2154.71	318	431	934 415.668	178.0	4.3
—2125.77	990	374	944 987.624	358.0	344.5
—2107.74	982	404	951 572.948	357.6	355.3

Tafel **E 68** Finsternisse: Zyklen

Jahr T_a	I_c	II_c	T_c		P_c	L_c
					°	°
—2078.79	655	347	962	144.903	177.7	335.5
—2049.85	328	291	972	716.859	357.7	315.7
—2020.90	1	235	983	288.814	177.8	295.9
—1991.96	673	178	993	860.769	357.9	276.1
—1963.02	346	122	1004	432.724	177.9	256.4
—1934.07	19	65	1015	004.679	358.0	236.6
—1916.04	11	95	1021	590.004	357.6	247.4
—1887.10	684	38	1032	161.959	177.6	227.6
—1858.15	357	982	1042	733.914	357.7	207.8
—1829.21	30	926	1053	305.869	177.8	188.0
—1800.26	702	869	1063	877.824	357.9	168.2
—1771.32	375	813	1074	449.779	177.9	148.4
—1753.29	367	842	1081	035.103	177.5	159.2
—1724.34	40	786	1091	607.058	357.5	139.4
—1695.40	713	729	1102	179.012	177.6	119.6
—1666.46	386	673	1112	750.967	357.7	99.8
—1637.51	59	617	1123	322.922	177.8	80.0
—1608.57	732	560	1133	894.877	357.8	60.2
—1590.54	723	589	1140	480.201	357.3	71.0
—1561.59	396	533	1151	052.155	177.4	51.2
—1532.65	69	477	1161	624.110	357.5	31.4
—1503.70	742	420	1172	196.065	177.5	11.6
—1474.76	415	364	1182	768.019	357.6	351.8
—1445.82	88	308	1193	339.974	177.7	332.0
—1416.87	761	251	1203	911.928	357.8	312.2
—1398.84	753	280	1210	497.252	357.3	323.0
—1369.90	426	224	1221	069.207	177.4	303.2
—1340.95	99	168	1231	641.161	357.4	283.4
—1312.01	772	111	1242	213.115	177.5	263.6
—1283.06	445	55	1252	785.070	357.6	243.8
—1254.12	118	999	1263	357.024	177.6	224.0
—1225.17	791	942	1273	928.978	357.7	204.2
—1207.14	782	972	1280	514.302	357.2	215.0
—1178.20	455	915	1291	086.256	177.3	195.2
—1149.26	128	859	1301	658.211	357.4	175.5
—1120.31	801	802	1312	230.165	177.4	155.7
—1091.37	474	746	1322	802.119	357.5	135.9
—1062.42	147	690	1333	374.073	177.6	116.1
—1033.48	821	633	1343	946.027	357.6	96.3
—1015.45	812	663	1350	531.351	357.2	107.1
— 986.50	485	606	1361	103.305	177.3	87.3
— 957.56	158	550	1371	675.259	357.3	67.5
— 928.62	831	494	1382	247.213	177.4	47.7
— 899.67	504	437	1392	819.167	357.5	27.9
— 870.73	177	381	1403	391.120	177.5	8.1
— 841.78	850	325	1413	963.074	357.6	348.3
— 823.75	842	354	1420	548.398	357.1	359.1
— 794.81	515	297	1431	120.352	177.2	339.3
— 765.86	188	241	1441	692.305	357.3	319.5
— 736.92	861	185	1452	264.259	177.3	299.7

Tafel **E 68** Finsternisse: Zyklen

Jahr T_a	I_c	II_c	T_c	P_c	L_c
				°	°
—707.97	534	128	1462 836.213	357.4	279.9
—679.03	208	72	1473 408.167	177.4	260.1
—650.09	881	16	1483 980.120	357.5	240.4
—632.06	873	45	1490 565.444	357.0	251.2
—603.11	546	988	1501 137.397	177.1	231.4
—574.17	219	932	1511 709.350	357.2	211.6
—545.22	892	876	1522 281.304	177.2	191.8
—516.28	565	819	1532 853.257	357.3	172.0
—487.33	238	763	1543 425.211	177.4	152.2
—458.39	911	707	1553 997.164	357.4	132.4
—440.36	903	736	1560 582.487	357.0	143.2
—411.42	576	679	1571 154.441	177.0	123.4
—382.47	249	623	1581 726.394	357.1	103.6
—353.53	922	567	1592 298.347	177.1	83.8
—324.58	595	510	1602 870.300	357.2	64.0
—295.64	268	454	1613 442.253	177.3	44.2
—266.69	942	398	1624 014.206	357.3	24.4
—237.75	615	341	1634 586.160	177.4	4.7
—219.72	607	371	1641 171.483	177.0	15.5
—190.77	280	314	1651 743.436	357.0	355.7
—161.83	953	258	1662 315.389	177.0	335.8
—132.89	626	202	1672 887.342	357.1	316.0
—103.94	299	145	1683 459.295	177.1	296.2
— 75.00	972	89	1694 031.248	357.2	276.4
— 46.05	645	33	1704 603.201	177.3	256.7
— 17.11	318	976	1715 175.153	357.3	236.9
+ 1.44	880	520	1721 583.292	172.8	73.1
+ 1.92	310	6	1721 760.476	356.9	247.7
+ 30.87	983	949	1732 332.429	176.9	227.9
+ 59.81	656	893	1742 904.382	357.0	208.1
+ 88.75	329	836	1753 476.334	177.0	188.2
+117.70	3	779	1764 048.287	357.0	168.4
+146.64	676	723	1774 620.240	177.1	148.6
+175.59	349	667	1785 192.193	357.1	128.9
+204.53	22	610	1795 764.145	177.2	109.1
+233.48	695	554	1806 336.098	357.2	89.3
+251.51	687	583	1812 921.421	356.8	100.1
+280.45	360	527	1823 493.373	176.8	80.3
+309.40	34	471	1834 065.326	356.9	60.5
+338.34	707	414	1844 637.278	176.9	40.7
+367.28	380	358	1855 209.231	357.0	20.9
+396.23	54	302	1865 781.184	177.1	1.2
+425.17	727	245	1876 353.136	357.1	341.4
+454.12	400	189	1886 925.089	177.2	321.6
+472.15	392	218	1893 510.411	176.7	332.4
+501.09	65	162	1904 082.363	356.8	312.6
+530.04	739	105	1914 654.316	176.8	292.8
+558.98	412	49	1925 226.268	356.9	273.0
+587.92	85	993	1935 798.220	176.9	253.2
+616.87	758	936	1946 370.172	357.0	233.5

Tafel **E 68** Finsternisse: Zyklen

Jahr T_a	I_c	II_c	T_c		P_e	L_e
					°	°
645.81	432	880	1956	942.124	177.0	213.7
674.76	105	824	1967	514.077	357.1	193.9
703.70	778	767	1978	086.029	177.1	174.1
732.65	452	711	1988	657.981	357.2	154.3
750.68	444	740	1995	243.303	356.7	165.1
779.62	117	684	2005	815.255	176.8	145.3
808.57	790	628	2016	387.207	356.8	125.6
837.51	464	571	2026	959.158	176.9	105.8
866.45	137	515	2037	531.110	356.9	86.0
895.40	810	459	2048	103.062	177.0	66.2
924.34	484	402	2058	675.014	357.0	46.4
953.29	157	346	2069	246.965	177.1	26.6
982.23	830	290	2079	818.917	357.1	6.8
1000.26	822	319	2086	404.239	356.7	17.6
1029.21	496	262	2096	976.191	176.7	357.9
1058.15	169	206	2107	548.142	356.8	338.1
1087.10	842	150	2118	120.094	176.8	318.3
1116.04	516	93	2128	692.045	356.9	298.5
1144.98	189	37	2139	263.997	176.9	278.7
1173.93	862	981	2149	835.948	357.0	258.9
1202.87	535	924	2160	407.899	177.0	239.1
1231.82	209	868	2170	979.851	357.0	219.4
1260.76	883	812	2181	551.802	177.1	199.6
1289.71	556	755	2192	123.753	357.1	179.8
1307.74	548	785	2198	709.075	356.7	190.6
1336.68	222	728	2209	281.026	176.7	170.8
1365.62	895	672	2219	852.977	356.8	151.0
1394.57	568	616	2230	424.928	176.8	131.2
1423.51	242	559	2240	996.879	356.8	111.4
1452.46	915	503	2251	568.830	176.9	91.7
1481.40	589	447	2262	140.781	356.9	71.9
1510.35	262	390	2272	712.732	177.0	52.1
1539.29	936	334	2283	284.682	357.0	32.3
1568.24	609	278	2293	856.633	177.1	12.5
1597.21	283	221	2304	428.584	357.1	352.7
1615.24	275	250	2311	013.905	356.6	3.5
1644.18	948	194	2321	585.856	176.7	343.8
1673.13	622	138	2332	157.806	356.7	324.0
1702.07	295	81	2342	729.757	176.8	304.2
1731.02	969	25	2353	301.708	356.8	284.4
1759.96	642	969	2363	873.658	176.8	264.6
1788.91	315	912	2374	445.609	356.9	244.8
1817.85	989	856	2385	017.559	176.9	225.0
1846.80	663	800	2395	589.509	357.0	205.3
1875.74	336	743	2406	161.460	177.0	185.5

Tafel E 69 Sonnenfinsternisse (nur zentrale): Perioden (vgl. auch Tafel E 90)

T_b	I_p	II_p	T_p	P_p	L_p	Korrektion der letzten Stelle von T_p					
						—3000	—2000	—1000	0	+1000	+2000
0.00	0	0	0.000	0.0°	0.0°	0	0	0	0	0	0
0.49	430	485	177.181	184.0	174.6	0	0	0	0	0	0
0.97?	861	970	354.364	8.1	349.3	0	0	0	0	0	0
1.46?	291	455	531.544	192.1	163.9	0	0	0	0	0	0
2.34?	80	345	856.389	169.4	124.1	0	0	0	0	0	0
2.83	510	830	1 033.572	353.4	298.7	1	0	0	0	0	0
3.31	940	315	1 210.754	177.5	113.4	1	1	0	0	0	0
3.80	371	800	1 387.936	1.5	288.0	1	1	1	0	0	0
4.29	801	285	1 565.119	185.6	102.7	1	1	1	0	0	0
4.77?	231	770	1 742.301	9.6	277.3	1	1	1	1	0	0
5.26?	661	255	1 919.483	193.6	91.9	1	1	1	1	0	0
5.66?	20	659	2 067.144	346.9	237.5	1	1	1	1	0	0
6.14?	450	144	2 244.325	170.9	52.1	2	1	1	1	0	0
6.63	881	630	2 421.506	355.0	226.8	2	1	1	1	0	0
7.11	311	115	2 598.691	179.0	41.4	2	1	1	1	0	0
7.60	741	600	2 775.874	3.0	216.0	2	2	1	1	1	0
8.09	171	85	2 953.057	187.0	30.7	2	2	1	1	1	0
8.57?	602	570	3 130.239	11.1	205.3	2	2	1	1	1	0
9.46?	390	459	3 455.083	348.4	165.5	2	2	2	1	1	0
9.94	821	944	3 632.265	172.4	340.1	2	2	2	1	1	0
10.43	251	429	3 809.447	356.5	154.8	3	2	2	1	1	0
10.91	681	914	3 986.629	180.5	329.4	3	2	2	1	1	0
11.40	112	400	4 163.811	4.6	144.1	3	2	2	1	1	0
11.88?	542	885	4 340.994	188.6	318.7	3	2	2	1	1	0
12.37?	972	370	4 518.176	12.6	133.3	3	3	2	1	1	0
12.77?	331	774	4 665.838	165.9	278.9	3	3	2	1	1	0
13.26?	761	259	4 843.020	349.9	93.5	3	3	2	1	1	0
13.74	191	744	5 020.202	174.0	268.1	3	3	2	2	1	0
14.23	622	229	5 197.384	358.0	82.8	4	3	2	2	1	0
14.71	52	714	5 374.566	182.0	257.4	4	3	3	2	1	0
15.20	482	199	5 551.749	6.1	72.1	4	3	3	2	1	0
15.68?	912	685	5 728.931	190.1	246.7	4	3	3	2	1	0
16.17?	343	170	5 906.113	14.2	61.3	4	3	3	2	1	0
16.57?	701	574	6 053.775	167.4	206.9	4	3	3	2	1	0
17.06?	132	59	6 230.957	351.4	21.5	4	4	3	2	1	0
17.54	562	544	6 408.139	175.5	196.2	4	4	3	2	1	0

Wird bei Zulegen von 18,03 der folgende Wert T_a der Zyklentafel erreicht, so wird die Rechnung hier abgebrochen und mit dem neuen T_a aus der Zyklentafel fortgesetzt. Andernfalls wird die Fortsetzung der Tafel E 69 auf der folgenden Seite benutzt.

Tafel E 69 Sonnenfinsternisse (nur zentrale): Perioden (vgl. auch Tafel E 90)

T_b	I_p	II_p	T_p	P_p	L_p	Korrektion der letzten Stelle von T_p					
						−3000	−2000	−1000	0	+1000	+2000
18.03	992	29	6 585.321	359.5°	10.8°	4	4	3	2	1	0
18.51	422	514	6 762.503	183.6	185.4	5	4	3	2	1	0
19.00?	853	999	6 939.686	7.6	0.1	5	4	3	2	1	0
19.48?	283	484	7 116.868	191.6	174.7	5	4	3	2	1	0
20.37?	72	374	7 441.712	168.9	134.9	5	4	3	2	1	0
20.86	502	859	7 618.894	353.0	309.5	5	4	4	2	1	0
21.34	932	344	7 796.076	177.0	124.2	5	4	4	2	1	0
21.83	363	829	7 973.258	1.0	298.8	5	5	4	2	1	0
22.31	793	314	8 150.442	185.1	113.5	6	5	4	2	1	0
22.80?	223	799	8 327.624	9.1	288.1	6	5	4	3	2	0
23.28?	654	284	8 504.806	193.2	102.7	6	5	4	3	2	0
23.69?	12	689	8 652.468	346.4	248.3	6	5	4	3	2	0
24.17?	442	174	8 829.650	170.4	62.9	6	5	4	3	2	0
24.66	873	659	9 006.832	354.5	237.6	6	5	4	3	2	0
25.14	303	144	9 184.014	178.5	52.2	6	5	4	3	2	0
25.63	733	629	9 361.197	2.6	226.8	6	5	4	3	2	0
26.11	163	114	9 538.379	186.6	41.5	6	5	4	3	2	0
26.60?	594	599	9 715.561	10.6	216.1	7	6	5	3	2	0
27.49?	383	488	10 040.405	347.9	176.3	7	6	5	3	2	0
27.97?	813	973	10 217.587	172.0	350.9	7	6	5	3	2	0
28.46	243	459	10 394.769	356.0	165.6	7	6	5	3	2	0

? bedeutet, daß die Sonnenfinsternis vielleicht nicht zentral, sondern nur partiell ist.

In Tafel E 69 sind alle Perioden ausgelassen, die zu Finsternissen gehören, die höchstens partiell werden können und vielleicht überhaupt nicht eintreten. Finsternisse dieser Art sind im günstigsten Falle nur in den Polargegenden sichtbar; für die Kulturgebiete des Altertums scheiden sie ganz aus. Sie könnten höchstens bei historischen Untersuchungen über das Mittelalter für Nordeuropa in Betracht kommen; aus diesem Grunde sind die hier ausgelassenen Perioden in Tafel E 90 nachträglich gegeben.

Tafel **E 70** Mondfinsternisse: Perioden (vgl. auch Tafel E 90).

T_b	I_p	II_p	T_p	P_p	L_p	Korrektion der letzten Stelle von T_p					
				°	°	−3000	−2000	−1000	0	+1000	+2000
0.44 *p?*	894	445	162.422	348.6	340.1	0	0	0	0	0	0
0.93 *t? p?*	325	930	339.604	172.7	154.7	0	0	0	0	0	0
1.41 *t? p!*	755	415	516.786	356.7	329.4	0	0	0	0	0	0
1.90 *t!*	185	900	693.969	180.8	144.0	0	0	0	0	0	0
2.39 *t? p!*	616	385	871.151	4.8	318.6	0	0	0	0	0	0
2.87 *t? p?*	46	870	1 048.333	188.8	133.3	1	0	0	0	0	0
3.36 *p?*	476	355	1 225.515	12.9	307.9	1	1	0	0	0	0
3.76 *p?*	835	759	1 373.177	166.1	93.5	1	1	1	0	0	0
4.24 *p?*	265	245	1 550.359	350.2	268.1	1	1	1	0	0	0
4.73 *t? p!*	695	730	1 727.541	174.2	82.7	1	1	1	1	0	0
5.21 *t? p!*	126	215	1 904.723	358.2	257.4	1	1	1	1	0	0
5.70 *t? p!*	556	700	2 081.906	182.2	72.0	1	1	1	1	0	0
6.19 *t? p!*	986	185	2 259.088	6.3	246.7	2	1	1	1	0	0
6.67 *p?*	416	670	2 436.270	190.4	61.3	2	1	1	1	0	0
7.56 *p?*	205	559	2 761.114	167.6	21.5	2	2	1	1	1	0
8.04 *t? p?*	635	44	2 938.296	351.7	196.1	2	2	1	1	1	0
8.53 *t? p!*	66	529	3 115.478	175.7	10.8	2	2	1	1	1	0
9.01 *t!*	496	15	3 292.661	359.8	185.4	2	2	1	1	1	0
9.50 *t? p!*	926	500	3 469.843	183.8	0.0	2	2	2	1	1	0
9.99 *t? p?*	357	985	3 647.025	7.8	174.7	2	2	2	1	1	0
10.47 *p?*	787	470	3 824.207	191.9	349.3	3	2	2	1	1	0
11.36 *p?*	576	359	4 149.051	169.2	309.5	3	2	2	1	1	0
11.84 *t? p!*	6	844	4 326.233	353.2	124.1	3	2	2	1	1	0
12.33 *t? p!*	436	329	4 503.416	177.2	298.8	3	3	2	1	1	0
12.81 *t!*	867	814	4 680.598	1.3	113.4	3	3	2	1	1	0
13.30 *t? p!*	297	300	4 857.780	185.3	288.1	3	3	2	1	1	0
13.78 *p?*	727	785	5 034.962	9.4	102.7	3	3	2	2	1	0
14.27 *p?*	157	270	5 212.144	193.4	277.3	4	3	2	2	1	0
14.67 *p?*	516	674	5 359.806	346.6	62.9	4	3	3	2	1	0
15.16 *p?*	946	159	5 536.988	170.7	237.5	4	3	3	2	1	0
15.64 *t? p!*	377	644	5 714.170	354.7	52.2	4	3	3	2	1	0
16.13 *t!*	807	129	5 891.353	178.8	226.8	4	3	3	2	1	0
16.61 *t? p!*	237	614	6 068.535	2.8	41.4	4	3	3	2	1	0
17.10 *t? p!*	667	99	6 245.717	186.8	216.1	4	4	3	2	1	0
17.58 *p?*	98	584	6 422.899	10.9	30.7	4	4	3	2	1	0

Wird bei Zulegen von 18,03 der folgende Wert T_a der Zyklentafel erreicht, so wird die Rechnung hier abgebrochen und mit dem neuen T_a aus der Zyklentafel fortgesetzt. Andernfalls wird die Fortsetzung der Tafel E 70 auf der folgenden Seite benutzt.

Tafel **E 70** Mondfinsternisse: Perioden (vgl. auch Tafel E 90)

T_b		I_p	II_p	T_p	P_p	L_p	Korrektion der letzten Stelle von T_p					
							−3000	−2000	−1000	0	+1000	+2000
18.47	*p?*	887	474	6 747.743	348°.2	350°.9	5	4	3	2	1	0
18.96	*t? p?*	317	959	6 924.925	172.2	165.5	5	4	3	2	1	0
19.44	*t? p!*	747	444	7 102.108	356.2	340.2	5	4	3	2	1	0
19.93	*t!*	177	929	7 279.290	180.3	154.8	5	4	3	2	1	0
20.41	*t? p!*	608	414	7 456.472	4.3	329.5	5	4	3	2	1	0
20.90	*t? p?*	38	899	7 633.654	188.4	144.1	5	4	4	2	1	0
21.38	*p?*	468	384	7 810.836	12.4	318.7	5	4	4	2	1	0
21.79	*p?*	827	789	7 958.498	165.6	104.3	5	5	4	2	1	0
22.27	*p?*	257	274	8 135.680	349.7	278.9	6	5	4	2	1	0
22.76	*t? p!*	687	759	8 312.863	173.7	93.5	6	5	4	3	2	0
23.24	*t? p!*	118	244	8 490.045	357.8	268.2	6	5	4	3	2	0
23.73	*t? p!*	548	729	8 667.227	181.8	82.8	6	5	4	3	2	0
24.21	*t? p!*	978	214	8 844.409	5.8	257.5	6	5	4	3	2	0
24.70	*p?*	408	699	9 021.591	189.9	72.1	6	5	4	3	2	0
25.18	*p?*	839	184	9 198.774	13.9	246.8	6	5	4	3	2	0
25.59	*p?*	197	588	9 346.435	167.2	32.3	6	5	4	3	2	0
26.07	*t? p?*	628	74	9 523.617	351.2	206.9	6	5	5	3	2	0
26.56	*t? p!*	58	559	9 700.800	175.2	21.6	7	6	5	3	2	0
27.04	*t!*	488	44	9 877.982	359.3	196.2	7	6	5	3	2	0
27.53	*t? p!*	918	529	10 055.164	183.3	10.8	7	6	5	3	2	0
28.01	*t? p?*	349	14	10 232.346	7.4	185.5	7	6	5	3	2	0
28.50	*p?*	779	499	10 409.529	191.4	0.1	7	6	5	3	2	0

Die Bedeutung der Zeichen ist folgende:
t! Mondfinsternis sicher total.
t? p! Mondfinsternis vielleicht total, sicher partiell.
t? p? Mondfinsternis vielleicht total oder partiell, vielleicht auch ganz ausbleibend.
p? Partielle Finsternis möglich, aber nicht gewiß.

In Tafel E 70 sind einige Perioden ausgelassen, zu denen Mondfinsternisse gehören, die bestenfalls nur klein und unauffällig sein können, wahrscheinlich aber überhaupt nicht eintreten. Diese Perioden sind in Tafel E 90 nachträglich gegeben.

Tafel **E 71** Finsternisse Tafel für T_1 (in Einheiten von 0.001)

I	*II* 0	50	100	150	200	250	300	350	400	450	500
0	425	421	418	415	414	413	414	415	418	421	425
10	401	397	394	391	390	389	390	391	394	397	401
20	378	374	371	369	367	366	367	368	371	374	377
30	354	350	347	345	343	342	343	344	347	350	353
40	332	328	325	322	320	319	320	321	323	326	330
50	309	305	302	299	297	296	297	298	300	303	307
60	286	282	279	276	274	273	274	275	277	280	284
70	264	261	258	255	253	252	252	253	255	258	261
80	242	239	236	233	231	230	230	232	233	236	239
90	221	218	215	213	211	210	210	211	212	215	218
100	200	197	196	194	190	189	189	190	191	194	197
110	181	178	177	175	171	170	170	171	172	175	178
120	163	160	157	155	153	152	152	152	154	156	159
130	145	142	139	137	135	135	134	135	136	138	141
140	128	125	123	121	119	118	118	118	119	121	123
150	111	108	106	104	102	101	101	101	102	104	106
160	096	093	091	089	087	086	086	086	087	089	091
170	082	080	078	076	074	073	073	073	074	076	077
180	070	068	066	064	062	061	061	061	062	064	065
190	058	057	055	053	051	050	050	050	051	052	053
200	048	047	045	043	042	041	041	041	041	042	043
210	039	038	036	034	033	032	032	032	032	033	034
220	032	031	030	028	027	026	026	026	026	027	027
230	026	025	024	023	022	021	020	020	020	021	021
240	021	021	020	019	018	017	016	016	016	016	016
250	019	019	018	017	017	016	015	014	014	014	014
260	017	017	016	016	015	015	014	013	013	013	013
270	018	018	018	018	017	017	016	015	015	014	014
280	020	020	020	020	019	019	018	017	017	016	016
290	024	024	024	025	024	024	023	022	021	020	020
300	029	030	030	031	030	030	029	028	027	026	025
310	036	037	037	038	038	038	037	036	034	033	032
320	044	046	047	048	048	048	047	046	044	043	041
330	054	056	057	058	058	058	057	056	054	053	051
340	066	068	070	071	071	071	070	069	067	065	063
350	080	082	084	085	086	086	085	084	082	079	077
360	095	097	099	101	102	102	101	099	097	094	092
370	112	115	117	119	120	120	119	117	115	112	110
380	130	133	135	137	138	138	137	135	133	130	128
390	149	152	154	157	158	158	157	155	153	150	147
400	170	173	175	178	180	180	178	177	174	171	168
410	192	195	197	200	202	202	200	199	196	193	190
420	214	218	221	224	225	225	224	223	220	217	213
430	238	242	245	248	249	249	248	247	244	241	237
440	263	267	271	273	275	275	274	273	271	267	263
450	289	293	297	299	301	302	301	299	297	293	289
460	315	319	323	325	327	328	327	325	323	319	315
470	342	346	350	352	354	355	354	352	349	345	342
480	369	373	377	379	381	382	381	379	376	372	369
490	397	401	405	407	409	410	409	407	405	401	397
500	425	429	433	435	437	438	437	435	433	429	425

Forts. der Tafel S. 64.

Tafel **E 71** Finsternisse Tafel für T_1 (in Einheiten von 0.001)

I	*II* 500	550	600	650	700	750	800	850	900	950	1000
0	425	428	432	434	436	436	436	434	432	428	425
10	401	404	408	410	412	412	412	410	408	404	401
20	377	381	384	387	389	389	389	387	385	382	378
30	353	357	360	363	365	365	365	363	361	358	354
40	330	333	337	339	341	342	342	340	338	335	332
50	307	310	314	316	318	319	319	317	315	312	309
60	284	287	291	293	295	296	296	294	292	289	286
70	261	265	268	270	272	273	273	272	270	267	264
80	239	243	245	248	250	251	251	250	248	245	242
90	218	221	223	227	228	229	229	229	227	224	221
100	197	200	202	206	207	208	208	208	206	203	200
110	178	181	183	186	188	189	189	189	187	184	181
120	159	162	165	167	169	170	170	170	168	165	163
130	141	144	146	148	150	151	152	151	150	147	145
140	123	126	128	130	132	133	134	133	132	130	128
150	106	109	111	113	115	116	117	116	115	113	111
160	091	094	096	098	100	101	102	101	100	098	096
170	077	079	081	083	085	086	087	086	085	084	082
180	065	067	069	071	072	074	074	074	072	071	070
190	053	055	056	058	060	061	061	061	060	059	058
200	043	045	046	048	049	050	051	051	050	049	048
210	034	036	037	039	040	041	041	041	041	040	039
220	027	028	030	031	032	033	033	033	033	033	032
230	021	022	024	025	026	027	027	027	027	027	026
240	016	017	018	019	020	021	021	021	021	021	021
250	014	015	015	016	017	018	018	018	019	019	019
260	013	013	013	014	014	015	015	016	017	017	017
270	014	013	013	014	014	015	015	016	017	017	018
280	016	015	015	016	016	017	017	018	019	019	020
290	020	019	019	019	019	020	020	021	022	023	024
300	025	024	023	023	023	024	024	025	026	028	029
310	032	031	030	029	029	030	030	031	033	035	036
320	041	039	038	037	037	038	038	039	041	043	044
330	051	049	048	047	047	047	048	049	051	053	054
340	063	061	059	058	058	058	058	060	062	064	066
350	077	075	073	072	071	071	072	074	076	078	080
360	092	090	088	087	086	086	087	088	091	093	095
370	110	107	105	103	102	102	103	104	107	109	112
380	128	125	123	121	120	120	121	122	125	127	130
390	147	144	141	139	138	138	139	140	143	145	149
400	168	165	162	160	158	158	159	161	163	166	170
410	190	187	184	182	180	180	181	183	185	188	192
420	213	210	206	204	202	202	203	205	207	211	214
430	237	234	230	228	226	226	227	229	231	235	238
440	263	259	255	252	250	250	251	253	255	259	263
450	289	284	281	278	276	275	276	278	281	284	289
460	315	310	307	304	302	301	302	304	307	310	315
470	342	337	334	331	329	329	329	331	334	338	342
480	369	364	361	358	356	356	356	358	361	365	369
490	397	392	389	386	384	383	384	386	389	392	397
500	425	420	417	414	412	411	412	414	417	420	425

Forts. der Tafel S. 65.

Tafel **E 71** Finsternisse Tafel für T_1 (in Einheiten von 0.001)

I	*II* 0	50	100	150	200	250	300	350	400	450	500
500	425	429	433	435	437	438	437	435	433	429	425
510	453	456	460	463	465	466	465	463	461	457	453
520	480	483	487	490	492	493	492	490	488	484	480
530	507	510	514	517	519	520	519	517	515	511	507
540	533	537	541	544	546	546	546	544	541	538	534
550	560	564	568	571	573	573	573	571	568	565	561
560	586	590	594	597	599	599	599	597	594	591	587
570	611	615	619	622	624	624	624	622	619	616	612
580	635	639	642	645	647	647	647	646	643	640	636
590	658	661	664	667	669	669	669	668	665	663	660
600	680	683	686	689	690	691	691	690	687	685	682
610	700	703	706	708	710	711	711	710	707	705	702
620	720	722	725	727	729	730	730	729	727	725	722
630	738	740	743	745	747	748	748	747	745	743	740
640	754	756	759	761	763	764	764	763	761	759	757
650	769	771	774	776	777	778	778	777	776	774	772
660	782	784	786	788	789	790	790	790	789	787	785
670	794	796	797	799	800	801	801	801	800	799	797
680	805	807	808	810	811	812	812	812	811	810	808
690	813	814	816	817	818	819	819	820	819	818	816
700	821	822	823	824	825	826	826	827	826	826	824
710	826	827	828	828	829	830	830	831	831	831	829
720	830	830	831	831	832	833	833	834	834	834	834
730	832	832	833	833	834	835	835	836	836	836	836
740	831	831	831	832	833	834	834	835	835	836	836
750	830	830	830	831	831	832	833	833	834	835	835
760	827	827	827	827	827	828	829	830	831	832	832
770	823	823	822	822	822	823	824	825	826	827	828
780	817	817	816	816	816	817	818	819	820	821	822
790	810	809	808	808	808	809	810	811	812	814	815
800	801	800	799	799	799	799	800	801	803	805	806
810	791	790	789	788	788	788	789	791	793	795	796
820	779	778	776	775	775	775	776	778	780	782	784
830	766	765	763	762	762	762	763	765	767	769	771
840	752	750	748	747	747	747	748	750	752	754	757
850	737	735	733	732	732	732	733	735	737	739	742
860	721	719	717	716	716	716	717	719	721	723	726
870	705	702	700	698	698	698	699	701	703	705	709
880	687	684	682	680	680	680	681	683	685	687	691
890	668	665	662	661	660	660	661	663	665	668	671
900	648	645	642	641	640	640	641	643	645	648	651
910	628	625	622	621	620	620	621	623	625	628	631
920	607	604	601	599	598	598	599	601	604	607	610
930	585	582	579	577	576	576	577	579	582	585	588
940	563	560	557	555	554	553	554	556	559	562	566
950	541	537	534	532	531	530	531	533	536	539	543
960	518	514	511	509	508	507	508	510	513	516	520
970	495	492	489	486	485	484	485	487	489	492	496
980	471	469	466	462	461	460	461	463	465	468	472
990	448	445	442	439	438	437	438	439	442	445	449
1000	425	421	418	415	414	413	414	415	418	421	425

Tafel **E 71** Finsternisse Tafel für T_1 (in Einheiten von 0.001)

I	*II* 500	550	600	650	700	750	800	850	900	950	1000
500	425	420	417	414	412	411	412	414	417	420	425
510	453	448	445	442	440	439	440	442	445	448	453
520	480	476	472	469	467	467	467	469	472	475	480
530	507	503	499	496	494	494	494	496	499	502	507
540	534	530	527	524	522	521	522	523	526	529	533
550	561	557	554	551	549	548	549	550	553	556	560
560	587	583	580	577	575	574	575	576	579	582	586
570	612	608	605	602	600	599	600	601	604	607	611
580	636	633	629	627	625	624	624	626	628	631	635
590	660	656	653	651	649	648	648	650	652	654	658
600	682	678	675	673	671	670	670	672	674	676	680
610	702	698	696	694	692	691	691	692	694	697	700
620	722	719	717	714	713	712	712	713	715	717	720
630	740	737	735	732	731	730	730	731	733	735	738
640	757	755	753	750	749	748	748	749	750	752	754
650	772	770	768	766	764	763	763	764	765	767	769
660	785	783	781	779	778	777	777	777	778	780	782
670	797	796	794	792	791	790	790	790	791	792	794
680	808	807	805	803	802	801	801	801	802	803	805
690	816	815	814	812	811	810	810	810	811	812	813
700	824	823	822	821	820	819	819	819	819	820	821
710	829	828	828	827	826	825	825	825	824	825	826
720	834	833	833	832	831	830	830	830	829	829	830
730	836	835	835	834	833	833	832	832	831	831	832
740	836	836	836	835	834	834	833	833	832	832	831
750	835	835	835	835	834	834	833	832	831	831	830
760	832	832	832	832	832	832	831	830	829	828	827
770	828	829	829	829	829	829	828	827	826	824	823
780	822	823	823	823	823	823	822	821	820	818	817
790	815	816	817	817	817	817	816	815	813	812	810
800	806	807	808	809	809	808	807	806	804	803	801
810	796	797	798	799	799	799	798	796	794	793	791
820	784	786	787	788	788	788	787	785	783	781	779
830	771	773	774	775	775	775	774	772	770	768	766
840	757	759	761	762	762	762	761	759	757	755	752
850	742	744	746	747	748	747	746	744	742	740	737
860	726	728	730	731	732	732	730	729	727	724	721
870	709	711	713	715	716	716	714	713	711	708	705
880	691	693	696	697	698	698	697	695	693	690	687
890	671	674	677	678	679	679	678	677	674	671	668
900	651	654	657	658	659	659	658	657	654	651	648
910	631	634	637	638	639	639	638	637	634	631	628
920	610	613	616	618	619	619	618	617	614	611	607
930	588	591	594	596	597	597	596	595	592	589	585
940	566	569	572	574	575	575	574	573	570	567	563
950	543	546	549	551	553	553	552	550	548	544	541
960	520	523	526	528	530	530	529	527	525	521	518
970	496	500	503	505	507	507	507	505	502	498	495
980	472	476	479	481	483	483	483	481	478	475	471
990	449	452	456	458	460	460	460	458	455	452	448
1000	425	428	432	434	436	436	436	434	432	428	425

Tafel **E 72** Finsternisse Tafel für T_2 (in Einheiten von 0.001)

II	Jahr											
	−4200	−3600	−3100	−2500	−2000	−1400	−900	−300	+200	+800	+1300	+1900
0	202	204	206	207	208	208	207	206	204	202	199	197
10	215	216	218	218	219	219	217	216	214	211	209	206
20	229	230	231	231	231	231	229	227	225	222	219	216
30	242	243	244	244	243	242	240	238	235	232	229	226
40	255	255	256	256	255	253	251	248	245	242	239	236
50	268	268	268	268	266	264	262	259	255	252	249	246
60	280	280	279	279	277	275	272	269	265	261	258	255
70	291	291	290	289	287	284	281	277	273	269	266	264
80	303	302	301	300	297	294	291	287	283	279	276	274
90	314	313	311	309	306	303	299	295	291	288	285	282
100	325	324	321	319	316	312	308	304	300	297	294	291
110	334	333	330	327	324	320	315	311	308	304	301	299
120	344	342	339	336	332	328	323	319	316	312	309	307
130	353	351	347	344	340	336	331	327	323	320	317	315
140	361	358	355	351	347	343	338	334	330	327	325	323
150	368	365	361	357	352	348	343	339	336	333	331	329
160	375	372	367	363	358	354	349	345	342	339	337	336
170	380	377	372	367	362	358	353	350	348	344	342	341
180	385	382	377	372	367	363	358	355	352	350	348	347
190	389	385	380	375	370	366	362	359	356	354	352	351
200	393	388	383	378	373	369	365	362	360	358	356	355
210	395	391	385	381	376	372	368	365	363	361	360	359
220	397	393	387	383	378	374	370	367	365	364	363	362
230	397	393	387	383	378	374	371	368	367	365	365	364
240	397	393	387	383	378	375	372	370	369	367	366	365
250	397	392	387	382	378	375	372	370	369	368	367	366
260	396	390	385	381	377	374	371	370	369	368	367	366
270	393	388	383	379	376	373	370	369	368	367	367	366
280	390	386	381	377	374	371	369	368	367	366	366	365
290	386	382	378	374	371	369	368	366	366	365	364	363
300	381	377	373	370	368	366	365	363	363	362	361	360
310	377	373	369	366	364	363	361	360	360	359	358	357
320	371	367	364	361	359	358	357	356	356	355	354	353
330	364	361	358	356	354	353	352	352	351	350	349	348
340	358	355	353	351	349	348	347	347	346	345	344	343
350	351	348	346	345	343	343	342	342	341	340	339	337
360	344	342	340	339	337	337	337	336	336	335	334	332
370	335	334	332	331	331	330	330	329	329	328	327	325
380	326	325	323	323	322	322	322	322	322	320	319	317
390	317	316	315	315	314	314	314	314	314	312	311	309
400	308	307	307	307	307	307	307	307	306	305	303	300
410	299	298	298	298	298	299	299	299	298	296	294	291
420	289	289	289	289	289	290	290	290	289	287	285	282
430	278	278	278	279	279	280	280	279	278	276	274	271
440	268	268	269	270	270	271	271	270	269	267	265	262
450	257	257	258	259	260	260	260	259	258	256	254	251
460	246	247	248	249	250	250	250	249	248	246	243	240
470	235	236	237	238	239	239	239	238	237	235	232	229
480	224	226	227	228	229	229	229	228	226	224	222	219
490	213	215	216	217	218	218	218	217	215	213	211	208
500	202	204	205	207	208	208	207	206	204	202	199	197

Tafel **E 72** Finsternisse Tafel für T_2 (in Einheiten von 0.001)

II	Jahr											
	−4200	−3600	−3100	−2500	−2000	−1400	−900	−300	+200	+800	+1300	+1900
500	202	204	205	207	208	208	207	206	204	202	199	197
510	190	192	194	195	196	197	195	194	192	190	188	185
520	179	182	183	184	185	186	184	183	181	179	177	174
530	168	171	172	173	174	174	173	171	170	168	166	163
540	157	160	161	162	163	163	162	160	159	157	156	153
550	147	149	150	151	152	152	150	148	147	145	144	142
560	137	139	141	141	142	142	140	138	137	135	134	133
570	126	128	130	130	130	130	128	126	126	124	123	122
580	116	118	120	120	120	120	118	116	116	114	114	113
590	106	108	110	110	109	109	107	106	106	105	104	104
600	096	098	099	100	099	099	097	096	095	095	095	095
610	087	089	090	091	090	090	088	087	086	086	086	086
620	078	080	081	082	081	081	079	078	078	078	078	078
630	070	072	073	073	072	072	070	069	070	070	071	071
640	062	064	064	064	063	063	062	061	062	062	063	065
650	054	056	056	056	055	055	054	053	054	055	057	059
660	047	048	048	048	047	047	046	046	047	049	051	054
670	041	042	042	042	041	041	040	041	042	044	046	049
680	035	036	036	036	035	035	034	035	037	040	042	045
690	030	031	031	030	030	030	030	031	033	036	038	041
700	025	025	025	024	024	025	026	026	029	032	034	038
710	020	021	020	020	020	022	022	023	026	029	032	036
720	016	017	016	016	017	018	018	020	023	026	030	034
730	013	014	014	014	014	016	016	018	022	025	028	032
740	011	012	012	012	012	014	015	017	021	024	028	032
750	010	011	011	011	012	014	015	018	021	025	029	033
760	010	010	010	010	012	014	016	018	022	026	030	034
770	009	009	010	010	012	014	016	019	023	027	030	034
780	010	010	011	012	013	016	018	022	026	030	033	037
790	012	012	013	014	016	019	021	025	029	033	036	039
800	014	014	016	017	019	022	024	028	032	036	039	042
810	017	018	020	021	023	027	029	032	037	040	044	047
820	021	022	024	025	028	031	034	037	042	045	049	052
830	025	027	028	030	033	036	039	042	047	050	054	056
840	031	033	034	036	039	043	046	048	053	056	060	062
850	037	039	040	043	046	050	052	055	059	062	066	068
860	044	046	048	051	054	058	060	063	067	070	073	075
870	053	055	057	059	063	067	069	071	075	078	080	081
880	061	063	065	067	072	076	078	080	083	086	087	088
890	070	073	075	077	081	085	087	089	092	094	095	096
900	080	083	085	087	090	094	096	098	101	103	103	104
910	090	093	095	098	101	105	106	108	110	112	112	112
920	101	103	106	109	112	115	116	118	120	121	121	121
930	113	115	118	121	123	126	127	129	130	131	131	130
940	125	127	130	132	135	138	139	140	141	141	141	139
950	137	140	142	144	146	149	150	150	151	151	150	148
960	149	152	154	156	158	160	161	161	162	161	159	158
970	162	164	166	168	169	171	171	171	172	170	168	167
980	175	177	179	181	182	184	183	183	183	181	179	177
990	189	191	193	194	195	196	195	194	194	191	189	187
1000	202	204	206	207	208	208	207	206	204	202	199	197

73

Tafel **E 73** Finsternisse Tafel für P_1 und L_1

I	P_1	L_1
	°	°
0	0.5	0.4
10	0.5	0.4
20	0.5	0.4
30	0.4	0.3
40	0.4	0.3
50	0.4	0.3
60	0.4	0.3
70	0.4	0.2
80	0.4	0.2
90	0.3	0.2
100	0.3	0.2
110	0.3	0.2
120	0.3	0.1
130	0.3	0.1
140	0.3	0.1
150	0.2	0.1
160	0.2	0.1
170	0.2	0.1
180	0.2	0.1
190	0.2	0.0
200	0.1	0.0
210	0.1	0.0
220	0.1	0.0
230	0.1	0.0
240	0.1	0.0
250	0.1	0.0
260	0.0	0.0
270	0.0	0.0
280	0.0	0.0
290	0.0	0.0
300	0.0	0.0
310	0.0	0.0
320	0.0	0.0
330	0.0	0.0
340	0.0	0.1
350	0.0	0.1

I	P_1	L_1
	°	°
350	0.0	0.1
360	0.0	0.1
370	0.0	0.1
380	0.1	0.1
390	0.1	0.1
400	0.1	0.2
410	0.1	0.2
420	0.2	0.2
430	0.2	0.2
440	0.2	0.2
450	0.3	0.3
460	0.3	0.3
470	0.4	0.3
480	0.4	0.4
490	0.4	0.4
500	0.5	0.4
510	0.5	0.4
520	0.6	0.5
530	0.6	0.5
540	0.6	0.5
550	0.7	0.5
560	0.7	0.6
570	0.7	0.6
580	0.8	0.6
590	0.8	0.6
600	0.8	0.7
610	0.9	0.7
620	0.9	0.7
630	0.9	0.7
640	0.9	0.7
650	0.9	0.7
660	0.9	0.8
670	0.9	0.8
680	1.0	0.8
690	1.0	0.8
700	0.9	0.8

I	P_1	L_1
	°	°
700	0.9	0.8
710	0.9	0.8
720	0.9	0.8
730	0.9	0.8
740	0.9	0.8
750	0.9	0.8
760	0.9	0.8
770	0.9	0.8
780	0.9	0.8
790	0.8	0.8
800	0.8	0.8
810	0.8	0.8
820	0.8	0.8
830	0.8	0.7
840	0.7	0.7
850	0.7	0.7
860	0.7	0.7
870	0.7	0.7
880	0.7	0.7
890	0.6	0.6
900	0.6	0.6
910	0.6	0.6
920	0.6	0.6
930	0.6	0.6
940	0.6	0.5
950	0.5	0.5
960	0.5	0.5
970	0.5	0.5
980	0.5	0.5
990	0.5	0.4
1000	0.5	0.4

Tafel **E 74** Finsternisse Tafel für P_2 und L_2

II	Jahr −5000 P_2	−5000 L_2	−2000 P_2	−2000 L_2	+1000 P_2	+1000 L_2	+4000 P_2	+4000 L_2
	°	°	°	°	°	°	°	°
0	2.6	2.5	2.6	2.5	2.6	2.5	2.6	2.5
10	2.8	2.7	2.8	2.6	2.8	2.6	2.8	2.6
20	3.0	2.8	3.0	2.8	2.9	2.8	2.9	2.8
30	3.2	3.0	3.1	2.9	3.1	2.9	3.0	2.9
40	3.3	3.1	3.3	3.1	3.2	3.0	3.2	3.0
50	3.5	3.3	3.4	3.2	3.4	3.2	3.3	3.1
60	3.7	3.4	3.6	3.3	3.5	3.3	3.4	3.3
70	3.8	3.6	3.7	3.5	3.6	3.4	3.5	3.4
80	4.0	3.7	3.9	3.6	3.8	3.6	3.7	3.5
90	4.1	3.8	4.0	3.8	3.9	3.7	3.8	3.6
100	4.2	4.0	4.1	3.9	4.0	3.8	3.9	3.7
110	4.4	4.1	4.3	4.0	4.1	3.9	4.0	3.8
120	4.5	4.2	4.4	4.1	4.2	4.0	4.1	3.9
130	4.6	4.3	4.5	4.2	4.3	4.1	4.2	4.0
140	4.7	4.4	4.6	4.3	4.4	4.2	4.3	4.1
150	4.8	4.5	4.7	4.4	4.5	4.3	4.4	4.1
160	4.9	4.6	4.8	4.5	4.6	4.3	4.5	4.2
170	5.0	4.7	4.8	4.5	4.7	4.4	4.5	4.3
180	5.1	4.7	4.9	4.6	4.8	4.5	4.6	4.3
190	5.1	4.8	5.0	4.7	4.8	4.5	4.6	4.4
200	5.2	4.8	5.0	4.7	4.9	4.6	4.7	4.4
210	5.2	4.9	5.1	4.7	4.9	4.6	4.7	4.5
220	5.3	4.9	5.1	4.8	4.9	4.6	4.8	4.5
230	5.3	4.9	5.1	4.8	4.9	4.6	4.8	4.5
240	5.3	4.9	5.1	4.8	5.0	4.6	4.8	4.5
250	5.3	4.9	5.1	4.8	5.0	4.6	4.8	4.5
260	5.3	4.9	5.1	4.8	4.9	4.6	4.8	4.5
270	5.3	4.9	5.1	4.8	4.9	4.6	4.8	4.5
280	5.2	4.9	5.1	4.7	4.9	4.6	4.7	4.5
290	5.2	4.8	5.1	4.7	4.9	4.6	4.7	4.4
300	5.1	4.8	5.0	4.7	4.8	4.5	4.7	4.4
310	5.1	4.7	4.9	4.6	4.8	4.5	4.6	4.4
320	5.0	4.7	4.9	4.5	4.7	4.4	4.6	4.3
330	4.9	4.6	4.8	4.5	4.7	4.4	4.5	4.2
340	4.8	4.5	4.7	4.4	4.6	4.3	4.4	4.2
350	4.8	4.4	4.6	4.3	4.5	4.2	4.3	4.1
360	4.7	4.3	4.5	4.2	4.4	4.1	4.3	4.0
370	4.6	4.2	4.4	4.1	4.3	4.0	4.2	3.9
380	4.4	4.1	4.3	4.0	4.2	3.9	4.1	3.8
390	4.3	4.0	4.2	3.9	4.1	3.8	4.0	3.8
400	4.2	3.9	4.1	3.8	4.0	3.7	3.9	3.7
410	4.0	3.8	3.9	3.7	3.9	3.6	3.8	3.6
420	3.9	3.6	3.8	3.6	3.7	3.5	3.6	3.4
430	3.7	3.5	3.7	3.5	3.6	3.4	3.5	3.3
440	3.6	3.4	3.5	3.3	3.5	3.3	3.4	3.2
450	3.4	3.2	3.4	3.2	3.3	3.2	3.3	3.1
460	3.3	3.1	3.2	3.1	3.2	3.0	3.1	3.0
470	3.1	2.9	3.1	2.9	3.1	2.9	3.0	2.9
480	3.0	2.8	2.9	2.8	2.9	2.8	2.9	2.7
490	2.8	2.6	2.8	2.6	2.8	2.6	2.7	2.6
500	2.7	2.5	2.6	2.5	2.6	2.5	2.6	2.5

II	Jahr −5000 P_2	−5000 L_2	−2000 P_2	−2000 L_2	+1000 P_2	+1000 L_2	+4000 P_2	+4000 L_2
	°	°	°	°	°	°	°	°
500	2.7	2.5	2.6	2.5	2.6	2.5	2.6	2.5
510	2.5	2.4	2.4	2.4	2.4	2.4	2.5	2.4
520	2.3	2.2	2.3	2.2	2.3	2.2	2.3	2.3
530	2.2	2.1	2.2	2.1	2.1	2.1	2.2	2.1
540	2.0	1.9	2.0	1.9	2.0	2.0	2.1	2.0
550	1.9	1.8	1.8	1.8	1.9	1.8	1.9	1.9
560	1.7	1.6	1.7	1.7	1.7	1.7	1.8	1.8
570	1.6	1.5	1.5	1.5	1.6	1.6	1.7	1.7
580	1.4	1.4	1.4	1.4	1.5	1.5	1.6	1.6
590	1.3	1.2	1.3	1.3	1.3	1.4	1.4	1.4
600	1.1	1.1	1.1	1.2	1.2	1.3	1.3	1.3
610	1.0	1.0	1.0	1.1	1.1	1.2	1.2	1.2
620	0.9	0.9	0.9	1.0	1.0	1.1	1.1	1.2
630	0.7	0.8	0.8	0.9	0.9	1.0	1.0	1.1
640	0.6	0.7	0.7	0.8	0.8	0.9	0.9	1.0
650	0.5	0.6	0.6	0.7	0.7	0.8	0.9	0.9
660	0.5	0.5	0.5	0.6	0.6	0.7	0.8	0.8
670	0.4	0.4	0.4	0.5	0.5	0.6	0.7	0.8
680	0.3	0.3	0.3	0.5	0.5	0.6	0.6	0.7
690	0.2	0.3	0.3	0.4	0.4	0.5	0.6	0.6
700	0.2	0.2	0.2	0.3	0.4	0.5	0.5	0.6
710	0.1	0.2	0.1	0.3	0.3	0.4	0.5	0.6
720	0.1	0.1	0.1	0.3	0.3	0.4	0.5	0.5
730	0.0	0.1	0.1	0.2	0.3	0.4	0.4	0.5
740	0.0	0.1	0.1	0.2	0.3	0.4	0.4	0.5
750	0.0	0.1	0.1	0.2	0.2	0.4	0.4	0.5
760	0.0	0.1	0.1	0.2	0.2	0.4	0.4	0.5
770	0.0	0.1	0.1	0.2	0.3	0.4	0.4	0.5
780	0.0	0.1	0.1	0.2	0.3	0.4	0.4	0.5
790	0.1	0.1	0.1	0.3	0.3	0.4	0.5	0.5
800	0.1	0.2	0.2	0.3	0.3	0.4	0.5	0.6
810	0.2	0.2	0.2	0.3	0.4	0.5	0.6	0.6
820	0.2	0.3	0.3	0.4	0.4	0.5	0.6	0.7
830	0.3	0.3	0.4	0.5	0.5	0.6	0.7	0.7
840	0.4	0.4	0.4	0.5	0.6	0.7	0.8	0.8
850	0.5	0.5	0.5	0.6	0.7	0.7	0.9	0.9
860	0.6	0.6	0.6	0.7	0.8	0.8	1.0	0.9
870	0.7	0.7	0.7	0.8	0.9	0.9	1.1	1.0
880	0.8	0.8	0.8	0.9	1.0	1.0	1.2	1.1
890	0.9	0.9	0.9	1.0	1.1	1.1	1.2	1.2
900	1.1	1.0	1.1	1.1	1.2	1.2	1.3	1.3
910	1.2	1.2	1.2	1.2	1.3	1.3	1.4	1.4
920	1.3	1.3	1.3	1.4	1.4	1.4	1.5	1.5
930	1.5	1.4	1.5	1.5	1.6	1.6	1.7	1.6
940	1.6	1.6	1.6	1.7	1.7	1.7	1.8	1.7
950	1.8	1.7	1.8	1.8	1.8	1.8	1.9	1.9
960	2.0	1.9	1.9	1.9	2.0	2.0	2.0	2.0
970	2.1	2.0	2.1	2.1	2.1	2.1	2.2	2.1
980	2.3	2.2	2.2	2.2	2.3	2.2	2.3	2.2
990	2.5	2.3	2.4	2.4	2.4	2.4	2.4	2.4
1000	2.6	2.5	2.6	2.5	2.6	2.5	2.6	2.5

Tafel E 75 Finsternisse Tafel für Zeit (Stunde) und μ

Dez. von T	Stunde	μ	Dez. von T	Stunde	μ	Dez. von T	Stunde	μ	Dez. von T	Stunde	μ
	h m	°		h m	°		h m	°		h m	°
000	0 0	180	125	3 0	225	250	6 0	270	375	9 0	315
003	0 4	181	128	3 4	226	253	6 4	271	378	9 4	316
006	0 8	182	131	3 8	227	256	6 8	272	381	9 8	317
008	0 12	183	133	3 12	228	258	6 12	273	383	9 12	318
011	0 16	184	136	3 16	229	261	6 16	274	386	9 16	319
014	0 20	185	139	3 20	230	264	6 20	275	389	9 20	320
017	0 24	186	142	3 24	231	267	6 24	276	392	9 24	321
019	0 28	187	144	3 28	232	269	6 28	277	394	9 28	322
022	0 32	188	147	3 32	233	272	6 32	278	397	9 32	323
025	0 36	189	150	3 36	234	275	6 36	279	400	9 36	324
028	0 40	190	153	3 40	235	278	6 40	280	403	9 40	325
031	0 44	191	156	3 44	236	281	6 44	281	406	9 44	326
033	0 48	192	158	3 48	237	283	6 48	282	408	9 48	327
036	0 52	193	161	3 52	238	286	6 52	283	411	9 52	328
039	0 56	194	164	3 56	239	289	6 56	284	414	9 56	329
042	1 0	195	167	4 0	240	292	7 0	285	417	10 0	330
044	1 4	196	169	4 4	241	294	7 4	286	419	10 4	331
047	1 8	197	172	4 8	242	297	7 8	287	422	10 8	332
050	1 12	198	175	4 12	243	300	7 12	288	425	10 12	333
053	1 16	199	178	4 16	244	303	7 16	289	428	10 16	334
056	1 20	200	181	4 20	245	306	7 20	290	431	10 20	335
058	1 24	201	183	4 24	246	308	7 24	291	433	10 24	336
061	1 28	202	186	4 28	247	311	7 28	292	436	10 28	337
064	1 32	203	189	4 32	248	314	7 32	293	439	10 32	338
067	1 36	204	192	4 36	249	317	7 36	294	442	10 36	339
069	1 40	205	194	4 40	250	319	7 40	295	444	10 40	340
072	1 44	206	197	4 44	251	322	7 44	296	447	10 44	341
075	1 48	207	200	4 48	252	325	7 48	297	450	10 48	342
078	1 52	208	203	4 52	253	328	7 52	298	453	10 52	343
081	1 56	209	206	4 56	254	331	7 56	299	456	10 56	344
083	2 0	210	208	5 0	255	333	8 0	300	458	11 0	345
086	2 4	211	211	5 4	256	336	8 4	301	461	11 4	346
089	2 8	212	214	5 8	257	339	8 8	302	464	11 8	347
092	2 12	213	217	5 12	258	342	8 12	303	467	11 12	348
094	2 16	214	219	5 16	259	344	8 16	304	469	11 16	349
097	2 20	215	222	5 20	260	347	8 20	305	472	11 20	350
100	2 24	216	225	5 24	261	350	8 24	306	475	11 24	351
103	2 28	217	228	5 28	262	353	8 28	307	478	11 28	352
106	2 32	218	231	5 32	263	356	8 32	308	481	11 32	353
108	2 36	219	233	5 36	264	358	8 36	309	483	11 36	354
111	2 40	220	236	5 40	265	361	8 40	310	486	11 40	355
114	2 44	221	239	5 44	266	364	8 44	311	489	11 44	356
117	2 48	222	242	5 48	267	367	8 48	312	492	11 48	357
119	2 52	223	244	5 52	268	369	8 52	313	494	11 52	358
122	2 56	224	247	5 56	269	372	8 56	314	497	11 56	359
125	3 0	225	250	6 0	270	375	9 0	315	500	12 0	360

Tafel **E 75** Finsternisse Tafel für Zeit (Stunde) und μ

Dez. von T	Stunde	μ	Dez. von T	Stunde	μ	Dez. von T	Stunde	μ	Dez. von T	Stunde	μ
	h m	°		h m	°		h m	°		h m	°
500	12 0	0	625	15 0	45	750	18 0	90	875	21 0	135
503	12 4	1	628	15 4	46	753	18 4	91	878	21 4	136
506	12 8	2	631	15 8	47	756	18 8	92	881	21 8	137
508	12 12	3	633	15 12	48	758	18 12	93	883	21 12	138
511	12 16	4	636	15 16	49	761	18 16	94	886	21 16	139
514	12 20	5	639	15 20	50	764	18 20	95	889	21 20	140
517	12 24	6	642	15 24	51	767	18 24	96	892	21 24	141
519	12 28	7	644	15 28	52	769	18 28	97	894	21 28	142
522	12 32	8	647	15 32	53	772	18 32	98	897	21 32	143
525	12 36	9	650	15 36	54	775	18 36	99	900	21 36	144
528	12 40	10	653	15 40	55	778	18 40	100	903	21 40	145
531	12 44	11	656	15 44	56	781	18 44	101	906	21 44	146
533	12 48	12	658	15 48	57	783	18 48	102	908	21 48	147
536	12 52	13	661	15 52	58	786	18 52	103	911	21 52	148
539	12 56	14	664	15 56	59	789	18 56	104	914	21 56	149
542	13 0	15	667	16 0	60	792	19 0	105	917	22 0	150
544	13 4	16	669	16 4	61	794	19 4	106	919	22 4	151
547	13 8	17	672	16 8	62	797	19 8	107	922	22 8	152
550	13 12	18	675	16 12	63	800	19 12	108	925	22 12	153
553	13 16	19	678	16 16	64	803	19 16	109	928	22 16	154
556	13 20	20	681	16 20	65	806	19 20	110	931	22 20	155
558	13 24	21	683	16 24	66	808	19 24	111	933	22 24	156
561	13 28	22	686	16 28	67	811	19 28	112	936	22 28	157
564	13 32	23	689	16 32	68	814	19 32	113	939	22 32	158
567	13 36	24	692	16 36	69	817	19 36	114	942	22 36	159
569	13 40	25	694	16 40	70	819	19 40	115	944	22 40	160
572	13 44	26	697	16 44	71	822	19 44	116	947	22 44	161
575	13 48	27	700	16 48	72	825	19 48	117	950	22 48	162
578	13 52	28	703	16 52	73	828	19 52	118	953	22 52	163
581	13 56	29	706	16 56	74	831	19 56	119	956	22 56	164
583	14 0	30	708	17 0	75	833	20 0	120	958	23 0	165
586	14 4	31	711	17 4	76	836	20 4	121	961	23 4	166
589	14 8	32	714	17 8	77	839	20 8	122	964	23 8	167
592	14 12	33	717	17 12	78	842	20 12	123	967	23 12	168
594	14 16	34	719	17 16	79	844	20 16	124	969	23 16	169
597	14 20	35	722	17 20	80	847	20 20	125	972	23 20	170
600	14 24	36	725	17 24	81	850	20 24	126	975	23 24	171
603	14 28	37	728	17 28	82	853	20 28	127	978	23 28	172
606	14 32	38	731	17 32	83	856	20 32	128	981	23 32	173
608	14 36	39	733	17 36	84	858	20 36	129	983	23 36	174
611	14 40	40	736	17 40	85	861	20 40	130	986	23 40	175
614	14 44	41	739	17 44	86	864	20 44	131	989	23 44	176
617	14 48	42	742	17 48	87	867	20 48	132	992	23 48	177
619	14 52	43	744	17 52	88	869	20 52	133	994	23 52	178
622	14 56	44	747	17 56	89	872	20 56	134	997	23 56	179
625	15 0	45	750	18 0	90	875	21 0	135	1000	24 0	180

Tafel **E 76** Finsternisse Tafel für γ

P		*I*										
		0 1000	50 950	100 900	150 850	200 800	250 750	300 700	350 650	400 600	450 550	500
		—	—	—	—	—						
°	°											
341	199	1.59	1.59	1.61	1.63	1.66	—	—	—			
342	198	1.50	1.51	1.52	1.54	1.58	1.61	1.64	1.67	—	—	—
343	197	1.42	1.43	1.44	1.46	1.49	1.52	1.55	1.58	1.60	1.61	1.62
344	196	1.34	1.34	1.36	1.38	1.41	1.43	1.46	1.49	1.50	1.52	1.52
345	195	1.26	1.26	1.28	1.29	1.32	1.35	1.37	1.39	1.41	1.43	1.43
		—	—	—	—	—	—	—	—	—	—	—
346	194	1.18	1.18	1.19	1.21	1.23	1.26	1.28	1.30	1.32	1.33	1.34
347	193	1.10	1.10	1.11	1.12	1.15	1.17	1.19	1.21	1.23	1.24	1.24
348	192	1.01	1.01	1.02	1.04	1.06	1.08	1.10	1.12	1.14	1.15	1.15
349	191	0.93	0.93	0.94	0.95	0.97	0.99	1.01	1.03	1.04	1.05	1.06
350	190	0.85	0.85	0.85	0.87	0.89	0.90	0.92	0.94	0.95	0.96	0.96
		—	—	—	—	—	—	—	—	—	—	—
351	189	0.76	0.76	0.77	0.78	0.80	0.81	0.83	0.84	0.85	0.86	0.86
352	188	0.68	0.68	0.69	0.70	0.71	0.72	0.74	0.75	0.76	0.77	0.77
353	187	0.59	0.60	0.60	0.61	0.62	0.63	0.65	0.66	0.67	0.67	0.67
354	186	0.51	0.51	0.52	0.52	0.53	0.54	0.55	0.56	0.57	0.58	0.58
355	185	0.42	0.43	0.43	0.44	0.44	0.45	0.46	0.47	0.48	0.48	0.48
		—	—	—	—	—	—	—	—	—	—	—
356	184	0.34	0.34	0.34	0.35	0.36	0.36	0.37	0.38	0.38	0.38	0.39
357	183	0.25	0.26	0.26	0.26	0.27	0.27	0.28	0.28	0.29	0.29	0.29
358	182	0.17	0.17	0.17	0.17	0.18	0.18	0.18	0.19	0.19	0.19	0.19
359	181	0.09	0.09	0.09	0.09	0.09	0.09	0.09	0.09	0.10	0.10	0.10
360	180	0.00	0.00	0.00	0.00	0.00	0.00	0.00	0.00	0.00	0.00	0.00
		—	—	—	—	—	—	—	—	—	—	—
		+	+	+	+	+	+	+	+	+	+	+
0	180	0.00	0.00	0.00	0.00	0.00	0.00	0.00	0.00	0.00	0.00	0.00
1	179	0.09	0.09	0.09	0.09	0.09	0.09	0.09	0.09	0.10	0.10	0.10
2	178	0.17	0.17	0.17	0.17	0.18	0.18	0.18	0.19	0.19	0.19	0.19
3	177	0.25	0.26	0.26	0.26	0.27	0.27	0.28	0.28	0.29	0.29	0.29
4	176	0.34	0.34	0.34	0.35	0.36	0.36	0.37	0.38	0.38	0.38	0.39
		+	+	+	+	+	+	+	+	+	+	+
5	175	0.42	0.43	0.43	0.44	0.44	0.45	0.46	0.47	0.48	0.48	0.48
6	174	0.51	0.51	0.52	0.52	0.53	0.54	0.55	0.56	0.57	0.58	0.58
7	173	0.59	0.60	0.60	0.61	0.62	0.63	0.65	0.66	0.67	0.67	0.67
8	172	0.68	0.68	0.69	0.70	0.71	0.72	0.74	0.75	0.76	0.77	0.77
9	171	0.76	0.76	0.77	0.78	0.80	0.81	0.83	0.84	0.85	0.86	0.86
		+	+	+	+	+	+	+	+	+	+	+
10	170	0.85	0.85	0.85	0.87	0.89	0.90	0.92	0.94	0.95	0.96	0.96
11	169	0.93	0.93	0.94	0.95	0.97	0.99	1.01	1.03	1.04	1.05	1.06
12	168	1.01	1.01	1.02	1.04	1.06	1.08	1.10	1.12	1.14	1.15	1.15
13	167	1.10	1.10	1.11	1.12	1.15	1.17	1.19	1.21	1.23	1.24	1.24
14	166	1.18	1.18	1.19	1.21	1.23	1.26	1.28	1.30	1.32	1.33	1.34
		+	+	+	+	+	+	+	+	+	+	+
15	165	1.26	1.26	1.28	1.29	1.32	1.35	1.37	1.39	1.41	1.43	1.43
16	164	1.34	1.34	1.36	1.38	1.41	1.43	1.46	1.49	1.50	1.52	1.52
17	163	1.42	1.43	1.44	1.46	1.49	1.52	1.55	1.58	1.60	1.61	1.62
18	162	1.50	1.51	1.52	1.54	1.58	1.61	1.64	1.67	+	+	+
19	161	1.59	1.59	1.61	1.63	1.66	+	+	+			
		+	+	+	+	+						

Tafel **E 77** Finsternisse Tafel für *u*

I	*II* 0	100	200	300	400	500	600	700	800	900	1000
0	0.54	0.54	0.54	0.53	0.53	0.53	0.53	0.53	0.54	0.54	0.54
100	0.54	0.54	0.54	0.54	0.53	0.53	0.53	0.54	0.54	0.54	0.54
200	0.55	0.55	0.55	0.55	0.54	0.54	0.54	0.55	0.55	0.55	0.55
300	0.56	0.56	0.56	0.56	0.55	0.55	0.55	0.56	0.56	0.56	0.56
400	0.57	0.57	0.57	0.57	0.56	0.56	0.56	0.57	0.57	0.57	0.57
500	0.58	0.57	0.57	0.57	0.57	0.57	0.57	0.57	0.57	0.57	0.58
600	0.57	0.57	0.57	0.57	0.56	0.56	0.56	0.57	0.57	0.57	0.57
700	0.56	0.56	0.56	0.56	0.55	0.55	0.55	0.56	0.56	0.56	0.56
800	0.55	0.55	0.55	0.55	0.54	0.54	0.54	0.55	0.55	0.55	0.55
900	0.54	0.54	0.54	0.54	0.53	0.53	0.53	0.54	0.54	0.54	0.54
1000	0.54	0.54	0.54	0.53	0.53	0.53	0.53	0.53	0.54	0.54	0.54

Tafel **E 78** Finsternisse

Grösse der Finsternis		
in Zollen	in Teilen des Durchmessers	in Teilen der Oberfläche (digiti)
0	0.00	0.0
1	0.08	0.4
2	0.17	1.0
3	0.25	1.7
4	0.33	2.6
5	0.42	3.6
6	0.50	4.7
7	0.58	5.8
8	0.67	7.0
9	0.75	8.2
10	0.83	9.5
11	0.92	10.8
12	1.00	12.0

Um auffällig zu sein, muß eine Sonnenfinsternis folgende Mindestgröße haben:

9 Zoll bei hohem Sonnenstand
4—5 Zoll bei tiefem Sonnenstand

Die nachfolgenden Tafeln gelten nur für **nördliche** Breiten von 10° bis 60°.

Tafel **E 79** Finsternisse Stundenwinkel T_0 für Aufgang

L		Geographische Breite φ									
		60°	57°	54°	51°	48°	45°	42°	39°	36°	33°
90°	90°	221°	228°	233°	237°	241°	244°	247°	249°	251°	254°
85	95	221	228	233	238	241	244	247	249	252	254
80	100	222	229	234	238	242	245	247	250	252	254
75	105	223	230	235	239	242	245	248	250	252	254
70	110	225	231	236	240	243	246	249	251	253	255
65	115	228	233	238	241	244	247	250	252	254	255
60	120	230	235	239	243	246	248	251	253	254	256
55	125	233	238	241	245	247	250	252	254	255	257
50	130	236	240	244	247	249	251	253	255	256	258
45	135	240	243	246	249	251	253	255	256	258	259
40	140	243	246	249	251	253	255	256	258	259	260
35	145	246	249	251	253	255	256	258	259	260	261
30	150	250	252	254	256	257	258	259	260	261	262
25	155	253	255	256	258	259	260	261	262	263	264
20	160	256	258	259	260	261	262	263	264	264	265
15	165	260	261	262	263	263	264	265	265	266	266
10	170	263	264	264	265	266	266	266	267	267	267
5	175	267	267	267	268	268	268	268	268	269	269
0	180	270	270	270	270	270	270	270	270	270	270
355	185	273	273	273	272	272	272	272	272	271	271
350	190	277	276	276	275	274	274	274	273	273	273
345	195	280	279	278	277	277	276	275	275	274	274
340	200	284	282	281	280	279	278	277	276	276	275
335	205	287	285	284	282	281	280	279	278	277	276
330	210	290	288	286	284	283	282	281	280	279	278
325	215	294	291	289	287	285	284	282	281	280	279
320	220	297	294	291	289	287	285	284	282	281	280
315	225	300	297	294	291	289	287	285	284	282	281
310	230	304	300	296	293	291	289	287	285	284	282
305	235	307	302	299	295	293	290	288	286	285	283
300	240	310	305	301	297	294	292	289	287	286	284
295	245	312	307	302	299	296	293	290	288	286	285
290	250	315	309	304	300	297	294	291	289	287	285
285	255	317	310	305	301	298	295	292	290	288	286
280	260	318	311	306	302	298	295	293	290	288	286
275	265	319	312	307	302	299	296	293	291	288	286
270	270	319	312	307	303	299	296	293	291	289	286

Stundenwinkel für Untergang: $360^\circ - T_0$

Tafel **E 79** Finsternisse Stundenwinkel T_0 für Aufgang

L		Geographische Breite φ								
		33°	30°	27°	24°	21°	18°	15°	12°	9°
90°	90°	254°	255°	257°	259°	260°	262°	263°	265°	266°
85	95	254	255	257	259	260	262	263	265	266
80	100	254	256	257	259	261	262	263	265	266
75	105	254	256	258	259	261	262	264	265	266
70	110	255	256	258	260	261	262	264	265	266
65	115	255	257	259	260	261	263	264	265	266
60	120	256	258	259	261	262	263	264	266	267
55	125	257	258	260	261	262	264	265	266	267
50	130	258	259	261	262	263	264	265	266	267
45	135	259	260	261	262	263	264	265	266	267
40	140	260	261	262	263	264	265	266	267	268
35	145	261	262	263	264	265	266	266	267	268
30	150	262	263	264	265	266	266	267	268	268
25	155	264	264	265	266	266	267	267	268	268
20	160	265	265	266	266	267	267	268	268	269
15	165	266	267	267	267	268	268	268	269	269
10	170	267	268	268	268	268	269	269	269	269
5	175	269	269	269	269	269	269	269	270	270
0	180	270	270	270	270	270	270	270	270	270
355	185	271	271	271	271	271	271	271	270	270
350	190	273	272	272	272	272	271	271	271	271
345	195	274	273	273	273	272	272	272	271	271
340	200	275	275	274	274	273	273	272	272	271
335	205	276	276	275	274	274	273	273	272	272
330	210	278	277	276	275	274	274	273	272	272
325	215	279	278	277	276	275	274	274	273	272
320	220	280	279	278	277	276	275	274	273	272
315	225	281	280	279	278	277	276	275	274	273
310	230	282	281	279	278	277	276	275	274	273
305	235	283	282	280	279	278	276	275	274	273
300	240	284	282	281	279	278	277	276	274	273
295	245	285	283	281	280	279	277	276	275	274
290	250	285	284	282	280	279	278	276	275	274
285	255	286	284	282	281	279	278	276	275	274
280	260	286	284	283	281	279	278	277	275	274
275	265	286	285	283	281	280	278	277	275	274
270	270	286	285	283	281	280	278	277	275	274

Stundenwinkel für Untergang: $360° - T_0$

Sonnenfinsternisse — Tafel **E 80 A (P bei 0°)**

L = 0° — τ — Arg. — Γ — **L = 0°**

Geographische Breite φ 60°	50°	40°	30°	20°	10°	λ + μ	Geographische Breite φ 60°	50°	40°	30°	20°	10°
0°*						260°	0.01*					
0	−5°*	−10°*				270	0.01	0.02*	0.08*			
0	−5	−10	−14°*	−18°*		280	0.01	0.02	0.07	0.14*	0.24*	
0	−5	−10	−14	−18	−21°*	290	0.02	0.03	0.08	0.14	0.24	0.37*
+1	−4	−9	−13	−17	−21	300	0.04	0.05	0.10	0.16	0.25	0.38
+3	−2	−7	−12	−16	−20	310	0.07	0.09	0.13	0.19	0.28	0.40
+5	0	−4	−9	−14	−18	320	0.11	0.13	0.18	0.24	0.34	0.44
+7	+3	−1	−5	−10	−14	330	0.15	0.19	0.25	0.32	0.41	0.51
+9	+6	+3	−1	−5	−9	340	0.20	0.26	0.33	0.41	0.51	0.62
+12	+10	+8	+5	+1	−3	350	0.26	0.33	0.43	0.53	0.63	0.74
+15	+14	+13	+11	+8	+4	0	0.31	0.40	0.53	0.65	0.77	0.88
+17	+17	+17	+16	+14	+11	10	0.36	0.48	0.61	0.75	0.89	1.02
+19	+20	+21	+20	+19	+16	20	0.40	0.54	0.69	0.84	0.99	1.13
+21	+23	+23	+23	+23	+21	30	0.44	0.59	0.74	0.90	1.07	1.23
+22	+24	+25	+26	+25	+24	40	0.47	0.62	0.78	0.95	1.12	1.28
+23	+25	+26	+27	+26	+25	50	0.49	0.64	0.81	0.98	1.15	1.31
+24	+26	+27	+28	+27	+26	60	0.50	0.65	0.82	0.99	1.16	1.33
+24*	+26*	+27*	+28*	+27*	+26*	70	0.50*	0.65*	0.82*	0.99*	1.16*	1.33*

$t = \lambda + \mu + \tau$ — * Sonne unter dem Horizont

L = 180° — τ — Arg. — Γ — **L = 180°**

Geographische Breite φ 60°	50°	40°	30°	20°	10°	λ + μ	Geographische Breite φ 60°	50°	40°	30°	20°	10°
−20°*						280°	0.33*					
−20	−23°*	−25°*	−27°*	−27°*	−27°*	290	0.33	0.47*	0.63*	0.79*	0.96*	1.14*
−20	−23	−25	−27	−27	−27	300	0.33	0.47	0.63	0.79	0.96	1.14
−20	−23	−25	−26	−27	−27	310	0.32	0.46	0.62	0.79	0.96	1.13
−19	−21	−23	−25	−25	−25	320	0.31	0.45	0.60	0.77	0.94	1.11
−17	−19	−21	−22	−22	−22	330	0.29	0.42	0.57	0.73	0.90	1.07
−15	−17	−18	−18	−18	−17	340	0.27	0.39	0.54	0.69	0.85	1.02
−12	−13	−13	−13	−12	−10	350	0.24	0.35	0.49	0.63	0.78	0.94
−9	−9	−8	−7	−5	−3	0	0.21	0.30	0.42	0.56	0.70	0.85
−7	−5	−3	−1	+2	+5	10	0.17	0.26	0.36	0.48	0.61	0.76
−4	−1	+2	+6	+9	+12	20	0.14	0.21	0.30	0.41	0.53	0.67
−1	+3	+7	+11	+15	+18	30	0.11	0.17	0.25	0.35	0.47	0.61
+1	+6	+10	+14	+18	+21	40	0.08	0.13	0.21	0.31	0.43	0.57
+3	+8	+12	+16	+20	+23	50	0.06	0.11	0.18	0.28	0.40	0.55
+4	+9	+14	+18	+21	+24	60	0.04	0.09	0.17	0.27	0.39	0.53
+5	+10	+15	+19	+22*	+24*	70	0.03	0.08	0.16	0.26	0.38*	0.53*
+6	+11*	+15*	+18*			80	0.03	0.08*	0.16*	0.26*		
+6*						90	0.03*					

$t = \lambda + \mu + \tau$ — * Sonne unter dem Horizont

Sonnenfinsternisse

Tafel E 80 A (P bei 0°)

L = 10° τ Arg. Γ L = 10°

τ: Geogr. Breite φ 60°	50°	40°	30°	20°	10°	λ + μ	Γ: Geogr. Breite φ 60°	50°	40°	30°	20°	10°
0°*	−5°*					260°	0.01*	0.02*				
−1	−5	−9°*				270	0.01	0.02	0.06*			
−1	−5	−10	−14°*	−18°*	−21°*	280	0.02	0.03	0.06	0.14*	0.25*	0.37*
0	−5	−10	−14	−18	−21	290	0.03	0.05	0.08	0.15	0.26	0.37
+1	−4	−9	−14	−18	−21	300	0.06	0.07	0.11	0.18	0.28	0.39
+2	−3	−7	−12	−16	−20	310	0.09	0.11	0.15	0.22	0.31	0.42
+4	0	−5	−10	−14	−18	320	0.13	0.16	0.21	0.28	0.37	0.48
+6	+2	−2	−6	−11	−15	330	0.18	0.22	0.28	0.36	0.45	0.56
+8	+5	+2	−2	−6	−11	340	0.23	0.29	0.36	0.45	0.55	0.66
+11	+9	+7	+4	0	−5	350	0.29	0.37	0.46	0.57	0.67	0.78
+14	+13	+11	+9	+6	+2	0	0.34	0.44	0.55	0.68	0.81	0.93
+17	+16	+16	+14	+12	+9	10	0.38	0.50	0.64	0.78	0.93	1.06
+19	+19	+20	+19	+18	+15	20	0.42	0.56	0.71	0.87	1.03	1.17
+20	+22	+23	+23	+22	+20	30	0.46	0.60	0.76	0.93	1.10	1.25
+22	+24	+25	+25	+24	+23	40	0.48	0.63	0.80	0.97	1.14	1.30
+23	+25	+26	+27	+26	+25	50	0.49	0.65	0.81	0.99	1.16	1.33
+24	+26	+27	+27	+27	+26	60	0.50	0.66	0.82	0.99	1.16	1.33
+24	+26*	+27*	+27*	+27*	+26*	70	0.49	0.64*	0.81*	0.98*	1.15*	1.32*
+23*						80	0.48*					

$t = \lambda + \mu + \tau$ * Sonne unter dem Horizont

L = 190° τ Arg. Γ L = 190°

τ: Geogr. Breite φ 60°	50°	40°	30°	20°	10°	λ + μ	Γ: Geogr. Breite φ 60°	50°	40°	30°	20°	10°
−20°*	−23°*	−25°*	−27°*	−27°*	−27°*	290°	0.33*	0.47*	0.63*	0.79*	0.97*	1.14*
−20	−23	−25	−27	−27	−27	300	0.32	0.46	0.62	0.78	0.96	1.13
−20	−23	−25	−26	−27	−27	310	0.31	0.45	0.60	0.77	0.94	1.11
−19	−21	−24	−25	−25	−25	320	0.29	0.42	0.57	0.74	0.91	1.08
−17	−19	−21	−22	−23	−22	330	0.27	0.39	0.54	0.70	0.87	1.03
−15	−17	−18	−19	−19	−18	340	0.24	0.36	0.49	0.65	0.81	0.97
−12	−13	−14	−14	−13	−11	350	0.21	0.31	0.44	0.58	0.73	0.88
−10	−9	−9	−8	−6	−4	0	0.17	0.26	0.38	0.51	0.65	0.79
−7	−5	−3	−1	+2	+4	10	0.14	0.21	0.31	0.43	0.56	0.70
−4	−1	+2	+5	+8	+11	20	0.11	0.17	0.26	0.37	0.49	0.62
−1	+2	+6	+10	+14	+17	30	0.08	0.13	0.21	0.32	0.44	0.57
+1	+5	+10	+14	+18	+21	40	0.06	0.10	0.18	0.28	0.41	0.54
+3	+8	+12	+17	+20	+23	50	0.04	0.09	0.16	0.26	0.39	0.53
+5	+9	+14	+18	+21	+24	60	0.03	0.08	0.15	0.26	0.39	0.53
+5	+10	+15	+19*	+22*	+24*	70	0.03	0.07	0.15	0.26*	0.40*	0.54*
+6*	+11*	+15*				80	0.03*	0.08*	0.16*			

$t = \lambda + \mu + \tau$ * Sonne unter dem Horizont

Sonnenfinsternisse Tafel **E 80 A (P bei 0°)**

L = 20° τ Arg. Γ **L = 20°**

τ 60°	τ 50°	τ 40°	τ 30°	τ 20°	τ 10°	λ + μ	Γ 60°	Γ 50°	Γ 40°	Γ 30°	Γ 20°	Γ 10°
0°*						250°	0.00*					
−1	−5°*					260	0.00	0.02*				
−1	−6	−10°*	−14°*			270	0.01	0.02	0.07*	0.15*		
−1	−6	−11	−15	−18°*		280	0.02	0.04	0.08	0.16	0.25*	
−1	−6	−11	−15	−19	−22°*	290	0.04	0.06	0.10	0.17	0.27	0.38*
0	−5	−10	−14	−18	−22	300	0.07	0.09	0.14	0.21	0.30	0.40
+1	−4	−8	−13	−17	−21	310	0.11	0.14	0.19	0.26	0.34	0.44
+3	−2	−6	−11	−15	−19	320	0.15	0.19	0.25	0.32	0.41	0.51
+5	+1	−3	−7	−12	−16	330	0.20	0.25	0.32	0.40	0.50	0.60
+7	+4	+1	−3	−8	−12	340	0.25	0.32	0.41	0.50	0.60	0.70
+10	+8	+5	+2	−2	−6	350	0.30	0.40	0.50	0.61	0.72	0.83
+13	+12	+10	+8	+5	+1	0	0.35	0.47	0.59	0.72	0.85	0.97
+16	+16	+15	+13	+11	+8	10	0.40	0.53	0.67	0.82	0.96	1.09
+18	+19	+19	+18	+17	+14	20	0.43	0.58	0.74	0.90	1.06	1.20
+20	+21	+22	+22	+21	+19	30	0.46	0.62	0.78	0.95	1.12	1.27
+21	+23	+24	+25	+24	+23	40	0.48	0.64	0.81	0.98	1.15	1.31
+22	+25	+26	+26	+26	+25	50	0.49	0.65	0.81	0.99	1.16	1.32
+23	+25	+27	+27	+27	+26	60	0.49	0.64	0.81	0.98	1.16	1.32
+23	+25	+27	+28*	+27*	+26*	70	0.48	0.63	0.79	0.96*	1.14*	1.30*
+23	+25*	+27*				80	0.46	0.61*	0.76*			
+23*						90	0.44*					

$t = \lambda + \mu + \tau$ * Sonne unter dem Horizont

L = 200° τ Arg. Γ **L = 200°**

τ 60°	τ 50°	τ 40°	τ 30°	τ 20°	τ 10°	λ + μ	Γ 60°	Γ 50°	Γ 40°	Γ 30°	Γ 20°	Γ 10°
				−27°*	−27°*	290°					0.96*	1.14*
−20°*	−23°*	−25°*	−27°*	−27	−27	300	0.32*	0.45*	0.60*	0.77*	0.94	1.11
−19	−22	−24	−26	−27	−27	310	0.30	0.43	0.58	0.74	0.91	1.08
−18	−21	−23	−25	−26	−25	320	0.27	0.39	0.54	0.70	0.87	1.04
−17	−19	−21	−23	−23	−22	330	0.25	0.36	0.50	0.66	0.82	0.98
−15	−17	−18	−19	−19	−18	340	0.22	0.32	0.45	0.60	0.75	0.91
−12	−13	−14	−14	−13	−12	350	0.18	0.27	0.39	0.52	0.66	0.82
−9	−9	−9	−8	−6	−4	0	0.15	0.22	0.33	0.45	0.58	0.73
−6	−5	−4	−1	+1	+3	10	0.12	0.18	0.27	0.38	0.50	0.65
−3	−1	+2	+5	+8	+11	20	0.09	0.14	0.22	0.32	0.44	0.58
−1	+3	+6	+10	+14	+17	30	0.07	0.11	0.18	0.28	0.40	0.54
+2	+6	+10	+14	+18	+21	40	0.05	0.09	0.16	0.26	0.38	0.53
+4	+8	+13	+17	+20	+23	50	0.04	0.08	0.15	0.26	0.38	0.53
+5	+10	+14	+18	+21	+24	60	0.04	0.08	0.16	0.26	0.39	0.55
+6	+11	+15*	+19*	+22*	+25*	70	0.04	0.08	0.17*	0.28*	0.41*	0.57*
+6*	+11*					80	0.05*	0.10*				

$t = \lambda + \mu + \tau$ * Sonne unter dem Horizont

Sonnenfinsternisse **Tafel E 80 A (P bei 0°)**

L = 30° τ Arg. Γ **L = 30**

Geographische Breite φ 60°	50°	40°	30°	20°	10°	λ + μ	Geographische Breite φ 60°	50°	40°	30°	20°	10°
0°*						240°	0.01*					
− 1	− 5°*					250	0.01	0.02*				
− 2	− 6*					260	0.01	0.02*				
− 2	− 7	−11°*	−14°*			270	0.02	0.04	0.08*	0.15*		
− 2	− 7	−11	−15	−18°*	−21°*	280	0.04	0.06	0.09	0.16	0.26*	0.39*
− 2	− 7	−11	−15	−19	−22	290	0.06	0.08	0.12	0.19	0.29	0.41
− 1	− 6	−11	−15	−19	−22	300	0.10	0.12	0.16	0.23	0.33	0.44
0	− 5	−10	−14	−18	−21	310	0.14	0.17	0.21	0.29	0.38	0.49
+ 2	− 3	− 8	−12	−16	−20	320	0.18	0.22	0.27	0.36	0.44	0.56
+ 4	0	− 5	− 9	−13	−17	330	0.23	0.29	0.35	0.44	0.53	0.65
+ 6	+ 3	− 1	− 5	− 9	−13	340	0.28	0.36	0.44	0.54	0.65	0.77
+ 9	+ 7	+ 4	0	− 4	− 8	350	0.33	0.44	0.54	0.65	0.77	0.89
+12	+10	+ 9	+ 6	+ 3	− 1	0	0.38	0.50	0.63	0.75	0.89	1.02
+14	+14	+13	+12	+10	+ 7	10	0.42	0.55	0.69	0.85	1.00	1.14
+17	+17	+17	+17	+16	+13	20	0.45	0.60	0.75	0.92	1.08	1.24
+19	+20	+21	+21	+21	+19	30	0.47	0.63	0.79	0.96	1.14	1.30
+20	+22	+24	+24	+24	+23	40	0.49	0.64	0.80	0.98	1.15	1.32
+22	+24	+26	+26	+26	+25	50	0.49	0.64	0.80	0.98	1.15	1.32
+22	+25	+26	+27	+27	+26	60	0.48	0.63	0.79	0.97	1.15	1.30
+23	+25	+26	+27	+27*	+26*	70	0.46	0.61	0.77	0.94	1.11*	1.28*
+23	+25*	+26*	+27*			80	0.44	0.58*	0.73*	0.89*		
+22*						90	0.42*					

$t = \lambda + \mu + \tau$ * Sonne unter dem Horizont

L = 210° τ Arg. Γ **L = 210°**

Geographische Breite φ 60°	50°	40°	30°	20°	10°	λ + μ	Geographische Breite φ 60°	50°	40°	30°	20°	10°
					−27°*	290°						1.11*
−19°*	−22°*	−25°*	−27°*	−27°*	−27	300	0.29*	0.42*	0.58*	0.74*	0.91*	1.08
−19	−22	−24	−26	−27	−27	310	0.27	0.39	0.55	0.71	0.87	1.04
−18	−21	−23	−25	−26	−26	320	0.24	0.35	0.50	0.66	0.82	0.99
−16	−19	−21	−23	−23	−23	330	0.21	0.31	0.46	0.61	0.76	0.93
−14	−16	−18	−19	−19	−19	340	0.17	0.27	0.40	0.54	0.69	0.85
−12	−13	−14	−14	−14	−13	350	0.14	0.22	0.34	0.47	0.61	0.76
− 9	− 9	− 9	− 8	− 7	− 5	0	0.10	0.18	0.28	0.40	0.52	0.67
− 6	− 5	− 3	− 1	+ 1	+ 3	10	0.07	0.13	0.22	0.33	0.45	0.60
− 3	− 1	+ 2	+ 5	+ 8	+11	20	0.05	0.10	0.18	0.29	0.40	0.55
0	+ 3	+ 7	+11	+14	+17	30	0.03	0.08	0.15	0.26	0.38	0.52
+ 2	+ 6	+11	+15	+18	+21	40	0.02	0.06	0.15	0.25	0.37	0.52
+ 4	+ 9	+13	+17	+21	+24	50	0.02	0.06	0.15	0.26	0.38	0.54
+ 6	+11	+15	+19	+22	+25	60	0.02	0.07	0.17	0.28	0.41	0.57
+ 7*	+11*	+16*	+20*	+23*	+25*	70	0.03*	0.09*	0.19*	0.31*	0.44*	0.60*

$t = \lambda + \mu + \tau$ * Sonne unter dem Horizont

Sonnenfinsternisse — Tafel **E 80 A (P bei 0°)**

L = 40° — τ — Arg. — Γ — **L = 40°**

τ: Geographische Breite φ 60°	50°	40°	30°	20°	10°	λ + μ	Γ: Geographische Breite φ 60°	50°	40°	30°	20°	10°
− 1°*						240°	0.00*					
− 2	− 5°*					250	0.00	0.02*				
− 3	− 6	−10°*				260	0.01	0.03	0.08*			
− 3	− 7	−11	−15°*			270	0.03	0.05	0.09	0.17*		
− 3	− 8	−12	−16	−19°*	−22°*	280	0.05	0.07	0.11	0.19	0.29*	0.40*
− 3	− 8	−12	−16	−20	−23	290	0.08	0.10	0.15	0.23	0.32	0.44
− 2	− 7	−12	−16	−20	−23	300	0.12	0.14	0.19	0.27	0.37	0.48
− 1	− 6	−11	−15	−19	−23	310	0.16	0.19	0.25	0.33	0.43	0.53
0	− 4	− 9	−14	−18	−21	320	0.20	0.25	0.32	0.40	0.50	0.61
+ 2	− 2	− 6	−11	−15	−18	330	0.25	0.31	0.40	0.48	0.59	0.70
+ 5	+ 1	− 2	− 7	−11	−14	340	0.30	0.39	0.48	0.58	0.69	0.81
+ 7	+ 5	+ 2	− 1	− 5	− 9	350	0.35	0.45	0.57	0.69	0.82	0.94
+10	+ 9	+ 7	+ 5	+ 2	− 2	0	0.39	0.51	0.65	0.80	0.93	1.06
+13	+13	+12	+11	+ 9	+ 6	10	0.43	0.57	0.71	0.88	1.03	1.18
+16	+16	+16	+16	+15	+13	20	0.46	0.61	0.76	0.94	1.10	1.26
+18	+19	+20	+21	+20	+19	30	0.47	0.62	0.79	0.96	1.14	1.30
+20	+22	+23	+24	+24	+23	40	0.48	0.63	0.79	0.97	1.15	1.31
+21	+23	+25	+26	+26	+25	50	0.47	0.62	0.78	0.95	1.13	1.29
+22	+24	+26	+27	+27	+26	60	0.46	0.61	0.75	0.92	1.10	1.27
+22	+24	+26	+27	+27*	+27*	70	0.44	0.58	0.72	0.89	1.06*	1.22*
+22	+24	+26*	+27*			80	0.42	0.54	0.69*	0.84*		
+22	+24*					90	0.39	0.50*				
+21*						100	0.35*					

$t = \lambda + \mu + \tau$ * Sonne unter dem Horizont

L = 220° — τ — Arg. — Γ — **L = 220°**

τ: Geographische Breite φ 60°	50°	40°	30°	20°	10°	λ + μ	Γ: Geographische Breite φ 60°	50°	40°	30°	20°	10°
	−22°*	−24°*	−26°*	−27°*	−28°*	300°		0.40*	0.55*	0.71*	0.88*	1.05*
−18°*	−21	−24	−26	−27	−27	310	0.24*	0.37	0.51	0.66	0.83	1.00
−17	−20	−23	−25	−26	−26	320	0.21	0.33	0.46	0.61	0.77	0.94
−15	−18	−21	−22	−23	−23	330	0.18	0.28	0.40	0.55	0.70	0.86
−13	−15	−17	−18	−19	−19	340	0.14	0.23	0.34	0.48	0.63	0.78
−11	−12	−13	−13	−13	−12	350	0.11	0.18	0.28	0.40	0.55	0.70
− 8	− 8	− 8	− 7	− 6	− 5	0	0.08	0.14	0.23	0.34	0.47	0.61
− 5	− 4	− 2	0	+ 2	+ 4	10	0.05	0.11	0.18	0.28	0.41	0.54
− 2	+ 1	+ 3	+ 6	+ 9	+12	20	0.03	0.08	0.15	0.25	0.38	0.51
+ 1	+ 5	+ 8	+12	+15	+18	30	0.02	0.07	0.14	0.24	0.37	0.51
+ 4	+ 8	+12	+16	+19	+22	40	0.02	0.07	0.15	0.25	0.38	0.53
+ 6	+10	+14	+18	+22	+24	50	0.02	0.08	0.16	0.27	0.41	0.56
+ 7*	+12	+16	+20	+23	+25	60	0.03*	0.10	0.19	0.30	0.45	0.60
	+13*	+17*	+20*	+23*	+25*	70		0.12*	0.22*	0.34*	0.49*	0.64*

$t = \lambda + \mu + \tau$ * Sonne unter dem Horizont

Sonnenfinsternisse — Tafel **E 80 A (P bei 0°)**

L = 50° — τ — Arg. — Γ — **L = 50°**

τ: Geogr. Breite φ 60°	50°	40°	30°	20°	10°	λ + μ	Γ: Geogr. Breite φ 60°	50°	40°	30°	20°	10°
0°*						230°	0.00*					
− 2	− 5°*					240	0.00	0.02*				
− 3	− 7*					250	0.01	0.03*				
− 4	− 8	−11°*				260	0.02	0.04	0.09*			
− 4	− 9	−12	−16°*			270	0.04	0.06	0.11	0.19*		
− 5	− 9	−13	−17	−20°*	−22°*	280	0.06	0.09	0.14	0.21	0.32*	0.44*
− 5	− 9	−14	−18	−21	−23	290	0.09	0.13	0.17	0.25	0.35	0.47
− 4	− 9	−13	−18	−21	−24	300	0.13	0.17	0.22	0.30	0.40	0.52
− 3	− 8	−12	−17	−20	−23	310	0.18	0.22	0.29	0.37	0.47	0.58
− 1	− 6	−11	−15	−19	−22	320	0.22	0.28	0.35	0.44	0.54	0.67
+ 1	− 3	− 8	−12	−16	−20	330	0.27	0.35	0.43	0.53	0.64	0.76
+ 3	0	− 4	− 8	−12	−16	340	0.32	0.41	0.51	0.63	0.74	0.87
+ 6	+ 3	+ 1	− 3	− 6	−10	350	0.37	0.48	0.60	0.73	0.85	0.98
+ 9	+ 7	+ 6	+ 3	+ 1	− 3	0	0.41	0.53	0.68	0.82	0.97	1.11
+12	+11	+11	+10	+ 8	+ 5	10	0.43	0.58	0.73	0.90	1.06	1.21
+14	+15	+16	+15	+15	+13	20	0.46	0.61	0.77	0.94	1.12	1.28
+16	+18	+20	+20	+20	+19	30	0.47	0.62	0.78	0.96	1.14	1.30
+18	+21	+22	+23	+23	+22	40	0.47	0.61	0.78	0.95	1.13	1.30
+20	+22	+24	+26	+26	+25	50	0.46	0.60	0.76	0.93	1.10	1.27
+21	+23	+26	+27	+27	+27	60	0.44	0.58	0.72	0.89	1.06	1.22
+21	+24	+26	+27	+28*	+27*	70	0.42	0.54	0.68	0.84	1.01*	1.17*
+21	+24	+26	+27*			80	0.39	0.51	0.64	0.79*		
+21	+23	+25*				90	0.36	0.47	0.59*			
+20	+22*					100	0.32	0.42*				
+19*						110	0.29*					

$t = \lambda + \mu + \tau$ — * Sonne unter dem Horizont

L = 230° — τ — Arg. — Γ — **L = 230°**

τ: Geogr. Breite φ 60°	50°	40°	30°	20°	10°	λ + μ	Γ: Geogr. Breite φ 60°	50°	40°	30°	20°	10°
		−24°*	−26°*	−27°*	−28°*	300°			0.51*	0.67*	0.83*	0.99*
−17°*	−20°*	−23	−25	−27	−27	310	0.21*	0.32*	0.47	0.62	0.78	0.94
−16	−19	−22	−24	−25	−26	320	0.18	0.28	0.42	0.56	0.71	0.87
−14	−17	−19	−21	−22	−23	330	0.14	0.23	0.35	0.49	0.64	0.79
−12	−14	−16	−17	−18	−19	340	0.11	0.19	0.29	0.42	0.56	0.71
− 9	−10	−12	−12	−12	−12	350	0.08	0.14	0.24	0.35	0.48	0.62
− 6	− 6	− 6	− 6	− 5	− 4	0	0.05	0.10	0.19	0.30	0.41	0.55
− 3	− 2	− 1	+ 1	+ 3	+ 5	10	0.03	0.08	0.16	0.25	0.37	0.50
0	+ 2	+ 5	+ 7	+10	+12	20	0.02	0.06	0.14	0.24	0.35	0.49
+ 3	+ 6	+ 9	+13	+16	+18	30	0.01	0.06	0.14	0.24	0.37	0.51
+ 5	+ 9	+13	+17	+20	+22	40	0.02	0.07	0.16	0.27	0.40	0.54
+ 7*	+11	+16	+19	+22	+24	50	0.03*	0.09	0.19	0.30	0.44	0.59
	+13*	+17*	+21*	+24*	+26	60		0.12*	0.22*	0.35*	0.49*	0.64
					+26*	70						0.69*

$t = \lambda + \mu + \tau$ — * Sonne unter dem Horizont

Sonnenfinsternisse

Tafel E 80 A (P bei 0°)

L = 60° τ Arg. Γ **L = 60°**

τ: Geographische Breite φ 60°	50°	40°	30°	20°	10°	λ + μ	Γ: Geographische Breite φ 60°	50°	40°	30°	20°	10°
−2°*						230°	0.01*					
−3	−6°*					240	0.01	0.04*				
−4	−8*					250	0.02	0.05*				
−5	−9	−13°*				260	0.04	0.06	0.11*			
−6	−10	−14	−17°*			270	0.06	0.09	0.14	0.22*		
−6	−11	−15	−18	−21°*	−23°*	280	0.09	0.12	0.17	0.25	0.35*	0.49*
−6	−11	−15	−19	−22	−24	290	0.12	0.16	0.21	0.30	0.40	0.52
−6	−10	−15	−19	−22	−25	300	0.16	0.20	0.26	0.36	0.45	0.57
−5	−9	−14	−18	−21	−24	310	0.20	0.26	0.33	0.42	0.52	0.65
−3	−8	−12	−16	−20	−23	320	0.24	0.31	0.40	0.50	0.60	0.73
−1	−5	−9	−13	−17	−20	330	0.29	0.38	0.48	0.58	0.69	0.82
+1	−2	−6	−9	−13	−16	340	0.34	0.44	0.55	0.68	0.80	0.94
+4	+2	−1	−4	−7	−10	350	0.38	0.50	0.63	0.77	0.91	1.06
+7	+6	+4	+2	0	−3	0	0.41	0.55	0.70	0.86	1.01	1.16
+10	+10	+10	+9	+8	+5	10	0.44	0.59	0.75	0.92	1.08	1.24
+13	+14	+15	+15	+14	+13	20	0.45	0.61	0.78	0.95	1.10	1.29
+15	+17	+19	+20	+20	+19	30	0.46	0.61	0.78	0.95	1.11	1.30
+17	+20	+22	+23	+24	+23	40	0.45	0.60	0.76	0.93	1.09	1.27
+19	+22	+24	+25	+26	+26	50	0.43	0.58	0.73	0.89	1.05	1.24
+20	+23	+25	+27	+27	+27	60	0.41	0.54	0.69	0.84	1.00	1.18
+20	+23	+25	+27	+27	+27*	70	0.39	0.51	0.64	0.79	0.94	1.11*
+20	+23	+25	+27*	+27*		80	0.35	0.47	0.59	0.73*	0.88*	
+20	+22	+24*				90	0.32	0.43	0.54*			
+19	+21*					100	0.29	0.38*				
+18	+20*					110	0.25	0.34*				
+17*						120	0.22*					

$t = \lambda + \mu + \tau$ * Sonne unter dem Horizont

L = 240° τ Arg. Γ **L = 240°**

τ: Geographische Breite φ 60°	50°	40°	30°	20°	10°	λ + μ	Γ: Geographische Breite φ 60°	50°	40°	30°	20°	10°
		−23°*	−25°*	−27°*	−27°*	300°			0.46*	0.61*	0.78*	0.94*
	−19°*	−22	−25	−26	−26	310		0.28*	0.41	0.55	0.72	0.87
−14°*	−17	−21	−23	−25	−25	320	0.15*	0.24	0.35	0.49	0.65	0.81
−12	−15	−18	−20	−22	−23	330	0.11	0.19	0.29	0.43	0.57	0.73
−10	−13	−15	−16	−17	−18	340	0.08	0.15	0.24	0.36	0.49	0.65
−7	−9	−10	−11	−11	−11	350	0.05	0.11	0.19	0.30	0.43	0.57
−4	−4	−4	−4	−4	−3	0	0.03	0.08	0.15	0.25	0.37	0.51
−1	0	+1	+3	+4	+6	10	0.02	0.06	0.13	0.22	0.34	0.48
+2	+4	+7	+9	+12	+14	20	0.02	0.06	0.13	0.23	0.35	0.49
+5	+8	+11	+14	+17	+19	30	0.03	0.07	0.15	0.25	0.38	0.53
+7	+11	+15	+18	+21	+23	40	0.04	0.10	0.18	0.29	0.43	0.58
+9*	+13	+17	+21	+23	+25	50	0.06*	0.13	0.22	0.34	0.49	0.64
	+14*	+18*	+22*	+24*	+26	60		0.16*	0.26*	0.39*	0.54*	0.70
					+26*	70						0.76*

$t = \lambda + \mu + \tau$ * Sonne unter dem Horizont

Sonnenfinsternisse **Tafel E 80 A (P bei 0°)**

L = 70°

τ Geographische Breite φ 60°	50°	40°	30°	20°	10°	Arg. λ + μ	Γ Geographische Breite φ 60°	50°	40°	30°	20°	10°
−2°*						220°	0.01*					
−3	−6°*					230	0.01	0.04*				
−5	−8*					240	0.02	0.05*				
−6	−10*					250	0.04	0.06*				
−7	−11	−14°*				260	0.06	0.09	0.15*			
−8	−12	−16	−18°*			270	0.08	0.12	0.17	0.25*		
−8	−12	−17	−19	−22°*		280	0.11	0.16	0.21	0.29	0.40*	
−8	−12	−17	−20	−23	−25°*	290	0.15	0.19	0.26	0.34	0.45	0.58*
−7	−12	−16	−20	−23	−25	300	0.19	0.24	0.32	0.40	0.51	0.64
−6	−11	−15	−19	−23	−25	310	0.23	0.30	0.38	0.47	0.58	0.71
−5	−10	−14	−18	−21	−23	320	0.27	0.35	0.45	0.54	0.66	0.79
−3	−7	−11	−15	−18	−21	330	0.32	0.41	0.52	0.63	0.75	0.88
0	−4	−7	−11	−14	−17	340	0.36	0.47	0.59	0.71	0.85	0.98
+2	0	−2	−6	−8	−10	350	0.39	0.52	0.65	0.79	0.94	1.09
+5	+4	+3	+1	0	−2	0	0.42	0.56	0.71	0.87	1.03	1.19
+8	+9	+9	+8	+7	+6	10	0.44	0.59	0.75	0.92	1.09	1.26
+11	+13	+14	+14	+14	+14	20	0.45	0.60	0.77	0.93	1.11	1.28
+14	+16	+18	+19	+20	+19	30	0.44	0.60	0.76	0.92	1.09	1.26
+16	+19	+21	+23	+24	+23	40	0.43	0.58	0.73	0.89	1.05	1.22
+17	+20	+23	+25	+26	+26	50	0.41	0.55	0.69	0.84	1.00	1.16
+18	+22	+24	+26	+27	+27	60	0.39	0.51	0.64	0.79	0.94	1.10
+19	+22	+25	+26	+27	+27*	70	0.36	0.47	0.59	0.73	0.88	1.04*
+19	+22	+24	+26*	+27*		80	0.32	0.43	0.54	0.67*	0.82*	
+18	+21	+24*				90	0.29	0.38	0.49*			
+18	+20*					100	0.25	0.34*				
+17	+19*					110	0.22	0.30*				
+16*						120	0.18*					

$t = \lambda + \mu + \tau$ * Sonne unter dem Horizont

L = 250°

τ Geographische Breite φ 60°	50°	40°	30°	20°	10°	Arg. λ + μ	Γ Geographische Breite φ 60°	50°	40°	30°	20°	10°
			−24°*	−26°*	−27°*	300°				0.55*	0.71*	0.87*
	−17°*	−21°*	−24	−26	−27	310		0.22*	0.35*	0.49	0.65	0.81
−12°*	−16	−19	−22	−24	−25	320	0.10*	0.18	0.29	0.42	0.57	0.73
−10	−13	−16	−19	−21	−22	330	0.07	0.13	0.23	0.36	0.50	0.65
−8	−10	−12	−14	−16	−17	340	0.05	0.10	0.18	0.29	0.43	0.57
−5	−6	−7	−9	−10	−10	350	0.03	0.07	0.14	0.24	0.37	0.50
−2	−2	−2	−2	−2	−1	0	0.02	0.05	0.13	0.22	0.34	0.47
+1	+3	+4	+5	+7	+8	10	0.01	0.05	0.12	0.22	0.34	0.48
+4	+7	+9	+11	+13	+15	20	0.02	0.06	0.14	0.24	0.37	0.51
+7	+10	+13	+16	+18	+20	30	0.04	0.09	0.18	0.28	0.42	0.57
+9*	+13	+17	+20	+22	+24	40	0.06*	0.12	0.22	0.34	0.48	0.64
	+15*	+19	+22	+24	+26	50		0.16*	0.27	0.40	0.55	0.71
		+20*	+23*	+25*	+27*	60			0.32*	0.45*	0.61*	0.77*

$t = \lambda + \mu + \tau$ * Sonne unter dem Horizont

Sonnenfinsternisse

Tafel E 80 A (P bei 0°)

L = 80° τ Arg. Γ **L = 80°**

τ: Geographische Breite φ 60°	50°	40°	30°	20°	10°	Arg. λ + μ	Γ: Geographische Breite φ 60°	50°	40°	30°	20°	10°
− 3°*						220°	0.01*					
− 5	− 8°*					230	0.02	0.05*				
− 7	− 9*					240	0.03	0.06*				
− 8	−11	−14°*				250	0.05	0.08	0.15*			
− 9	−12	−15*				260	0.07	0.11	0.17*			
− 9	−13	−17	−19°*			270	0.10	0.15	0.21	0.29*		
−10	−14	−18	−21	−23°*		280	0.13	0.19	0.26	0.33	0.45*	
−10	−14	−18	−21	−24	−26°*	290	0.16	0.23	0.31	0.39	0.51	0.63*
− 9	−14	−18	−21	−24	−26	300	0.20	0.28	0.36	0.45	0.57	0.70
− 8	−13	−17	−21	−23	−26	310	0.25	0.33	0.42	0.52	0.64	0.77
− 7	−11	−15	−19	−22	−24	320	0.29	0.38	0.49	0.59	0.72	0.86
− 5	− 8	−12	−16	−19	−21	330	0.33	0.43	0.55	0.67	0.81	0.95
− 2	− 5	− 8	−12	−15	−17	340	0.36	0.48	0.62	0.75	0.90	1.04
+ 1	− 1	− 3	− 6	− 8	−10	350	0.39	0.53	0.68	0.82	0.99	1.14
+ 4	+ 3	+ 3	+ 1	− 1	− 2	0	0.42	0.57	0.72	0.88	1.05	1.22
+ 7	+ 7	+ 8	+ 8	+ 7	+ 7	10	0.43	0.58	0.74	0.91	1.09	1.26
+10	+11	+13	+14	+14	+14	20	0.43	0.58	0.74	0.91	1.08	1.25
+12	+15	+17	+19	+20	+20	30	0.42	0.57	0.72	0.88	1.05	1.22
+14	+17	+20	+22	+23	+24	40	0.40	0.54	0.68	0.83	1.00	1.16
+16	+19	+22	+24	+26	+26	50	0.37	0.50	0.64	0.78	0.94	1.10
+17	+20	+23	+25	+27	+27	60	0.34	0.46	0.59	0.72	0.87	1.03
+17	+21	+24	+26	+27	+28*	70	0.31	0.42	0.53	0.66	0.81	0.96*
+17	+21	+23	+25*	+26*		80	0.28	0.37	0.48	0.60*	0.75*	
+17	+20	+22*				90	0.24	0.33	0.43*			
+16	+19	+21*				100	0.21	0.29	0.38*			
+15	+18*					110	0.17	0.24*				
+14	+16*					120	0.14	0.21*				
+13*						130	0.11*					

$t = \lambda + \mu + \tau$ * Sonne unter dem Horizont

L = 260° τ Arg. Γ **L = 260°**

τ: Geographische Breite φ 60°	50°	40°	30°	20°	10°	Arg. λ + μ	Γ: Geographische Breite φ 60°	50°	40°	30°	20°	10°
		−20°*	−23°*	−26°*	−27°*	300°			0.34*	0.48*	0.64*	0.80*
	−16°*	−19	−22	−25	−26	310		0.18*	0.29	0.42	0.57	0.72
−10°*	−14	−17	−20	−23	−24	320	0.06*	0.14	0.23	0.35	0.50	0.65
− 8	−11	−14	−17	−19	−21	330	0.04	0.10	0.18	0.29	0.43	0.58
− 5	− 8	−10	−12	−14	−15	340	0.02	0.07	0.14	0.24	0.37	0.52
− 2	− 4	− 5	− 6	− 7	− 8	350	0.01	0.05	0.11	0.21	0.33	0.47
+ 1	+ 1	+ 1	+ 1	+ 1	+ 1	0	0.01	0.05	0.10	0.20	0.32	0.45
+ 4	+ 5	+ 7	+ 8	+ 9	+ 9	10	0.01	0.06	0.13	0.23	0.35	0.49
+ 7	+ 9	+12	+14	+15	+16	20	0.03	0.09	0.17	0.28	0.40	0.55
+ 9	+13	+16	+18	+20	+21	30	0.06	0.13	0.22	0.33	0.47	0.62
+11*	+15	+18	+21	+23	+25	40	0.08*	0.17	0.27	0.40	0.54	0.70
	+17*	+20*	+23	+25	+27	50		0.22*	0.32*	0.47	0.62	0.78
			+24*	+26*	+27*	60				0.53*	0.69*	0.85*

$t = \lambda + \mu + \tau$ * Sonne unter dem Horizont

Sonnenfinsternisse — Tafel **E 80 A (P bei 0°)**

L = 90° — τ — Arg. — Γ — **L = 90°**

τ: Geographische Breite φ 60°	50°	40°	30°	20°	10°	λ + μ	Γ: Geographische Breite φ 60°	50°	40°	30°	20°	10°
−5°*						220°	0.02*					
−7	−9°*					230	0.03	0.07*				
−8	−11*					240	0.05	0.09*				
−10	−13*					250	0.07	0.12*				
−11	−14	−17°*				260	0.10	0.15	0.21*			
−11	−15	−18	−21°*			270	0.13	0.18	0.25	0.34*		
−12	−16	−19	−22	−24°*		280	0.16	0.22	0.29	0.39	0.51*	
−12	−16	−19	−22	−25	−26°*	290	0.19	0.26	0.35	0.45	0.56	0.71*
−11	−15	−19	−22	−25	−27	300	0.23	0.31	0.40	0.51	0.62	0.77
−10	−14	−18	−22	−24	−26	310	0.27	0.36	0.46	0.57	0.70	0.85
−8	−12	−16	−20	−23	−24	320	0.31	0.41	0.52	0.65	0.77	0.93
−6	−10	−13	−17	−20	−21	330	0.35	0.46	0.58	0.72	0.86	1.02
−4	−7	−9	−12	−15	−16	340	0.38	0.51	0.65	0.80	0.94	1.10
−1	−3	−4	−6	−8	−10	350	0.40	0.55	0.69	0.85	1.01	1.18
+2	+2	+1	0	0	−1	0	0.42	0.57	0.72	0.89	1.06	1.23
+5	+6	+7	+7	+8	+8	10	0.42	0.57	0.73	0.90	1.07	1.25
+8	+10	+12	+13	+14	+15	20	0.42	0.56	0.72	0.88	1.05	1.23
+11	+14	+16	+18	+20	+21	30	0.40	0.54	0.68	0.84	1.00	1.17
+13	+16	+19	+22	+23	+24	40	0.37	0.50	0.63	0.78	0.94	1.10
+14	+18	+21	+24	+26	+26	50	0.35	0.46	0.58	0.72	0.86	1.03
+15	+19	+22	+25	+26	+27	60	0.32	0.42	0.53	0.66	0.80	0.96
+16	+20	+23	+25	+27	+27*	70	0.28	0.37	0.48	0.60	0.73	0.89*
+16	+19	+22	+24	+26*		80	0.24	0.33	0.43	0.55	0.67*	
+16	+19	+21	+23*			90	0.21	0.29	0.38	0.49*		
+15	+18	+20*				100	0.17	0.25	0.33*			
+14	+17*					110	0.14	0.20*				
+13	+15*					120	0.12	0.17*				
+11*						130	0.09*					

$t = \lambda + \mu + \tau$ — * Sonne unter dem Horizont

L = 270° — τ — Arg. — Γ — **L = 270°**

τ: Geographische Breite φ 60°	50°	40°	30°	20°	10°	λ + μ	Γ: Geographische Breite φ 60°	50°	40°	30°	20°	10°
					−27°*	290°						0.80*
		−19°*	−22°*	−25°*	−26	300			0.28*	0.41*	0.56*	0.72
	−14°*	−18	−21	−24	−25	310		0.14*	0.23	0.36	0.49	0.65
−8°*	−12	−15	−18	−21	−23	320	0.04*	0.10	0.18	0.29	0.42	0.58
−5	−9	−12	−15	−17	−19	330	0.02	0.07	0.14	0.24	0.37	0.52
−3	−5	−8	−10	−12	−14	340	0.01	0.05	0.11	0.21	0.32	0.47
0	−1	−2	−3	−5	−6	350	0.01	0.05	0.10	0.19	0.30	0.44
+4	+4	+4	+4	+3	+3	0	0.02	0.06	0.11	0.21	0.32	0.46
+7	+8	+9	+10	+11	+11	10	0.04	0.09	0.15	0.26	0.37	0.51
+9	+12	+14	+16	+17	+18	20	0.06	0.13	0.21	0.32	0.45	0.59
+12*	+15	+18	+20	+21	+22	30	0.10*	0.17	0.27	0.39	0.53	0.68
+14*	+17	+20	+23	+24	+25	40	0.14*	0.22	0.33	0.47	0.61	0.76
	+19*	+22*	+24	+26	+27	50		0.28*	0.40*	0.54	0.69	0.85
			+25*	+27*	+27*	60				0.61*	0.76*	0.93*

$t = \lambda + \mu + \tau$ — * Sonne unter dem Horizont

Sonnenfinsternisse — Tafel E 80 A (P bei 0°)

L = 100° — τ — Arg. — Γ — **L = 100°**

τ: Geogr. Breite φ 60°	50°	40°	30°	20°	10°	λ + μ	Γ: Geogr. Breite φ 60°	50°	40°	30°	20°	10°
−9°*						230°	0.04*					
−10	−13°*					240	0.06	0.11*				
−11	−14*					250	0.09	0.14*				
−12	−15	−18°*				260	0.12	0.17	0.25*			
−13	−16	−19	−22°*			270	0.15	0.21	0.29	0.39*		
−13	−17	−20	−23	−25°*		280	0.18	0.25	0.34	0.44	0.57*	
−13	−17	−21	−24	−26	−27°*	290	0.21	0.29	0.38	0.49	0.63	0.77*
−13	−17	−20	−23	−26	−27	300	0.25	0.34	0.44	0.56	0.69	0.83
−12	−16	−19	−22	−25	−26	310	0.28	0.39	0.50	0.62	0.76	0.90
−10	−14	−18	−20	−23	−24	320	0.32	0.43	0.55	0.69	0.84	0.99
−8	−11	−15	−17	−20	−21	330	0.35	0.48	0.61	0.76	0.91	1.07
−6	−8	−11	−13	−15	−16	340	0.37	0.51	0.66	0.82	0.98	1.14
−3	−4	−5	−7	−8	−9	350	0.39	0.54	0.69	0.87	1.03	1.20
+1	0	0	0	0	0	0	0.40	0.55	0.71	0.89	1.06	1.23
+4	+5	+6	+7	+8	+8	10	0.40	0.55	0.70	0.88	1.06	1.22
+7	+9	+11	+13	+15	+16	20	0.38	0.53	0.68	0.84	1.01	1.17
+9	+12	+15	+18	+20	+21	30	0.36	0.50	0.64	0.79	0.95	1.11
+11	+15	+18	+21	+23	+24	40	0.34	0.46	0.58	0.73	0.89	1.04
+13	+17	+20	+23	+25	+26	50	0.31	0.42	0.53	0.67	0.81	0.96
+14	+18	+21	+24	+26	+27	60	0.27	0.37	0.47	0.60	0.74	0.89
+14	+18	+22	+24	+26	+27*	70	0.24	0.33	0.42	0.54	0.68	0.82*
+14	+18	+21	+24	+25*		80	0.20	0.29	0.37	0.48	0.62*	
+14	+17	+20	+22*			90	0.17	0.24	0.32	0.44*		
+13	+16	+19*				100	0.14	0.20	0.28*			
+12	+15*					110	0.11	0.17*				
+11	+13*					120	0.08	0.14*				
+10*						130	0.06*					

$t = \lambda + \mu + \tau$ * Sonne unter dem Horizont

L = 280° — τ — Arg. — Γ — **L = 280°**

τ: Geogr. Breite φ 60°	50°	40°	30°	20°	10°	λ + μ	Γ: Geogr. Breite φ 60°	50°	40°	30°	20°	10°
					−26°*	290°						0.71*
		−17°*	−21°*	−24°*	−26	300			0.23*	0.35*	0.49*	0.65
	−11°*	−15	−19	−22	−24	310		0.09*	0.18	0.29	0.43	0.57
−5*	−9	−13	−16	−20	−22	320	0.02*	0.06	0.13	0.24	0.37	0.51
−3	−6	−9	−12	−15	−18	330	0.01	0.04	0.11	0.20	0.31	0.46
0	−2	−4	−7	−10	−12	340	0.00	0.04	0.10	0.18	0.29	0.42
+3	+2	+1	0	−2	−4	350	0.01	0.05	0.10	0.18	0.30	0.43
+6	+7	+7	+7	+6	+5	0	0.03	0.07	0.14	0.23	0.35	0.48
+9	+11	+12	+13	+13	+13	10	0.06	0.12	0.19	0.29	0.42	0.55
+12	+14	+16	+18	+19	+19	20	0.10	0.17	0.26	0.38	0.51	0.65
+14*	+17	+20	+22	+23	+23	30	0.14*	0.22	0.33	0.46	0.60	0.75
+16*	+19	+22	+24	+25	+26	40	0.18*	0.28	0.40	0.53	0.68	0.84
	+20*	+23*	+25	+27	+27	50		0.33*	0.46*	0.60	0.76	0.92
			+26*	+27*	+28*	60				0.67*	0.83*	1.00*

$t = \lambda + \mu + \tau$ * Sonne unter dem Horizont

Sonnenfinsternisse Tafel **E 80 A (P bei 0°)**

L = 110° τ Arg. Γ **L = 110°**

τ: 60°	50°	40°	30°	20°	10°	λ + μ	Γ: 60°	50°	40°	30°	20°	10°
—10°*						230°	0.07*					
—12	—14°*					240	0.09	0.15*				
—13	—16*					250	0.12	0.18*				
—14	—17	—19°*				260	0.15	0.21	0.30*			
—14	—18	—21*	—23°*			270	0.18	0.25	0.34*	0.45*		
—15	—19	—22	—24	—25°*		280	0.21	0.29	0.39	0.50	0.64*	
—15	—19	—22	—24	—26	—27°*	290	0.24	0.33	0.44	0.56	0.70	0.84*
—14	—18	—22	—24	—26	—27	300	0.28	0.37	0.49	0.61	0.76	0.91
—13	—17	—21	—23	—25	—27	310	0.31	0.41	0.54	0.67	0.82	0.97
—12	—16	—19	—21	—23	—24	320	0.33	0.45	0.59	0.73	0.89	1.04
—10	—13	—16	—18	—20	—21	330	0.36	0.49	0.63	0.78	0.95	1.11
— 7	— 9	—11	—13	—15	—16	340	0.38	0.52	0.67	0.83	1.00	1.17
— 4	— 5	— 6	— 7	— 8	— 8	350	0.39	0.54	0.70	0.86	1.04	1.21
— 1	— 1	0	0	0	0	0	0.39	0.54	0.70	0.87	1.04	1.21
+ 2	+ 3	+ 5	+ 7	+ 8	+ 9	10	0.38	0.52	0.68	0.84	1.01	1.18
+ 5	+ 7	+10	+13	+15	+16	20	0.36	0.49	0.64	0.79	0.95	1.12
+ 7	+11	+14	+17	+19	+21	30	0.34	0.46	0.59	0.73	0.88	1.05
+ 9	+13	+17	+20	+23	+24	40	0.31	0.42	0.54	0.67	0.81	0.96
+11	+15	+19	+22	+25	+26	50	0.27	0.37	0.49	0.61	0.74	0.88
+12	+16	+20	+23	+25	+27	60	0.24	0.32	0.43	0.54	0.67	0.82
+13	+17	+20	+23	+25	+27*	70	0.20	0.28	0.38	0.48	0.62	0.75*
+13	+17	+20	+22	+24*		80	0.17	0.23	0.32	0.43	0.56*	
+12	+16	+19	+21*			90	0.14	0.19	0.27	0.39*		
+12	+15	+18*				100	0.11	0.17	0.24*			
+11	+14*					110	0.08	0.14*				
+ 9	+12*					120	0.07	0.11*				
+ 8*						130	0.05*					

$t = \lambda + \mu + \tau$ * Sonne unter dem Horizont

L = 290° τ Arg. Γ **L = 290°**

τ: 60°	50°	40°	30°	20°	10°	λ + μ	Γ: 60°	50°	40°	30°	20°	10°
					—25°*	290°						0.63*
	—11°*	—15°*	—19°*	—23°*	—25	300		0.09*	0.17*	0.28*	0.42*	0.57
— 5°*	— 9	—13	—17	—21	—23	310	0.02*	0.06	0.13	0.23	0.37	0.51
— 3	— 7	—11	—14	—18	—21	320	0.01	0.04	0.11	0.19	0.32	0.45
0	— 3	— 7	—10	—13	—16	330	0.01	0.04	0.09	0.17	0.29	0.42
+ 3	+ 1	— 2	— 4	— 8	—10	340	0.02	0.05	0.10	0.18	0.28	0.41
+ 6	+ 5	+ 4	+ 2	0	— 2	350	0.04	0.07	0.13	0.21	0.32	0.45
+ 9	+ 9	+ 9	+ 9	+ 8	+ 7	0	0.07	0.11	0.18	0.27	0.39	0.51
+11	+13	+14	+15	+15	+14	10	0.11	0.17	0.26	0.35	0.48	0.62
+14	+16	+18	+20	+20	+20	20	0.15	0.22	0.33	0.44	0.58	0.73
+16*	+19	+21	+23	+24	+24	30	0.19*	0.29	0.40	0.53	0.68	0.83
+17*	+21	+23	+25	+26	+26	40	0.23*	0.35	0.47	0.61	0.77	0.92
	+22*	+24*	+26	+27	+27	50		0.40*	0.53*	0.68	0.84	1.00
			+26*	+27*	+27*	60				0.74*	0.91*	1.07*

$t = \lambda + \mu + \tau$ * Sonne unter dem Horizont

Sonnenfinsternisse **Tafel E 80 A (P bei 0°)**

L = 120° τ Arg. Γ **L = 120°**

Geographische Breite φ 60°	50°	40°	30°	20°	10°	λ + μ	Geographische Breite φ 60°	50°	40°	30°	20°	10°
−13°*						240°	0.12*					
−14	−17°*					250	0.15	0.22*				
−15	−18*					260	0.18	0.25*				
−16	−19	−22°*				270	0.21	0.29	0.39*			
−16	−20	−23	−25°*	−26°*		280	0.24	0.33	0.43	0.55*	0.70*	
−16	−20	−23	−25	−27	−27°*	290	0.26	0.36	0.48	0.60	0.75	0.91*
−16	−19	−23	−25	−27	−27	300	0.29	0.40	0.52	0.66	0.81	0.97
−15	−18	−22	−24	−26	−26	310	0.32	0.44	0.57	0.71	0.86	1.02
−13	−17	−20	−22	−24	−24	320	0.35	0.48	0.61	0.76	0.92	1.08
−11	−14	−17	−19	−20	−21	330	0.37	0.50	0.65	0.80	0.97	1.14
− 9	−11	−13	−14	−15	−15	340	0.38	0.52	0.68	0.84	1.01	1.18
− 6	− 7	− 8	− 8	− 8	− 8	350	0.38	0.53	0.68	0.85	1.02	1.19
− 3	− 2	− 2	− 1	0	+ 1	0	0.37	0.52	0.67	0.84	1.00	1.17
0	+ 2	+ 4	+ 6	+ 8	+10	10	0.34	0.49	0.64	0.79	0.95	1.12
+ 3	+ 6	+ 9	+12	+14	+16	20	0.31	0.46	0.59	0.74	0.89	1.04
+ 6	+ 9	+13	+16	+19	+21	30	0.29	0.42	0.54	0.67	0.82	0.96
+ 8	+12	+16	+19	+22	+24	40	0.27	0.37	0.49	0.61	0.75	0.89
+10	+14	+18	+21	+24	+26	50	0.24	0.33	0.43	0.54	0.67	0.82
+11	+15	+19	+22	+25	+26	60	0.20	0.28	0.37	0.48	0.61	0.75
+11	+15	+19	+22	+25	+26*	70	0.17	0.24	0.32	0.43	0.55	0.69*
+11	+15	+19	+22	+24*		80	0.14	0.20	0.28	0.38	0.51*	
+11	+15	+18	+20*			90	0.11	0.17	0.24	0.34*		
+10	+14	+16*				100	0.09	0.14	0.21*			
+ 9	+12*					110	0.07	0.12*				
+ 8	+11*					120	0.05	0.09*				
+ 6*						130	0.04*					

$t = \lambda + \mu + \tau$ * Sonne unter dem Horizont

L = 300° τ Arg. Γ **L = 300°**

Geographische Breite φ 60°	50°	40°	30°	20°	10°	λ + μ	Geographische Breite φ 60°	50°	40°	30°	20°	10°
			−19°*	−22°*	−25°*	290°				0.29*	0.41*	0.57*
	− 9°*	−14°*	−18	−21	−24	300		0.06*	0.13*	0.24	0.36	0.51
− 3°*	− 7	−11	−16	−19	−22	310	0.01*	0.04	0.10	0.20	0.31	0.46
− 1	− 4	− 8	−13	−16	−19	320	0.01	0.03	0.08	0.18	0.28	0.42
+ 2	− 1	− 4	− 8	−12	−15	330	0.02	0.04	0.09	0.17	0.27	0.41
+ 5	+ 3	+ 1	− 2	− 5	− 8	340	0.03	0.06	0.11	0.19	0.29	0.42
+ 8	+ 7	+ 6	+ 4	+ 2	− 1	350	0.06	0.10	0.16	0.25	0.34	0.47
+11	+11	+11	+11	+ 9	+ 7	0	0.10	0.15	0.23	0.33	0.43	0.57
+14	+15	+16	+16	+16	+15	10	0.14	0.21	0.31	0.42	0.54	0.68
+16	+18	+20	+21	+21	+20	20	0.19	0.27	0.39	0.52	0.65	0.80
+18	+20	+22	+24	+24	+24	30	0.24	0.34	0.46	0.60	0.75	0.90
+19*	+22	+24	+26	+26	+26	40	0.28*	0.40	0.53	0.68	0.83	0.99
	+23*	+25*	+27	+27	+27	50		0.45*	0.59*	0.75	0.91	1.07
			+27*	+27*	+27*	60				0.81*	0.97*	1.13*

$t = \lambda + \mu + \tau$ * Sonne unter dem Horizont

Sonnenfinsternisse — Tafel **E 80 A (P bei 0°)**

L = 130°

τ 60°	τ 50°	τ 40°	τ 30°	τ 20°	τ 10°	Arg. λ + μ	Γ 60°	Γ 50°	Γ 40°	Γ 30°	Γ 20°	Γ 10°
−15°*						250°	0.17*					
−16	−19°*					260	0.20	0.29*				
−17	−20	−22°*				270	0.23	0.32	0.44*			
−17	−21	−23	−25°*	−26°*		280	0.26	0.36	0.48	0.62*	0.76*	
−17	−21	−24	−26	−27	−27°*	290	0.28	0.39	0.52	0.66	0.81	0.97*
−17	−21	−23	−26	−27	−27	300	0.31	0.42	0.56	0.71	0.86	1.02
−16	−20	−22	−25	−26	−26	310	0.33	0.45	0.60	0.75	0.91	1.07
−15	−18	−20	−23	−24	−24	320	0.35	0.48	0.63	0.79	0.95	1.11
−13	−15	−17	−19	−20	−20	330	0.36	0.50	0.66	0.82	0.99	1.16
−10	−12	−13	−15	−15	−15	340	0.36	0.51	0.67	0.84	1.01	1.18
−7	−8	−8	−9	−8	−7	350	0.36	0.51	0.67	0.83	1.00	1.17
−4	−4	−3	−2	0	+1	0	0.35	0.49	0.65	0.81	0.97	1.13
−1	+1	+3	+5	+7	+9	10	0.32	0.45	0.60	0.75	0.90	1.06
+2	+5	+8	+11	+14	+16	20	0.29	0.41	0.55	0.69	0.83	0.97
+4	+8	+12	+15	+18	+21	30	0.26	0.37	0.49	0.62	0.75	0.89
+6	+11	+15	+18	+22	+24	40	0.23	0.32	0.43	0.55	0.67	0.81
+8	+13	+17	+20	+23	+25	50	0.20	0.27	0.38	0.49	0.61	0.74
+9	+14	+18	+21	+24	+26	60	0.16	0.23	0.33	0.43	0.55	0.68
+10	+14	+18	+21	+24	+26*	70	0.13	0.19	0.28	0.38	0.50	0.63*
+10	+14	+18	+21	+23*		80	0.10	0.16	0.24	0.34	0.46*	
+9	+13	+17*	+19*			90	0.08	0.13	0.21*	0.31*		
+9	+12	+15*				100	0.06	0.11	0.19*			
+8	+11*					110	0.04	0.09*				
+7*						120	0.03*					

$t = \lambda + \mu + \tau$ — * Sonne unter dem Horizont

L = 310°

τ 60°	τ 50°	τ 40°	τ 30°	τ 20°	τ 10°	Arg. λ + μ	Γ 60°	Γ 50°	Γ 40°	Γ 30°	Γ 20°	Γ 10°
	−8°*	−13°*	−17°*	−21°*	−24°*	290°		0.05*	0.13*	0.23*	0.36*	0.51*
−2°*	−7	−12	−16	−20	−23	300	0.01*	0.04	0.10	0.19	0.32	0.46
−1	−5	−10	−14	−18	−21	310	0.00	0.02	0.08	0.16	0.28	0.42
+1	−2	−6	−11	−14	−18	320	0.01	0.03	0.08	0.16	0.27	0.40
+4	+1	−2	−6	−10	−13	330	0.03	0.05	0.10	0.17	0.27	0.40
+7	+5	+2	0	−4	−7	340	0.05	0.08	0.14	0.22	0.32	0.44
+10	+9	+8	+6	+3	+1	350	0.09	0.14	0.20	0.29	0.40	0.52
+13	+13	+13	+12	+11	+8	0	0.14	0.21	0.28	0.38	0.50	0.62
+15	+16	+17	+17	+17	+15	10	0.18	0.27	0.36	0.48	0.61	0.75
+17	+19	+21	+21	+21	+20	20	0.23	0.33	0.45	0.58	0.73	0.87
+19	+21	+23	+24	+25	+24	30	0.28	0.39	0.52	0.67	0.83	0.98
+20*	+23	+25	+26	+27	+26	40	0.32*	0.45	0.59	0.74	0.91	1.06
	24*	+26*	+27	+27	+27	50		0.50*	0.65*	0.81	0.97	1.13
			+27*	+27*	+27	60				0.86*	1.03*	1.19
					+26*	70						1.23*

$t = \lambda + \mu + \tau$ — * Sonne unter dem Horizont

Sonnenfinsternisse — Tafel **E 80 A (P bei 0°)**

L = 140° τ — Arg. — Γ — **L = 140°**

τ: Geogr. Breite φ 60°	50°	40°	30°	20°	10°	λ + μ	Γ: Geogr. Breite φ 60°	50°	40°	30°	20°	10°
−16*						250°	0.20*					
−17	−20*					260	0.23	0.33*				
−18	−21*					270	0.25	0.36*				
−19	−22	−24*	−26*			280	0.27	0.39	0.52*	0.65*		
−19	−22	−24	−26	−27*	−27*	290	0.30	0.42	0.55	0.69	0.86*	1.02*
−18	−21	−24	−26	−27	−27	300	0.32	0.45	0.58	0.73	0.90	1.06
−17	−20	−23	−25	−26	−26	310	0.34	0.47	0.61	0.77	0.94	1.10
−16	−19	−21	−23	−24	−24	320	0.35	0.49	0.64	0.80	0.97	1.14
−14	−16	−18	−20	−21	−21	330	0.35	0.50	0.65	0.82	0.99	1.16
−11	−13	−14	−16	−16	−15	340	0.35	0.50	0.65	0.82	1.00	1.17
− 9	− 9	−10	−10	− 9	− 8	350	0.34	0.48	0.64	0.80	0.97	1.14
− 6	− 5	− 4	− 3	− 1	+ 1	0	0.32	0.46	0.60	0.76	0.92	1.08
− 3	− 1	+ 1	+ 4	+ 7	+ 9	10	0.30	0.42	0.56	0.70	0.85	1.00
0	+ 3	+ 6	+10	+13	+16	20	0.27	0.38	0.50	0.62	0.77	0.92
+ 3	+ 7	+11	+15	+18	+20	30	0.23	0.33	0.44	0.55	0.69	0.84
+ 5	+ 9	+13	+17	+21	+23	40	0.20	0.28	0.38	0.49	0.62	0.77
+ 7	+11	+15	+19	+23	+25	50	0.16	0.24	0.33	0.43	0.56	0.71
+ 8	+12	+16	+20	+23	+25	60	0.13	0.20	0.28	0.38	0.51	0.65
+ 8	+13	+17	+20	+23	+25*	70	0.11	0.16	0.24	0.34	0.46	0.61*
+ 8	+13	+17	+20*	+22*		80	0.08	0.13	0.21	0.30*	0.43*	
+ 8	+12	+16*				90	0.06	0.11	0.18*			
+ 8	+11*					100	0.04	0.09*				
+ 7	+10*					110	0.03	0.08*				
+ 5*						120	0.02*					

$t = \lambda + \mu + \tau$ — * Sonne unter dem Horizont

L = 320° τ — Arg. — Γ — **L = 320°**

τ: Geogr. Breite φ 60°	50°	40°	30°	20°	10°	λ + μ	Γ: Geogr. Breite φ 60°	50°	40°	30°	20°	10°
− 2*	− 7*	−12*	−16*	−20*	−23*	290°	0.01*	0.03*	0.10*	0.19*	0.32*	0.46*
− 1	− 6	−10	−15	−19	−22	300	0.00	0.02	0.08	0.17	0.29	0.42
+ 1	− 4	− 8	−13	−17	−21	310	0.01	0.02	0.07	0.15	0.26	0.39
+ 3	− 1	− 5	− 9	−14	−18	320	0.02	0.04	0.09	0.16	0.26	0.38
+ 6	+ 2	− 1	− 5	− 9	−13	330	0.05	0.07	0.12	0.19	0.29	0.40
+ 8	+ 6	+ 4	+ 1	− 3	− 7	340	0.08	0.12	0.17	0.25	0.35	0.46
+11	+10	+ 9	+ 7	+ 4	+ 1	350	0.12	0.17	0.24	0.34	0.44	0.56
+14	+14	+14	+13	+11	+ 8	0	0.17	0.24	0.33	0.44	0.55	0.68
+16	+18	+18	+18	+17	+15	10	0.23	0.31	0.42	0.54	0.67	0.81
+18	+20	+21	+22	+21	+20	20	0.28	0.38	0.50	0.64	0.79	0.93
+20	+22	+24	+24	+24	+24	30	0.32	0.44	0.58	0.72	0.88	1.03
+21	+24	+25	+26	+26	+26	40	0.36	0.50	0.64	0.80	0.96	1.12
+22*	+24*	+26	+27	+27	+27	50	0.40*	0.54*	0.69	0.86	1.03	1.19
		+26*	+27*	+27*	+27	60			0.73*	0.90*	1.07*	1.24
					+26*	70						1.28*

$t = \lambda + \mu + \tau$ — * Sonne unter dem Horizont

Sonnenfinsternisse Tafel **E 80 A (P bei 0°)**

L = 150° τ Arg. Γ **L = 150°**

Geographische Breite φ 60°	50°	40°	30°	20°	10°	λ + μ	Geographische Breite φ 60°	50°	40°	30°	20°	10°
−18°*						260°	0.25*					
−19	−22°*					270	0.27	0.38*				
−19	−22	−25°*	−26°*			280	0.29	0.41	0.55*	0.70*		
−19	−22	−25	−26	−27°*	−27°*	290	0.31	0.43	0.58	0.73	0.89*	1.07*
−19	−22	−25	−26	−27	−27	300	0.33	0.45	0.61	0.76	0.92	1.10
−18	−21	−24	−26	−26	−26	310	0.34	0.47	0.63	0.79	0.95	1.13
−17	−20	−22	−24	−24	−24	320	0.34	0.48	0.64	0.80	0.97	1.15
−15	−17	−19	−21	−21	−21	330	0.34	0.48	0.64	0.81	0.98	1.16
−13	−14	−15	−16	−16	−15	340	0.33	0.47	0.63	0.80	0.97	1.15
−10	−10	−10	−10	− 9	− 8	350	0.32	0.45	0.60	0.77	0.93	1.10
− 7	− 6	− 5	− 4	− 2	0	0	0.30	0.41	0.56	0.72	0.87	1.03
− 4	− 2	0	+ 3	+ 6	+ 8	10	0.27	0.37	0.51	0.65	0.79	0.94
− 1	+ 2	+ 5	+ 9	+12	+15	20	0.23	0.33	0.45	0.57	0.70	0.85
+ 2	+ 5	+ 9	+13	+17	+20	30	0.19	0.28	0.39	0.50	0.62	0.77
+ 4	+ 8	+12	+16	+20	+23	40	0.16	0.23	0.33	0.44	0.55	0.70
+ 5	+10	+14	+18	+22	+24	50	0.13	0.19	0.28	0.39	0.50	0.65
+ 6	+11	+15	+19	+23	+25	60	0.10	0.16	0.24	0.35	0.46	0.60
+ 7	+12	+16	+20	+23	+25*	70	0.08	0.13	0.21	0.31	0.43	0.57*
+ 7	+12	+16	+19*	+22*		80	0.06	0.10	0.18	0.29*	0.40*	
+ 7	+11	+15*				90	0.04	0.09	0.17*			
+ 7	+10*					100	0.03	0.08*				
+ 6*						110	0.02*					

$t = \lambda + \mu + \tau$ * Sonne unter dem Horizont

L = 330° τ Arg. Γ **L = 330°**

Geographische Breite φ 60°	50°	40°	30°	20°	10°	λ + μ	Geographische Breite φ 60°	50°	40°	30°	20°	10°
	− 7°*					280°		0.04*				
− 1°*	− 6	−11°*	−15°*	−19°*	−22°*	290	0.01*	0.02	0.08*	0.17*	0.28*	0.42*
0	− 4	− 9	−14	−18	−22	300	0.01	0.02	0.07	0.15	0.26	0.39
+ 2	− 2	− 7	−12	−16	−20	310	0.02	0.04	0.08	0.15	0.25	0.38
+ 4	0	− 4	− 9	−13	−17	320	0.04	0.06	0.10	0.17	0.27	0.39
+ 7	+ 3	0	− 4	− 9	−13	330	0.08	0.10	0.15	0.22	0.31	0.42
+ 9	+ 7	+ 4	+ 1	− 3	− 7	340	0.12	0.15	0.21	0.29	0.39	0.49
+12	+11	+ 9	+ 7	+ 4	0	350	0.17	0.22	0.29	0.39	0.49	0.60
+15	+15	+14	+13	+11	+ 8	0	0.22	0.29	0.38	0.50	0.62	0.74
+17	+18	+18	+18	+17	+14	10	0.27	0.36	0.47	0.60	0.74	0.87
+19	+21	+22	+22	+21	+19	20	0.32	0.42	0.56	0.70	0.85	0.99
+21	+23	+24	+25	+24	+23	30	0.36	0.48	0.63	0.79	0.95	1.09
+22	+24	+25	+26	+26	+25	40	0.40	0.53	0.69	0.85	1.02	1.17
+23*	+25	+26	+27	+27	+26	50	0.43*	0.58	0.74	0.90	1.07	1.23
	+25*	+27*	+27*	+27*	+26	60		0.61*	0.77*	0.94*	1.11*	1.28
					+26*	70						1.30*

$t = \lambda + \mu + \tau$ * Sonne unter dem Horizont

Sonnenfinsternisse — Tafel **E 80 A (P bei 0°)**

L = 160° — τ — Arg. — Γ — **L = 160°**

τ: Geographische Breite φ 60°	50°	40°	30°	20°	10°	λ + μ	Γ: Geographische Breite φ 60°	50°	40°	30°	20°	10°
−19°*						270°	0.30*					
−20	−23°*	−25°*				280	0.32	0.44*	0.58*			
−20	−23	−25	−27°*	−27°*	−27°*	290	0.33	0.46	0.60	0.76*	0.92*	1.10*
−20	−23	−25	−27	−27	−27	300	0.34	0.47	0.62	0.78	0.95	1.13
−19	−22	−24	−26	−27	−26	310	0.34	0.48	0.63	0.79	0.96	1.14
−18	−20	−22	−24	−25	−24	320	0.34	0.48	0.64	0.80	0.97	1.15
−16	−18	−20	−21	−21	−21	330	0.33	0.47	0.63	0.79	0.96	1.14
−14	−15	−16	−17	−17	−16	340	0.32	0.45	0.61	0.77	0.93	1.11
−11	−11	−11	−11	−10	− 9	350	0.30	0.43	0.57	0.72	0.88	1.05
− 8	− 7	− 6	− 5	− 3	− 1	0	0.27	0.39	0.52	0.66	0.81	0.97
− 5	− 3	0	+ 2	+ 5	+ 7	10	0.24	0.34	0.46	0.59	0.73	0.88
− 2	+ 1	+ 4	+ 7	+11	+14	20	0.21	0.29	0.40	0.52	0.65	0.79
0	+ 4	+ 8	+12	+16	+19	30	0.17	0.24	0.34	0.45	0.57	0.71
+ 3	+ 7	+11	+15	+19	+22	40	0.14	0.20	0.29	0.39	0.51	0.65
+ 5	+ 9	+13	+17	+21	+24	50	0.11	0.16	0.25	0.34	0.46	0.60
+ 6	+10	+15	+19	+22	+25	60	0.08	0.14	0.22	0.31	0.43	0.57
+ 6	+11	+15	+19	+22	+25*	70	0.06	0.11	0.19	0.28	0.40	0.55*
+ 6	+11	+15	+18*	+21*		80	0.05	0.09	0.17	0.27*	0.39*	
+ 6	+11*	+14*				90	0.04	0.08*	0.16*			
+ 6*						100	0.03*					

$t = \lambda + \mu + \tau$ * Sonne unter dem Horizont

L = 340° — τ — Arg. — Γ — **L = 340°**

τ: Geographische Breite φ 60°	50°	40°	30°	20°	10°	λ + μ	Γ: Geographische Breite φ 60°	50°	40°	30°	20°	10°
− 1°*	− 5°*	−10°*	−15°*			280°	0.00*	0.03*	0.08*	0.17*		
0	− 5	−10	−14	−18°*	−22°*	290	0.00	0.02	0.07	0.15	0.26*	0.39*
+ 1	− 4	− 9	−13	−17	−21	300	0.01	0.03	0.07	0.15	0.25	0.37
+ 3	− 2	− 7	−11	−16	−20	310	0.03	0.05	0.09	0.16	0.26	0.37
+ 5	+ 1	− 4	− 8	−13	−17	320	0.06	0.09	0.13	0.20	0.29	0.39
+ 7	+ 4	0	− 4	− 9	−13	330	0.10	0.14	0.19	0.26	0.34	0.44
+10	+ 8	+ 5	+ 1	− 3	− 7	340	0.14	0.20	0.26	0.34	0.43	0.53
+12	+11	+ 9	+ 7	+ 3	0	350	0.19	0.27	0.34	0.44	0.54	0.65
+15	+15	+14	+12	+10	+ 7	0	0.25	0.34	0.44	0.55	0.67	0.79
+18	+18	+18	+17	+16	+13	10	0.30	0.41	0.53	0.66	0.80	0.93
+20	+21	+22	+22	+21	+19	20	0.35	0.47	0.61	0.76	0.90	1.04
+21	+23	+24	+24	+24	+23	30	0.39	0.53	0.68	0.84	1.00	1.15
+22	+24	+26	+26	+26	+25	40	0.43	0.57	0.73	0.90	1.06	1.22
+23	+25	+27	+27	+27	+26	50	0.45	0.61	0.78	0.95	1.11	1.27
+23*	+25*	+27*	+27*	+27	+26	60	0.47*	0.63*	0.80*	0.97*	1.14	1.30
				+27*	+26*	70					1.16*	1.32*

$t = \lambda + \mu + \tau$ * Sonne unter dem Horizont

Sonnenfinsternisse — Tafel **E 80 A (P bei 0°)**

L = 170°

τ 60°	τ 50°	τ 40°	τ 30°	τ 20°	τ 10°	Arg. λ + μ	Γ 60°	Γ 50°	Γ 40°	Γ 30°	Γ 20°	Γ 10°
−20°*	−23°*					280°	0.32*	0.45*				
−20	−23	−25°*	−27°*	−27°*	−27°*	290	0.33	0.46	0.62*	0.78*	0.95*	1.12*
−20	−23	−25	−27	−27	−27	300	0.33	0.47	0.63	0.79	0.96	1.13
−19	−22	−24	−26	−27	−26	310	0.33	0.47	0.63	0.79	0.97	1.14
−18	−21	−23	−24	−25	−25	320	0.33	0.46	0.62	0.79	0.96	1.13
−16	−19	−21	−22	−22	−21	330	0.31	0.44	0.60	0.77	0.94	1.11
−14	−16	−17	−18	−17	−16	340	0.29	0.42	0.57	0.73	0.90	1.06
−12	−12	−12	−12	−11	−10	350	0.27	0.38	0.52	0.67	0.83	0.99
− 9	− 8	− 7	− 6	− 4	− 2	0	0.24	0.34	0.46	0.61	0.76	0.91
− 6	− 4	− 2	+ 1	+ 3	+ 6	10	0.20	0.29	0.39	0.53	0.67	0.82
− 3	0	+ 3	+ 7	+10	+13	20	0.17	0.24	0.33	0.46	0.59	0.73
0	+ 3	+ 7	+11	+15	+18	30	0.13	0.20	0.29	0.40	0.52	0.66
+ 2	+ 6	+11	+15	+19	+22	40	0.10	0.16	0.24	0.34	0.47	0.61
+ 3	+ 8	+13	+17	+21	+24	50	0.08	0.13	0.21	0.31	0.43	0.57
+ 5	+10	+14	+18	+22	+24	60	0.06	0.11	0.18	0.28	0.41	0.54
+ 6	+11	+15	+19	+22*	+24*	70	0.04	0.09	0.16	0.27	0.40*	0.53*
+ 6	+11	+15*	+18*			80	0.03	0.08	0.15*	0.26*		
+ 6	+10*					90	0.03	0.07*				
+ 5*						100	0.03*					

(Geographische Breite φ for both the τ and Γ column groups)

$t = \lambda + \mu + \tau$ — * Sonne unter dem Horizont

L = 350°

τ 60°	τ 50°	τ 40°	τ 30°	τ 20°	τ 10°	Arg. λ + μ	Γ 60°	Γ 50°	Γ 40°	Γ 30°	Γ 20°	Γ 10°
− 1°*	− 5°*					270°	0.01*	0.03*				
0	− 5	−10°*	−14°*	−18°*		280	0.01	0.02	0.06*	0.15*	0.26*	
0	− 5	−10	−14	−18	−21°*	290	0.01	0.02	0.06	0.14	0.25	0.37*
+ 1	− 3	− 8	−13	−17	−21	300	0.03	0.04	0.08	0.15	0.25	0.37
+ 3	− 2	− 7	−11	−16	−20	310	0.05	0.06	0.10	0.17	0.26	0.38
+ 5	+ 1	− 4	− 8	−13	−17	320	0.09	0.11	0.15	0.22	0.31	0.42
+ 7	+ 4	0	− 5	− 9	−13	330	0.13	0.17	0.21	0.29	0.38	0.49
+10	+ 7	+ 4	0	− 4	− 8	340	0.18	0.23	0.29	0.37	0.47	0.57
+12	+11	+ 9	+ 6	+ 3	− 1	350	0.23	0.30	0.39	0.48	0.59	0.70
+15	+15	+14	+12	+ 9	+ 6	0	0.28	0.38	0.48	0.60	0.72	0.84
+17	+18	+18	+17	+15	+12	10	0.33	0.45	0.57	0.71	0.84	0.98
+20	+21	+21	+21	+20	+17	20	0.38	0.51	0.65	0.80	0.95	1.09
+21	+23	+24	+24	+23	+21	30	0.42	0.56	0.72	0.88	1.04	1.19
+22	+24	+26	+26	+26	+24	40	0.45	0.60	0.76	0.93	1.09	1.25
+23	+25	+27	+27	+27	+25	50	0.48	0.62	0.79	0.96	1.13	1.29
+24*	+26*	+27	+27	+27	+26	60	0.49*	0.64*	0.81	0.98	1.15	1.32
		+27*	+27*	+27*	+26*	70			0.81*	0.99*	1.16*	1.33*

(Geographische Breite φ for both the τ and Γ column groups)

$t = \lambda + \mu + \tau$ — * Sonne unter dem Horizont

Sonnenfinsternisse Tafel **E 80 A (P bei 0°)**

L = 180° τ Arg. Γ **L = 180°**

Geographische Breite φ						λ + μ	Geographische Breite φ					
60°	50°	40°	30°	20°	10°		60°	50°	40°	30°	20°	10°
−20°*						280°	0.33*					
−20	−23°*	−25°*	−27°*	−27°*	−27°*	290	0.33	0.47*	0.63*	0.79*	0.96*	1.14*
−20	−23	−25	−27	−27	−27	300	0.33	0.47	0.63	0.79	0.96	1.14
−20	−23	−25	−26	−27	−27	310	0.32	0.46	0.62	0.79	0.96	1.13
−19	−21	−23	−25	−25	−25	320	0.31	0.45	0.60	0.77	0.94	1.11
−17	−19	−21	−22	−22	−22	330	0.29	0.42	0.57	0.73	0.90	1.07
−15	−17	−18	−18	−18	−17	340	0.27	0.39	0.54	0.69	0.85	1.02
−12	−13	−13	−13	−12	−10	350	0.24	0.35	0.49	0.63	0.78	0.94
− 9	− 9	− 8	− 7	− 5	− 3	0	0.21	0.30	0.42	0.56	0.70	0.85
− 7	− 5	− 3	− 1	+ 2	+ 5	10	0.17	0.26	0.36	0.48	0.61	0.76
− 4	− 1	+ 2	+ 6	+ 9	+12	20	0.14	0.21	0.30	0.41	0.53	0.67
− 1	+ 3	+ 7	+11	+15	+18	30	0.11	0.17	0.25	0.35	0.47	0.61
+ 1	+ 6	+10	+14	+18	+21	40	0.08	0.13	0.21	0.31	0.43	0.57
+ 3	+ 8	+12	+16	+20	+23	50	0.06	0.11	0.18	0.28	0.40	0.55
+ 4	+ 9	+14	+18	+21	+24	60	0.04	0.09	0.17	0.27	0.39	0.53
+ 5	+10	+15	+19	+22*	+24*	70	0.03	0.08	0.16	0.26	0.38*	0.53*
+ 6	+11*	+15*	+18*			80	0.03	0.08*	0.16*	0.26*		
+ 6*						90	0.03*					

$t = \lambda + \mu + \tau$ * Sonne unter dem Horizont

L = 360° τ Arg. Γ **L = 360°**

Geographische Breite φ						λ + μ	Geographische Breite φ					
60°	50°	40°	30°	20°	10°		60°	50°	40°	30°	20°	10°
0°*						260°	0.01*					
0	− 5°*	−10°*				270	0.01	0.02*	0.08*			
0	− 5	−10	−14°*	−18°*		280	0.01	0.02	0.07	0.14*	0.24*	
0	− 5	−10	−14	−18	−21°*	290	0.02	0.03	0.08	0.14	0.24	0.37*
+ 1	− 4	− 9	−13	−17	−21	300	0.04	0.05	0.10	0.16	0.25	0.38
+ 3	− 2	− 7	−12	−16	−20	310	0.07	0.09	0.13	0.19	0.28	0.40
+ 5	0	− 4	− 9	−14	−18	320	0.11	0.13	0.18	0.24	0.34	0.44
+ 7	+ 3	− 1	− 5	−10	−14	330	0.15	0.19	0.25	0.32	0.41	0.51
+ 9	+ 6	+ 3	− 1	− 5	− 9	340	0.20	0.26	0.33	0.41	0.51	0.62
+12	+10	+ 8	+ 5	+ 1	− 3	350	0.26	0.33	0.43	0.53	0.63	0.74
+15	+14	+13	+11	+ 8	+ 4	0	0.31	0.40	0.53	0.65	0.77	0.88
+17	+17	+17	+16	+14	+11	10	0.36	0.48	0.61	0.75	0.89	1.02
+19	+20	+21	+20	+19	+16	20	0.40	0.54	0.69	0.84	0.99	1.13
+21	+23	+23	+23	+23	+21	30	0.44	0.59	0.74	0.90	1.07	1.23
+22	+24	+25	+26	+25	+24	40	0.47	0.62	0.78	0.95	1.12	1.28
+23	+25	+26	+27	+26	+25	50	0.49	0.64	0.81	0.98	1.15	1.31
+24	+26	+27	+28	+27	+26	60	0.50	0.65	0.82	0.99	1.16	1.33
+24*	+26*	+27*	+28*	+27*	+26*	70	0.50*	0.65*	0.82*	0.99*	1.16*	1.33*

$t = \lambda + \mu + \tau$ * Sonne unter dem Horizont

Sonnenfinsternisse — Tafel **E 80 B (P bei 180°)**

L = 0° — τ — Arg. — Γ — **L = 0°**

τ: Geographische Breite φ 60°	50°	40°	30°	20°	10°	λ + μ	Γ: Geographische Breite φ 60°	50°	40°	30°	20°	10°
−6°*	−10°*					270°	0.03*	0.08*				
−6	−11	−15°*	−18°*			280	0.03	0.08	0.15*	0.26*		
−5	−10	−15	−19	−22°*	−24°*	290	0.03	0.08	0.15	0.26	0.39*	0.53*
−4	−9	−14	−18	−21	−24	300	0.04	0.09	0.16	0.26	0.39	0.53
−3	−8	−12	−16	−20	−23	310	0.06	0.11	0.18	0.28	0.41	0.54
−1	−6	−10	−14	−18	−21	320	0.08	0.14	0.21	0.31	0.44	0.57
+1	−3	−7	−11	−14	−17	330	0.11	0.17	0.25	0.35	0.48	0.61
+4	+1	−2	−6	−9	−12	340	0.14	0.21	0.30	0.41	0.54	0.68
+7	+5	+3	+1	−2	−5	350	0.17	0.26	0.36	0.48	0.62	0.76
+9	+9	+8	+7	+5	+3	0	0.20	0.31	0.42	0.56	0.70	0.85
+12	+13	+13	+13	+12	+10	10	0.24	0.36	0.48	0.63	0.79	0.94
+15	+17	+18	+18	+18	+17	20	0.27	0.40	0.53	0.69	0.86	1.02
+17	+19	+21	+22	+22	+22	30	0.29	0.43	0.57	0.73	0.90	1.07
+19	+21	+23	+25	+25	+25	40	0.31	0.45	0.60	0.76	0.94	1.11
+20	+23	+25	+26	+27	+27	50	0.32	0.47	0.62	0.78	0.96	1.13
+20	+23	+25	+27	+27	+27	60	0.33	0.47	0.62	0.79	0.97	1.14
+20	+23*	+25*	+27*	+27*	+27*	70	0.33	0.47*	0.62*	0.79*	0.97*	1.14*
+20*						80	0.33*					

$t = \lambda + \mu + \tau$ — * Sonne unter dem Horizont

L = 180° — τ — Arg. — Γ — **L = 180°**

τ: Geographische Breite φ 60°	50°	40°	30°	20°	10°	λ + μ	Γ: Geographische Breite φ 60°	50°	40°	30°	20°	10°
−24°*	−26°*	−27°*	−28°*	−27°*	−26°*	290°	0.50*	0.65*	0.82*	0.99*	1.16*	1.33*
−24	−26	−27	−28	−27	−26	300	0.50	0.65	0.82	0.99	1.16	1.33
−23	−25	−27	−27	−26	−25	310	0.49	0.64	0.81	0.98	1.15	1.31
−22	−24	−25	−26	−25	−24	320	0.47	0.62	0.78	0.95	1.12	1.28
−21	−23	−23	−23	−23	−21	330	0.44	0.59	0.74	0.90	1.07	1.23
−19	−20	−21	−20	−19	−16	340	0.40	0.54	0.69	0.84	0.99	1.14
−17	−17	−17	−16	−14	−11	350	0.36	0.48	0.62	0.75	0.89	1.02
−15	−14	−13	−11	−8	−4	0	0.31	0.40	0.53	0.65	0.77	0.88
−12	−10	−8	−5	−1	+3	10	0.26	0.33	0.43	0.53	0.63	0.74
−9	−6	−3	+1	+5	+9	20	0.20	0.26	0.33	0.41	0.51	0.62
−7	−3	+1	+5	+10	+14	30	0.15	0.19	0.25	0.32	0.41	0.51
−5	0	+4	+9	+14	+18	40	0.11	0.13	0.18	0.24	0.34	0.44
−3	+2	+7	+12	+16	+20	50	0.07	0.09	0.13	0.19	0.28	0.40
−1	+4	+9	+13	+17	+21	60	0.04	0.05	0.10	0.16	0.25	0.38
0	+5	+10	+14	+18	+21*	70	0.02	0.03	0.08	0.14	0.24	0.37*
0	+5	+10	+14*	+18*		80	0.01	0.02	0.07	0.14*	0.24*	
0	+5*	+10*				90	0.01	0.02*	0.08*			
0*						100	0.01*					

$t = \lambda + \mu + \tau$ — * Sonne unter dem Horizont

Sonnenfinsternisse — Tafel **E 80 B (P bei 180°)**

L = 10° — τ — Arg. — Γ — **L = 10°**

τ: Geogr. Breite φ 60°	50°	40°	30°	20°	10°	λ + μ	Γ: Geogr. Breite φ 60°	50°	40°	30°	20°	10°
− 5°*						260°	0.03*					
− 6	−10°*					270	0.03	0.08*				
− 6	−11	−15°*	−18°*			280	0.03	0.08	0.15*	0.26*		
− 6	−11	−15	−19	−22°*	−24°*	290	0.04	0.09	0.16	0.26	0.39*	0.53*
− 5	−10	−14	−18	−22	−24	300	0.06	0.11	0.18	0.28	0.41	0.54
− 3	− 8	−13	−17	−21	−24	310	0.08	0.14	0.21	0.30	0.43	0.57
− 2	− 6	−11	−15	−19	−22	320	0.10	0.17	0.24	0.34	0.47	0.61
0	− 3	− 7	−11	−15	−18	330	0.13	0.21	0.29	0.40	0.52	0.66
+ 3	0	− 3	− 7	−10	−13	340	0.16	0.25	0.34	0.46	0.59	0.73
+ 6	+ 4	+ 2	− 1	− 3	− 6	350	0.20	0.30	0.40	0.53	0.67	0.82
+ 9	+ 8	+ 7	+ 6	+ 4	+ 2	0	0.24	0.35	0.47	0.60	0.75	0.91
+12	+12	+12	+12	+11	+10	10	0.27	0.39	0.53	0.67	0.83	0.99
+14	+16	+17	+18	+17	+16	20	0.29	0.43	0.57	0.73	0.90	1.06
+16	+19	+21	+22	+22	+21	30	0.31	0.45	0.60	0.77	0.94	1.11
+18	+21	+23	+24	+25	+25	40	0.33	0.47	0.62	0.79	0.96	1.13
+19	+22	+24	+26	+27	+26	50	0.33	0.48	0.63	0.79	0.97	1.14
+20	+23	+25	+27	+27	+27	60	0.33	0.48	0.63	0.79	0.96	1.13
+20	+23	+25*	+27*	+27*	+27*	70	0.33	0.47	0.62*	0.78*	0.95*	1.12*
+20*	+23*					80	0.32*	0.46*				

$t = \lambda + \mu + \tau$ * Sonne unter dem Horizont

L = 190° — τ — Arg. — Γ — **L = 190°**

τ: Geogr. Breite φ 60°	50°	40°	30°	20°	10°	λ + μ	Γ: Geogr. Breite φ 60°	50°	40°	30°	20°	10°
		−27°*	−27°*	−27°*	−26°*	290°			0.82*	0.99*	1.16*	1.33*
−24°*	−26°*	−27	−27	−27	−26	300	0.49*	0.64*	0.81	0.98	1.15	1.32
−23	−25	−27	−27	−27	−25	310	0.47	0.62	0.79	0.96	1.13	1.29
−22	−24	−26	−26	−26	−24	320	0.45	0.60	0.76	0.93	1.10	1.25
−21	−23	−24	−24	−23	−21	330	0.42	0.56	0.71	0.88	1.04	1.19
−20	−21	−21	−21	−20	−17	340	0.38	0.51	0.65	0.80	0.95	1.09
−18	−18	−18	−17	−15	−12	350	0.33	0.45	0.58	0.71	0.84	0.97
−15	−15	−14	−12	− 9	− 6	0	0.28	0.38	0.49	0.60	0.72	0.84
−12	−11	− 9	− 6	− 3	+ 1	10	0.23	0.30	0.39	0.48	0.59	0.70
−10	− 7	− 4	0	+ 4	+ 8	20	0.18	0.23	0.29	0.37	0.47	0.57
− 7	− 4	0	+ 5	+ 9	+13	30	0.13	0.17	0.22	0.29	0.37	0.48
− 5	− 1	+ 4	+ 8	+13	+17	40	0.09	0.11	0.15	0.22	0.31	0.42
− 3	+ 2	+ 7	+11	+16	+20	50	0.05	0.07	0.10	0.17	0.26	0.38
− 1	+ 4	+ 9	+13	+17	+21	60	0.02	0.04	0.08	0.15	0.25	0.37
0	+ 5	+10	+14	+18	+21*	70	0.01	0.02	0.07	0.14	0.25	0.37*
0	+ 5	+10*	+14*	+18*		80	0.00	0.02	0.07*	0.15*	0.26*	
+ 1*	+ 5*					90	0.00*	0.03*				

$t = \lambda + \mu + \tau$ * Sonne unter dem Horizont

Sonnenfinsternisse — Tafel **E 80 B (P bei 180°)**

L = 20° — τ — Arg. — Γ — **L = 20°**

τ: Geographische Breite φ 60°	50°	40°	30°	20°	10°	λ + μ	Γ: Geographische Breite φ 60°	50°	40°	30°	20°	10°
− 6°*						260°	0.03*					
− 6	−11°*	−14°*				270	0.03	0.08*	0.16*			
− 6	−11	−15	−18°*	−21°*		280	0.04	0.09	0.17	0.27*	0.39*	
− 6	−11	−15	−19	−22	−25°*	290	0.06	0.11	0.19	0.28	0.40	0.54*
− 5	−10	−15	−19	−22	−25	300	0.08	0.13	0.21	0.31	0.43	0.56
− 4	− 9	−13	−17	−21	−24	310	0.10	0.16	0.25	0.34	0.46	0.60
− 3	− 7	−11	−15	−19	−22	320	0.13	0.20	0.29	0.39	0.51	0.65
0	− 4	− 8	−12	−16	−19	330	0.17	0.24	0.34	0.45	0.57	0.71
+ 2	− 1	− 4	− 7	−11	−14	340	0.20	0.28	0.40	0.52	0.65	0.78
+ 5	+ 3	0	− 2	− 5	− 7	350	0.23	0.33	0.46	0.59	0.73	0.87
+ 8	+ 7	+ 5	+ 5	+ 3	+ 1	0	0.26	0.38	0.52	0.66	0.81	0.97
+11	+12	+11	+11	+10	+ 9	10	0.29	0.42	0.57	0.72	0.88	1.05
+14	+15	+16	+17	+17	+16	20	0.31	0.45	0.61	0.77	0.94	1.11
+16	+18	+20	+21	+21	+21	30	0.32	0.47	0.63	0.80	0.97	1.14
+18	+20	+22	+24	+25	+24	40	0.33	0.48	0.64	0.80	0.97	1.14
+19	+22	+24	+26	+27	+26	50	0.33	0.48	0.63	0.80	0.97	1.14
+20	+23	+25	+27	+27	+27	60	0.33	0.47	0.62	0.78	0.95	1.12
+20	+23	+25	+27*	+27*	+27*	70	0.32	0.45	0.60	0.76*	0.92*	1.09*
+20	+23*	+25*				80	0.30	0.43*	0.58*			
+19*						90	0.29*					

$t = \lambda + \mu + \tau$ — * Sonne unter dem Horizont

L = 200° — τ — Arg. — Γ — **L = 200°**

τ: Geographische Breite φ 60°	50°	40°	30°	20°	10°	λ + μ	Γ: Geographische Breite φ 60°	50°	40°	30°	20°	10°
				−27°*	−26°*	290°					1.16*	1.32*
−23°*	−25°*	−27°*	−27°*	−27	−26	300	0.47*	0.63*	0.80*	0.97*	1.14	1.30
−23	−25	−27	−27	−27	−26	310	0.46	0.61	0.77	0.94	1.11	1.27
−22	−24	−26	−26	−26	−25	320	0.43	0.57	0.73	0.89	1.06	1.22
−21	−23	−24	−24	−24	−23	330	0.39	0.53	0.68	0.83	0.99	1.14
−20	−21	−21	−21	−21	−19	340	0.35	0.48	0.61	0.75	0.90	1.05
−17	−18	−18	−17	−16	−13	350	0.30	0.42	0.53	0.65	0.79	0.92
−15	−15	−14	−12	−10	− 7	0	0.25	0.34	0.44	0.55	0.67	0.79
−12	−11	− 9	− 6	− 3	0	10	0.20	0.26	0.34	0.44	0.54	0.65
−10	− 8	− 5	− 1	+ 3	+ 7	20	0.15	0.20	0.26	0.34	0.43	0.52
− 7	− 4	0	+ 4	+ 9	+13	30	0.10	0.13	0.18	0.25	0.34	0.44
− 5	− 1	+ 4	+ 8	+13	+17	40	0.06	0.08	0.13	0.19	0.28	0.40
− 3	+ 2	+ 7	+11	+16	+20	50	0.03	0.05	0.09	0.16	0.25	0.37
− 1	+ 4	+ 9	+13	+17	+21	60	0.01	0.03	0.07	0.14	0.25	0.37
0	+ 5	+10	+14	+18*	+22*	70	0.00	0.02	0.07	0.14	0.25*	0.39*
+ 1*	+ 5*	+10*	+15*			80	0.00*	0.03*	0.08*	0.17*		

$t = \lambda + \mu + \tau$ — * Sonne unter dem Horizont

Sonnenfinsternisse Tafel **E 80 B (P bei 180°)**

L = 30° τ Arg. Γ **L = 30°**

τ Geographische Breite φ 60°	50°	40°	30°	20°	10°	λ + μ	Γ Geographische Breite φ 60°	50°	40°	30°	20°	10°
— 6°*						250°	0.03*					
— 7	—10°*					260	0.04	0.08*				
— 7	—11	—15°*				270	0.05	0.09	0.16*			
— 7	—12	—16	—19°*	—22°*		280	0.07	0.11	0.18	0.28*	0.40*	
— 7	—12	—16	—20	—23	—25°*	290	0.09	0.13	0.20	0.30	0.42	0.56*
— 6	—11	—15	—19	—23	—25	300	0.11	0.16	0.24	0.34	0.46	0.59
— 5	—10	—14	—18	—22	—24	310	0.14	0.20	0.28	0.38	0.50	0.64
— 4	— 8	—12	—16	—20	—23	320	0.17	0.24	0.33	0.43	0.55	0.69
— 2	— 5	— 9	—13	—17	—20	330	0.20	0.29	0.39	0.50	0.62	0.77
+ 1	— 2	— 5	— 9	—12	—15	340	0.24	0.33	0.45	0.57	0.70	0.85
+ 4	+ 2	0	— 3	— 6	— 8	350	0.27	0.38	0.51	0.64	0.78	0.93
+ 7	+ 6	+ 5	+ 4	+ 2	0	0	0.30	0.42	0.56	0.71	0.86	1.02
+10	+10	+10	+10	+ 9	+ 8	10	0.32	0.45	0.60	0.76	0.92	1.09
+13	+14	+15	+16	+16	+15	20	0.34	0.47	0.63	0.80	0.97	1.14
+15	+17	+19	+21	+21	+21	30	0.35	0.49	0.64	0.81	0.98	1.15
+17	+20	+22	+24	+24	+24	40	0.35	0.49	0.64	0.80	0.97	1.14
+18	+21	+24	+26	+26	+26	50	0.34	0.48	0.63	0.79	0.95	1.12
+19	+22	+25	+26	+27	+27	60	0.33	0.46	0.61	0.76	0.92	1.09
+19	+22	+25	+26	+27*	+27*	70	0.32	0.44	0.58	0.73	0.89*	1.06*
+19	+22	+25*	+26*			80	0.30	0.42	0.55*	0.70*		
+19	+22*					90	0.28	0.39*				
+18*						100	0.26*					

$t = \lambda + \mu + \tau$ * Sonne unter dem Horizont

L = 210° τ Arg. Γ **L = 210°**

τ Geographische Breite φ 60°	50°	40°	30°	20°	10°	λ + μ	Γ Geographische Breite φ 60°	50°	40°	30°	20°	10°
					—26°*	290°						1.30*
	—25°*	—27°*	—27°*	—27°*	—26	300		0.60*	0.78*	0.94*	1.11*	1.28
—23°*	—25	—26	—27	—27	—26	310	0.43*	0.57	0.75	0.91	1.08	1.23
—22	—24	—25	—26	—26	—25	320	0.40	0.53	0.69	0.86	1.02	1.17
—21	—23	—24	—25	—24	—23	330	0.36	0.49	0.63	0.79	0.94	1.10
—19	—21	—22	—22	—21	—19	340	0.32	0.43	0.57	0.71	0.85	0.99
—17	—18	—18	—18	—17	—14	350	0.26	0.36	0.48	0.61	0.74	0.87
—15	—15	—14	—13	—11	— 8	0	0.21	0.29	0.39	0.50	0.62	0.74
—12	—11	— 9	— 7	— 4	0	10	0.16	0.21	0.30	0.39	0.50	0.61
— 9	— 7	— 4	— 1	+ 3	+ 7	20	0.12	0.14	0.22	0.29	0.39	0.49
— 7	— 3	0	+ 4	+ 9	+13	30	0.08	0.09	0.16	0.23	0.30	0.42
— 4	0	+ 4	+ 9	+13	+17	40	0.04	0.05	0.11	0.18	0.27	0.39
— 2	+ 2	+ 7	+12	+16	+20	50	0.02	0.03	0.08	0.15	0.26	0.38
0	+ 4	+ 9	+14	+18	+22	60	0.00	0.02	0.08	0.15	0.26	0.39
+ 1*	+ 6	+11*	+15*	+19*	+22*	70	0.00*	0.03	0.08*	0.17*	0.28*	0.42*
	+ 7*					80		0.05*				

$t = \lambda + \mu + \tau$ * Sonne unter dem Horizont

Sonnenfinsternisse — Tafel **E 80 B (P bei 180°)**

L = 40°

τ 60°	τ 50°	τ 40°	τ 30°	τ 20°	τ 10°	Arg. λ + μ	Γ 60°	Γ 50°	Γ 40°	Γ 30°	Γ 20°	Γ 10°
−5°*						240°	0.02*					
−7	−10°*					250	0.03	0.09*				
−8	−11*					260	0.04	0.10*				
−8	−12	−16°*				270	0.06	0.12	0.19*			
−8	−13	−17	−20°*	−22°*		280	0.08	0.14	0.21	0.30*	0.42*	
−8	−13	−17	−20	−23	−25°*	290	0.10	0.17	0.24	0.34	0.46	0.60*
−8	−12	−16	−20	−23	−25	300	0.13	0.20	0.28	0.38	0.50	0.64
−7	−11	−15	−19	−23	−25	310	0.16	0.24	0.33	0.43	0.55	0.69
−5	−9	−13	−17	−21	−23	320	0.19	0.29	0.39	0.49	0.61	0.75
−3	−7	−11	−15	−18	−20	330	0.23	0.33	0.44	0.55	0.68	0.83
0	−3	−7	−10	−13	−16	340	0.26	0.38	0.50	0.62	0.76	0.91
+3	+1	−1	−4	−7	−9	350	0.29	0.42	0.56	0.70	0.84	1.00
+6	+5	+4	+3	+1	−1	0	0.32	0.46	0.61	0.76	0.91	1.08
+9	+9	+10	+10	+9	+8	10	0.34	0.49	0.64	0.80	0.97	1.14
+11	+13	+14	+16	+16	+15	20	0.35	0.50	0.66	0.82	0.99	1.16
+14	+16	+18	+20	+21	+21	30	0.35	0.50	0.66	0.81	0.98	1.16
+16	+19	+21	+23	+24	+24	40	0.35	0.49	0.64	0.80	0.97	1.14
+17	+20	+23	+25	+26	+26	50	0.34	0.48	0.62	0.77	0.93	1.10
+18	+21	+24	+26	+27	+27	60	0.32	0.45	0.59	0.74	0.90	1.06
+19	+22	+24	+26	+27*	+27*	70	0.29	0.42	0.56	0.70	0.85*	1.02*
+19	+22	+24*	+26*			80	0.27	0.39	0.52*	0.65*		
+18	+21*					90	0.25	0.36*				
+17	+20*					100	0.22	0.33*				
+16*						110	0.20*					

$t = \lambda + \mu + \tau$ * Sonne unter dem Horizont

L = 220°

τ 60°	τ 50°	τ 40°	τ 30°	τ 20°	τ 10°	Arg. λ + μ	Γ 60°	Γ 50°	Γ 40°	Γ 30°	Γ 20°	Γ 10°
					−26°*	290°						1.28*
		−26°*	−27°*	−27°*	−27	300			0.73*	0.90*	1.07*	1.24
−22°*	−24°*	−26	−27	−27	−27	310	0.40*	0.54*	0.70	0.86	1.03	1.20
−21	−24	−25	−26	−26	−26	320	0.36	0.49	0.65	0.80	0.96	1.12
−20	−22	−24	−24	−25	−24	330	0.32	0.44	0.58	0.72	0.88	1.04
−18	−20	−21	−22	−21	−20	340	0.28	0.38	0.51	0.64	0.79	0.94
−16	−18	−18	−18	−17	−15	350	0.23	0.31	0.42	0.54	0.67	0.81
−14	−14	−14	−13	−11	−8	0	0.17	0.24	0.34	0.44	0.55	0.67
−11	−10	−9	−7	−4	−1	10	0.13	0.17	0.25	0.34	0.44	0.56
−8	−6	−4	−1	+3	+7	20	0.08	0.11	0.18	0.25	0.34	0.46
−6	−2	+1	+5	+9	+13	30	0.05	0.07	0.12	0.19	0.28	0.41
−3	+1	+5	+9	+14	+18	40	0.02	0.04	0.09	0.16	0.25	0.39
−1	+4	+8	+13	+17	+21	50	0.01	0.02	0.08	0.15	0.25	0.40
+1	+6	+10	+15	+19	+22	60	0.00	0.02	0.08	0.17	0.28	0.43
+2*	+7*	+12*	+16*	+20*	+23*	70	0.01*	0.03*	0.10*	0.19*	0.33*	0.48*

$t = \lambda + \mu + \tau$ * Sonne unter dem Horizont

Sonnenfinsternisse

Tafel **E 80 B (P bei 180°)**

L = 50° τ Arg. Γ **L = 50°**

τ Geographische Breite φ 60°	50°	40°	30°	20°	10°	λ + μ	Γ Geographische Breite φ 60°	50°	40°	30°	20°	10°
−7°*						240°	0.03*					
−8	−11°*					250	0.04	0.09*				
−9	−12	−15°*				260	0.06	0.11	0.18*			
−9	−13	−17*	−19°*			270	0.08	0.13	0.21*	0.30*		
−10	−14	−18	−21	−23°*		280	0.10	0.16	0.24	0.33	0.46*	
−10	−14	−18	−21	−24	−26°*	290	0.13	0.20	0.28	0.37	0.50	0.64*
−9	−14	−18	−21	−24	−26	300	0.16	0.24	0.32	0.42	0.55	0.69
−8	−13	−17	−20	−23	−25	310	0.20	0.28	0.37	0.48	0.61	0.75
−6	−11	−15	−18	−21	−24	320	0.23	0.32	0.43	0.54	0.67	0.82
−4	−8	−12	−15	−18	−21	330	0.27	0.37	0.48	0.61	0.75	0.89
−2	−5	−8	−11	−14	−16	340	0.30	0.42	0.54	0.68	0.82	0.97
+1	−1	−3	−5	−7	−9	350	0.33	0.46	0.60	0.74	0.90	1.06
+4	+4	+3	+2	0	−1	0	0.35	0.49	0.64	0.80	0.96	1.13
+7	+8	+8	+9	+8	+7	10	0.36	0.51	0.67	0.83	1.00	1.17
+10	+12	+13	+15	+15	+15	20	0.37	0.51	0.67	0.83	1.00	1.18
+13	+15	+17	+19	+20	+20	30	0.36	0.50	0.66	0.82	0.99	1.16
+15	+18	+20	+23	+24	+24	40	0.35	0.48	0.63	0.78	0.95	1.12
+16	+20	+22	+25	+26	+26	50	0.33	0.46	0.60	0.74	0.91	1.08
+17	+21	+23	+26	+27	+27	60	0.31	0.43	0.56	0.70	0.86	1.02
+17	+21	+24	+26	+27	+27*	70	0.29	0.39	0.52	0.65	0.81	0.97*
+17	+21	+23	+25*	+26*		80	0.26	0.36	0.48	0.61*	0.76*	
+17	+20	+22*				90	0.23	0.33	0.44*			
+16	+19*					100	0.20	0.29*				
+15*						110	0.18*					

$t = \lambda + \mu + \tau$ * Sonne unter dem Horizont

L = 230° τ Arg. Γ **L = 230°**

τ Geographische Breite φ 60°	50°	40°	30°	20°	10°	λ + μ	Γ Geographische Breite φ 60°	50°	40°	30°	20°	10°
					−26°*	290°						1.24*
			−27°*	−27°*	−27	300				0.87*	1.03*	1.20
	−24°*	−26°*	−27	−27	−27	310		0.50*	0.65*	0.81	0.97	1.14
−20°*	−23	−25	−26	−27	−26	320	0.32*	0.45	0.59	0.75	0.91	1.06
−19	−21	−23	−24	−25	−24	330	0.28	0.39	0.52	0.67	0.83	0.98
−17	−19	−21	−21	−21	−20	340	0.23	0.33	0.45	0.59	0.73	0.87
−15	−16	−17	−17	−16	−15	350	0.18	0.27	0.36	0.49	0.62	0.75
−13	−13	−13	−12	−10	−8	0	0.14	0.20	0.27	0.38	0.50	0.62
−10	−9	−8	−6	−3	−1	10	0.09	0.14	0.20	0.30	0.39	0.51
−7	−5	−3	0	+4	+7	20	0.05	0.10	0.14	0.22	0.32	0.44
−4	−1	+2	+6	+10	+13	30	0.03	0.06	0.10	0.18	0.27	0.40
−1	+2	+6	+11	+14	+18	40	0.01	0.04	0.08	0.16	0.26	0.40
+1	+5	+10	+14	+18	+21	50	0.00	0.03	0.08	0.17	0.28	0.42
+2*	+7	+12	+16	+20	+23	60	0.01*	0.04	0.10	0.19	0.31	0.46
	+8*	+13*	+17*	+21*	+24*	70		0.06*	0.13*	0.23*	0.36*	0.51*

$t = \lambda + \mu + \tau$ * Sonne unter dem Horizont

Sonnenfinsternisse — Tafel **E 80 B (P bei 180°)**

L = 60° — τ — Arg. — Γ — **L = 60°**

τ: Geographische Breite φ 60°	50°	40°	30°	20°	10°	λ + μ	Γ: Geographische Breite φ 60°	50°	40°	30°	20°	10°
−6°*						230°	0.04*					
−8	−11°*					240	0.05	0.08*				
−9	−12*					250	0.07	0.10*				
−10	−14	−16°*				260	0.09	0.13	0.21*			
−11	−15	−18	−20°*			270	0.11	0.16	0.24	0.34*		
−11	−15	−19	−22	−24°*		280	0.14	0.19	0.28	0.37	0.50*	
−11	−15	−19	−22	−25	−26°*	290	0.17	0.23	0.32	0.42	0.55	0.69*
−11	−15	−19	−22	−25	−26	300	0.20	0.27	0.37	0.47	0.60	0.75
−10	−14	−18	−21	−24	−26	310	0.24	0.31	0.42	0.54	0.66	0.82
−8	−12	−16	−19	−22	−24	320	0.27	0.36	0.48	0.60	0.74	0.89
−6	−9	−13	−16	−19	−21	330	0.30	0.41	0.53	0.67	0.81	0.96
−3	−6	−9	−12	−14	−16	340	0.33	0.45	0.59	0.73	0.89	1.05
0	−2	−4	−6	−8	−10	350	0.36	0.49	0.64	0.79	0.96	1.12
+3	+2	+2	+1	0	−1	0	0.37	0.51	0.67	0.84	1.01	1.18
+6	+7	+8	+8	+8	+8	10	0.38	0.52	0.68	0.85	1.03	1.20
+9	+11	+13	+14	+15	+15	20	0.38	0.52	0.68	0.84	1.01	1.19
+11	+14	+17	+19	+20	+21	30	0.37	0.50	0.65	0.81	0.98	1.15
+13	+17	+20	+22	+24	+24	40	0.35	0.47	0.62	0.77	0.93	1.09
+15	+18	+22	+24	+26	+26	50	0.33	0.44	0.58	0.72	0.87	1.04
+16	+19	+23	+25	+27	+27	60	0.30	0.40	0.53	0.66	0.81	0.98
+16	+20	+23	+25	+27	+27*	70	0.27	0.36	0.48	0.61	0.75	0.91*
+16	+20	+23	+25*	+26*		80	0.24	0.32	0.43	0.55*	0.70*	
+16	+19	+22*				90	0.21	0.29	0.39*			
+15	+18*					100	0.18	0.25*				
+14	+17*					110	0.15	0.22*				
+13*						120	0.13*					

$t = \lambda + \mu + \tau$ — * Sonne unter dem Horizont

L = 240° — τ — Arg. — Γ — **L = 240°**

τ: Geographische Breite φ 60°	50°	40°	30°	20°	10°	λ + μ	Γ: Geographische Breite φ 60°	50°	40°	30°	20°	10°
			−27°*	−27°*	−27°*	300°				0.81*	0.97*	1.13*
	−23°*	−25°*	−27	−27	−27	310		0.45*	0.59*	0.76	0.91	1.07
−19°*	−22	−24	−26	−26	−26	320	0.27*	0.40	0.53	0.69	0.83	0.99
−18	−20	−22	−24	−24	−24	330	0.23	0.34	0.46	0.61	0.75	0.90
−16	−18	−20	−21	−21	−20	340	0.18	0.27	0.39	0.52	0.65	0.80
−14	−15	−16	−16	−16	−15	350	0.14	0.21	0.31	0.42	0.54	0.68
−11	−11	−11	−10	−9	−8	0	0.10	0.15	0.23	0.33	0.44	0.57
−8	−7	−6	−4	−2	+1	10	0.06	0.10	0.16	0.25	0.35	0.48
−5	−3	−1	+2	+5	+8	20	0.03	0.06	0.11	0.19	0.29	0.42
−2	+1	+4	+8	+12	+15	30	0.01	0.03	0.09	0.17	0.27	0.40
+1	+4	+8	+13	+16	+19	40	0.00	0.03	0.08	0.18	0.28	0.42
+3*	+7	+11	+16	+19	+22	50	0.01*	0.03	0.10	0.20	0.31	0.46
	+9*	+14*	+18	+21	+24	60		0.06*	0.13*	0.24	0.37	0.51
			+19*	+22*	+25*	70				0.29*	0.42*	0.57*

$t = \lambda + \mu + \tau$ — * Sonne unter dem Horizont

Sonnenfinsternisse Tafel **E 80 B (P bei 180°)**

L = 70° τ Arg. Γ **L = 70°**

τ: Geogr. Breite φ 60°	50°	40°	30°	20°	10°	Arg. λ + μ	Γ: Geogr. Breite φ 60°	50°	40°	30°	20°	10°
− 8°*						230°	0.05*					
− 9	−12°*					240	0.07	0.11*				
−11	−14*					250	0.09	0.14*				
−12	−15	−18°*				260	0.12	0.17	0.24*			
−12	−16	−19	−21°*			270	0.15	0.20	0.28	0.39*		
−13	−17	−20	−22	−24°*		280	0.18	0.24	0.32	0.44	0.56*	
−13	−17	−20	−23	−25	−27°*	290	0.21	0.28	0.37	0.49	0.62	0.75*
−12	−16	−20	−23	−25	−27	300	0.25	0.33	0.43	0.55	0.68	0.81
−11	−15	−19	−22	−25	−26	310	0.28	0.37	0.48	0.61	0.74	0.88
− 9	−13	−17	−20	−23	−24	320	0.31	0.42	0.53	0.67	0.81	0.96
− 8	−11	−14	−17	−19	−21	330	0.34	0.46	0.58	0.73	0.88	1.03
− 5	− 7	−10	−13	−15	−16	340	0.37	0.50	0.64	0.79	0.95	1.11
− 2	− 3	− 5	− 7	− 8	− 9	350	0.39	0.53	0.68	0.84	1.01	1.18
+ 1	+ 1	0	0	0	0	0	0.40	0.54	0.70	0.87	1.05	1.21
+ 4	+ 5	+ 6	+ 7	+ 8	+ 8	10	0.40	0.54	0.69	0.86	1.03	1.20
+ 7	+ 9	+11	+13	+15	+16	20	0.39	0.52	0.67	0.84	1.01	1.17
+10	+13	+16	+18	+20	+21	30	0.36	0.49	0.64	0.79	0.95	1.11
+12	+16	+19	+21	+23	+24	40	0.34	0.46	0.59	0.73	0.88	1.04
+13	+17	+21	+23	+25	+27	50	0.31	0.42	0.54	0.67	0.82	0.97
+14	+18	+22	+24	+26	+27	60	0.28	0.38	0.48	0.61	0.76	0.91
+15	+19	+22	+24	+26	+27*	70	0.25	0.33	0.43	0.56	0.70	0.84*
+15	+19	+22	+24	+25*		80	0.21	0.29	0.39	0.50	0.64*	
+14	+18	+21*	+23*			90	0.18	0.25	0.34*	0.45*		
+14	+17	+19*				100	0.15	0.22	0.30*			
+13	+16*					110	0.12	0.18*				
+12	+14*					120	0.10	0.15*				
+10*						130	0.08*					

$t = \lambda + \mu + \tau$ * Sonne unter dem Horizont

L = 250° τ Arg. Γ **L = 250°**

τ: Geogr. Breite φ 60°	50°	40°	30°	20°	10°	Arg. λ + μ	Γ: Geogr. Breite φ 60°	50°	40°	30°	20°	10°
			−26°*	−27°*	−27°*	300°				0.75*	0.91*	1.06*
	−22°*	−24°*	−26	−27	−27	310		0.40*	0.54*	0.69	0.84	1.00
−17°*	−21	−23	−25	−26	−26	320	0.23*	0.34	0.47	0.62	0.77	0.92
−16*	−19	−21	−23	−24	−24	330	0.18*	0.28	0.40	0.54	0.68	0.83
−14	−16	−18	−20	−20	−20	340	0.14	0.22	0.33	0.45	0.58	0.72
−11	−13	−14	−15	−15	−14	350	0.09	0.17	0.26	0.36	0.48	0.62
− 9	− 9	− 9	− 9	− 8	− 7	0	0.06	0.11	0.18	0.28	0.39	0.52
− 6	− 5	− 4	− 2	0	+ 2	10	0.03	0.07	0.13	0.22	0.31	0.45
− 3	− 1	+ 2	+ 4	+ 8	+10	20	0.01	0.05	0.10	0.19	0.28	0.41
0	+ 3	+ 7	+10	+13	+16	30	0.00	0.04	0.09	0.18	0.29	0.42
+ 3	+ 7	+11	+14	+18	+21	40	0.01	0.05	0.11	0.20	0.31	0.46
+ 5*	+ 9	+13	+17	+21	+23	50	0.02*	0.07	0.13	0.24	0.36	0.51
	+11*	+15*	+19*	+23*	+25	60		0.09*	0.17*	0.29*	0.42*	0.58
					+25*	70						0.64*

$t = \lambda + \mu + \tau$ * Sonne unter dem Horizont

Sonnenfinsternisse Tafel **E 80 B (P bei 180°)**

L = 80° τ Arg. Γ **L = 80°**

Geographische Breite φ (τ)						λ + μ	Geographische Breite φ (Γ)					
60°	50°	40°	30°	20°	10°		60°	50°	40°	30°	20°	10°
−10°*						230°	0.07*					
−11	−13°*					240	0.09	0.14*				
−12	−15*					250	0.12	0.17*				
−13	−16	−19°*				260	0.14	0.20	0.29*			
−14	−17	−20	−22°*			270	0.17	0.24	0.33	0.44*		
−14	−18	−21	−24	−25°*		280	0.21	0.28	0.38	0.49	0.61*	
−14	−18	−21	−24	−26	−27°*	290	0.24	0.33	0.43	0.55	0.67	0.82*
−14	−18	−21	−24	−26	−27	300	0.27	0.37	0.48	0.61	0.74	0.89
−13	−17	−20	−23	−25	−26	310	0.31	0.42	0.53	0.67	0.81	0.96
−11	−15	−18	−21	−23	−24	320	0.34	0.46	0.59	0.73	0.88	1.04
− 9	−12	−15	−18	−20	−21	330	0.37	0.50	0.64	0.79	0.95	1.11
− 7	− 9	−11	−13	−15	−16	340	0.39	0.53	0.68	0.85	1.01	1.17
− 4	− 5	− 6	− 7	− 8	− 8	350	0.40	0.55	0.71	0.88	1.05	1.22
− 1	0	0	0	0	0	0	0.40	0.55	0.71	0.89	1.06	1.23
+ 3	+ 4	+ 5	+ 7	+ 8	+ 9	10	0.40	0.54	0.70	0.87	1.03	1.20
+ 6	+ 8	+11	+13	+15	+16	20	0.38	0.51	0.66	0.82	0.98	1.14
+ 8	+11	+15	+17	+20	+21	30	0.35	0.48	0.61	0.76	0.91	1.07
+10	+14	+18	+21	+23	+24	40	0.32	0.43	0.55	0.69	0.84	0.99
+12	+16	+19	+23	+25	+26	50	0.29	0.38	0.50	0.62	0.76	0.92
+13	+17	+20	+23	+26	+27	60	0.25	0.34	0.44	0.56	0.69	0.84
+13	+17	+21	+24	+26	+27*	70	0.22	0.29	0.39	0.50	0.62	0.77*
+13	+17	+20	+23	+25*		80	0.18	0.25	0.34	0.44	0.57*	
+13	+16	+19	+22*			90	0.15	0.21	0.29	0.40*		
+12	+15	+18*				100	0.12	0.17	0.26*			
+11	+14*					110	0.09	0.14*				
+10	+13*					120	0.07	0.11*				
+ 9*						130	0.05*					

$t = \lambda + \mu + \tau$ * Sonne unter dem Horizont

L = 260° τ Arg. Γ **L = 260°**

Geographische Breite φ (τ)						λ + μ	Geographische Breite φ (Γ)					
60°	50°	40°	30°	20°	10°		60°	50°	40°	30°	20°	10°
			−26°*	−27°*	−28°*	300°				0.68*	0.83*	1.00*
	−20°*	−23°*	−25	−27	−27	310		0.33*	0.46*	0.61	0.77	0.92
−16°*	−19	−22	−24	−25	−26	320	0.19*	0.27	0.40	0.54	0.68	0.84
−14*	−17	−20	−22	−23	−23	330	0.15*	0.22	0.33	0.47	0.60	0.75
−12	−14	−16	−18	−19	−19	340	0.11	0.17	0.26	0.38	0.51	0.65
− 9	−11	−12	−13	−13	−13	350	0.07	0.12	0.20	0.30	0.42	0.56
− 6	− 7	− 7	− 7	− 6	− 5	0	0.04	0.08	0.15	0.24	0.35	0.47
− 3	− 2	− 1	0	+ 2	+ 4	10	0.02	0.05	0.11	0.19	0.30	0.43
0	+ 2	+ 4	+ 7	+10	+12	20	0.01	0.04	0.09	0.19	0.29	0.42
+ 3	+ 6	+ 9	+12	+15	+18	30	0.02	0.04	0.11	0.21	0.31	0.46
+ 5*	+ 9	+13	+16	+19	+22	40	0.02*	0.06	0.13	0.25	0.37	0.51
	+11*	+15	+19	+22	+24	50		0.09*	0.17	0.30	0.43	0.57
		+17*	+21*	+24*	+26	60				0.35*	0.49*	0.65
					+26*	70			0.22*			0.71*

$t = \lambda + \mu + \tau$ * Sonne unter dem Horizont

Sonnenfinsternisse Tafel **E 80 B (P bei 180°)**

L = 90° τ Arg. Γ **L = 90°**

τ: 60°	50°	40°	30°	20°	10°	λ + μ	Γ: 60°	50°	40°	30°	20°	10°
−11°*						230°	0.09*					
−13	−15°*					240	0.12	0.17*				
−14	−17*					250	0.15	0.21*				
−15	−18	−20°*				260	0.18	0.25	0.33*			
−16	−19	−21	−23°*			270	0.21	0.29	0.38	0.49*		
−16	−19	−22	−24	−26°*		280	0.24	0.33	0.43	0.55	0.68*	
−16	−20	−23	−25	−26	−27°*	290	0.28	0.37	0.48	0.61	0.74	0.89*
−15	−19	−22	−25	−26	−27	300	0.31	0.42	0.54	0.66	0.81	0.96
−14	−18	−21	−24	−25	−26	310	0.35	0.46	0.59	0.73	0.87	1.03
−13	−16	−19	−22	−23	−24	320	0.38	0.50	0.64	0.79	0.94	1.10
−11	−14	−16	−18	−20	−21	330	0.40	0.54	0.68	0.84	1.00	1.17
− 8	−10	−12	−13	−14	−15	340	0.42	0.56	0.72	0.88	1.06	1.22
− 5	− 6	− 7	− 7	− 8	− 8	350	0.42	0.57	0.73	0.91	1.08	1.25
− 2	− 2	− 1	0	0	+ 1	0	0.42	0.57	0.72	0.90	1.07	1.23
+ 1	+ 3	+ 4	+ 6	+ 8	+10	10	0.40	0.55	0.70	0.86	1.02	1.18
+ 4	+ 7	+ 9	+12	+15	+16	20	0.38	0.51	0.65	0.80	0.95	1.10
+ 6	+10	+13	+17	+20	+21	30	0.35	0.46	0.58	0.72	0.86	1.01
+ 8	+12	+16	+20	+23	+24	40	0.31	0.41	0.52	0.65	0.78	0.93
+10	+14	+18	+22	+24	+26	50	0.27	0.36	0.46	0.58	0.70	0.84
+11	+15	+19	+22	+25	+27	60	0.23	0.31	0.40	0.51	0.63	0.76
+12	+16	+19	+22	+25	+26*	70	0.19	0.26	0.35	0.45	0.57	0.71*
+12	+16	+19	+22	+24*		80	0.16	0.22	0.29	0.39	0.52*	
+11	+15	+18	+21*			90	0.13	0.18	0.25	0.34*		
+11	+14	+17*				100	0.10	0.15	0.21*			
+10	+13*					110	0.07	0.11*				
+ 8	+11*					120	0.06	0.09*				
+ 7	+ 9*					130	0.04	0.07*				
+ 5*						140	0.02*					

$t = \lambda + \mu + \tau$ * Sonne unter dem Horizont

L = 270° τ Arg. Γ **L = 270°**

τ: 60°	50°	40°	30°	20°	10°	λ + μ	Γ: 60°	50°	40°	30°	20°	10°
			−25°*	−27°*	−27°*	300°				0.61*	0.77*	0.93*
	−19°*	−22°*	−24	−26	−27	310		0.28*	0.39*	0.54	0.69	0.85
−14*	−17	−20	−23	−25	−25	320	0.14*	0.22	0.33	0.47	0.61	0.76
−12*	−15	−18	−20	−21	−22	330	0.10*	0.17	0.27	0.39	0.53	0.68
− 9	−12	−14	−16	−17	−18	340	0.06	0.13	0.21	0.32	0.46	0.59
− 7	− 8	− 9	−10	−11	−11	350	0.04	0.09	0.15	0.26	0.38	0.51
− 4	− 4	− 4	− 4	− 3	− 3	0	0.02	0.06	0.11	0.21	0.32	0.46
0	+ 1	+ 2	+ 3	+ 5	+ 6	10	0.01	0.05	0.10	0.20	0.30	0.44
+ 3	+ 5	+ 8	+10	+12	+14	20	0.01	0.05	0.11	0.21	0.32	0.46
+ 5	+ 9	+12	+15	+17	+20	30	0.02	0.07	0.14	0.25	0.37	0.52
+ 8*	+12	+15	+18	+21	+23	40	0.05*	0.10	0.18	0.29	0.43	0.58
	+14*	+18	+21	+24	+25	50		0.14*	0.23	0.36	0.50	0.65
		+19*	+22*	+25*	+26	60			0.28*	0.42*	0.57*	0.72
					+27*	70						0.79*

$t = \lambda + \mu + \tau$ * Sonne unter dem Horizont

Sonnenfinsternisse Tafel **E 80 B (P bei 180°)**

L = 100° τ Arg. Γ **L = 100°**

τ: Geographische Breite φ 60°	50°	40°	30°	20°	10°	λ + μ	Γ: Geographische Breite φ 60°	50°	40°	30°	20°	10°
−13°*						230°	0.12*					
−14	−16°*					240	0.15	0.21*				
−15	−18*					250	0.18	0.25*				
−16	−19	−21°*				260	0.22	0.29	0.38*			
−17	−20	−23*				270	0.25	0.33	0.43*			
−17	−21	−23	−25°*	−26°*		280	0.29	0.37	0.48	0.61*	0.75*	
−17	−21	−24	−26	−27	−28°*	290	0.32	0.42	0.53	0.67	0.81	0.96*
−17	−20	−23	−25	−27	−27	300	0.35	0.46	0.58	0.72	0.87	1.03
−16	−19	−22	−24	−26	−26	310	0.38	0.50	0.63	0.78	0.94	1.10
−14	−17	−20	−22	−23	−24	320	0.41	0.54	0.68	0.84	1.00	1.16
−12	−14	−17	−19	−20	−20	330	0.43	0.57	0.72	0.88	1.05	1.22
−10	−11	−13	−14	−14	−14	340	0.44	0.58	0.74	0.91	1.08	1.25
− 7	− 7	− 8	− 8	− 7	− 7	350	0.44	0.58	0.74	0.92	1.09	1.26
− 4	− 3	− 3	− 1	+ 1	+ 2	0	0.42	0.57	0.72	0.89	1.05	1.22
− 1	+ 1	+ 3	+ 6	+ 8	+10	10	0.40	0.54	0.68	0.83	0.99	1.14
+ 2	+ 5	+ 8	+12	+15	+17	20	0.37	0.49	0.62	0.76	0.90	1.04
+ 5	+ 8	+12	+16	+19	+21	30	0.33	0.44	0.55	0.68	0.81	0.95
+ 7	+11	+15	+19	+22	+24	40	0.29	0.38	0.48	0.60	0.72	0.86
+ 8	+13	+17	+21	+23	+26	50	0.25	0.32	0.41	0.52	0.64	0.77
+ 9	+14	+18	+21	+24	+26	60	0.21	0.27	0.35	0.46	0.57	0.70
+10	+14	+18	+21	+24	+26*	70	0.17	0.23	0.29	0.40	0.51	0.63*
+10	+14	+18	+21	+23*		80	0.14	0.19	0.25	0.34	0.45*	
+ 9	+13	+17	+19*			90	0.11	0.15	0.20	0.30*		
+ 9	+12	+15*				100	0.08	0.12	0.17*			
+ 8	+11	+14*				110	0.06	0.09	0.14*			
+ 7	+ 9*					120	0.04	0.06*				
+ 5	+ 8*					130	0.02	0.05*				
+ 3*						140	0.02*					

$t = \lambda + \mu + \tau$ * Sonne unter dem Horizont

L = 280° τ Arg. Γ **L = 280°**

τ: Geographische Breite φ 60°	50°	40°	30°	20°	10°	λ + μ	Γ: Geographische Breite φ 60°	50°	40°	30°	20°	10°
			−24°*	−26°*	−27°*	300°				0.53*	0.69*	0.86*
	−17°*	−20°*	−23	−25	−27	310		0.22*	0.33*	0.47	0.62	0.79
−11°*	−15	−18	−21	−23	−25	320	0.09*	0.17	0.27	0.40	0.54	0.71
− 9	−13	−16	−18	−20	−21	330	0.06	0.13	0.22	0.33	0.47	0.63
− 7	− 9	−12	−14	−15	−16	340	0.04	0.09	0.17	0.28	0.40	0.55
− 4	− 5	− 7	− 8	− 9	− 9	350	0.02	0.06	0.13	0.23	0.35	0.49
− 1	− 1	− 1	− 1	− 1	− 1	0	0.01	0.05	0.11	0.20	0.32	0.46
+ 2	+ 4	+ 5	+ 6	+ 7	+ 7	10	0.01	0.05	0.12	0.21	0.32	0.47
+ 5	+ 8	+10	+12	+14	+15	20	0.02	0.07	0.14	0.25	0.37	0.51
+ 8	+11	+14	+17	+19	+21	30	0.05	0.10	0.18	0.29	0.43	0.58
+10*	+14	+17	+20	+23	+24	40	0.07*	0.14	0.23	0.35	0.49	0.65
	+16*	+19	+22	+25	+26	50		0.18*	0.29	0.42	0.57	0.73
		20*	+23*	+26*	+27*	60			0.34*	0.48*	0.63*	0.80*

$t = \lambda + \mu + \tau$ * Sonne unter dem Horizont

Sonnenfinsternisse Tafel **E 80 B (P bei 180°)**

L = 110° τ Arg. Γ **L = 110°**

τ 60°	τ 50°	τ 40°	τ 30°	τ 20°	τ 10°	λ + μ	Γ 60°	Γ 50°	Γ 40°	Γ 30°	Γ 20°	Γ 10°
—16°*						240°	0.18*					
—17	—19°*					250	0.21	0.30*				
—18	—20*					260	0.24	0.34*				
—18	—21	—24°*				270	0.28	0.38	0.49*			
—19	—22	—24	—26°*	—27°*		280	0.31	0.43	0.54	0.67*	0.82*	
—19	—22	—24	—26	—27	—27°*	290	0.35	0.47	0.59	0.73	0.88	1.05*
—18	—21	—24	—26	—27	—27	300	0.38	0.51	0.64	0.79	0.94	1.11
—17	—20	—23	—25	—26	—26	310	0.41	0.55	0.69	0.84	1.00	1.17
—16	—19	—21	—23	—24	—23	320	0.43	0.58	0.73	0.89	1.05	1.23
—14	—16	—18	—19	—20	—19	330	0.44	0.60	0.76	0.92	1.09	1.26
—11	—13	—14	—14	—14	—14	340	0.44	0.60	0.77	0.94	1.11	1.28
— 8	— 9	— 9	— 8	— 7	— 6	350	0.43	0.59	0.75	0.92	1.09	1.26
— 5	— 4	— 3	— 2	0	+ 2	0	0.41	0.56	0.72	0.88	1.03	1.19
— 2	0	+ 2	+ 5	+ 8	+10	10	0.38	0.52	0.67	0.80	0.95	1.10
0	+ 4	+ 7	+11	+14	+17	20	0.35	0.47	0.59	0.72	0.85	0.99
+ 3	+ 7	+11	+15	+18	+21	30	0.31	0.41	0.52	0.63	0.75	0.88
+ 5	+10	+14	+18	+21	+23	40	0.27	0.35	0.45	0.54	0.66	0.79
+ 6	+11	+15	+19	+22	+25	50	0.22	0.30	0.38	0.47	0.57	0.71
+ 7	+12	+16	+20	+23	+25	60	0.18	0.25	0.32	0.41	0.50	0.64
+ 8	+12	+16	+20	+23	+25*	70	0.14	0.20	0.26	0.35	0.45	0.58*
+ 8	+12	+16	+19	+22*		80	0.11	0.16	0.21	0.30	0.40*	
+ 8	+12	+16	+18*			90	0.08	0.12	0.17	0.26*		
+ 7	+11	+14*				100	0.05	0.09	0.14*			
+ 6	+10*					110	0.03	0.07*				
+ 5	+ 8*					120	0.02	0.05*				
+ 3	+ 6*					130	0.01	0.04*				
+ 2*						140	0.00*					

$t = \lambda + \mu + \tau$ * Sonne unter dem Horizont

L = 290° τ Arg. Γ **L = 290°**

τ 60°	τ 50°	τ 40°	τ 30°	τ 20°	τ 10°	λ + μ	Γ 60°	Γ 50°	Γ 40°	Γ 30°	Γ 20°	Γ 10°
		—20°*	—23°*	—25°*	—27°*	300°			0.32*	0.46*	0.62*	0.77*
	—15°*	—19	—22	—24	—26	310		0.17*	0.27	0.40	0.55	0.71
— 9°*	—13	—17	—20	—22	—24	320	0.07*	0.13	0.22	0.34	0.48	0.64
— 7	—10	—13	—16	—18	—20	330	0.05	0.10	0.18	0.29	0.42	0.57
— 4	— 7	— 9	—11	—13	—15	340	0.03	0.07	0.14	0.24	0.37	0.51
— 1	— 3	— 4	— 5	— 6	— 8	350	0.02	0.05	0.12	0.21	0.34	0.47
+ 2	+ 2	+ 2	+ 2	+ 2	+ 1	0	0.02	0.06	0.12	0.22	0.34	0.47
+ 5	+ 6	+ 7	+ 8	+10	+10	10	0.03	0.07	0.14	0.25	0.37	0.50
+ 8	+10	+12	+14	+16	+17	20	0.05	0.10	0.18	0.30	0.43	0.57
+10	+13	+16	+19	+21	+22	30	0.08	0.14	0.24	0.36	0.51	0.65
+12*	+16	+19	+22	+24	+25	40	0.11*	0.19	0.29	0.42	0.58	0.73
	+17*	+21*	+24	+26	+27	50		0.23*	0.35*	0.49	0.64	0.80
			+24*	+26*	+27*	60				0.55*	0.71*	0.86*

$t = \lambda + \mu + \tau$ * Sonne unter dem Horizont

Sonnenfinsternisse — Tafel **E 80 B (P bei 180°)**

L = 120° — τ — Arg. — Γ — **L = 120°**

τ: Geogr. Breite φ 60°	50°	40°	30°	20°	10°	λ + μ	Γ: Geogr. Breite φ 60°	50°	40°	30°	20°	10°
−17°*						240°	0.22*					
−18	−20°*					250	0.25	0.34*				
−19	−21*					260	0.28	0.38*				
−20	−22	−24°*				270	0.32	0.42	0.54*			
−20	−23	−25	−27°*	−27°*		280	0.35	0.46	0.59	0.73*	0.88*	
−20	−23	−25	−27	−27	−27°*	290	0.38	0.50	0.64	0.79	0.94	1.11*
−20	−23	−25	−26	−27	−27	300	0.41	0.54	0.69	0.84	1.00	1.17
−19	−22	−24	−25	−26	−26	310	0.43	0.58	0.73	0.89	1.05	1.22
−17	−20	−22	−23	−24	−23	320	0.45	0.60	0.76	0.93	1.10	1.27
−15	−17	−19	−20	−20	−19	330	0.45	0.61	0.78	0.95	1.12	1.29
−13	−14	−15	−15	−14	−13	340	0.45	0.61	0.78	0.95	1.11	1.29
−10	−10	−10	−9	−8	−5	350	0.44	0.59	0.75	0.92	1.08	1.24
−7	−6	−4	−2	0	+3	0	0.41	0.55	0.70	0.86	1.01	1.16
−4	−2	+1	+4	+7	+10	10	0.38	0.50	0.63	0.77	0.91	1.05
−1	+2	+6	+9	+13	+16	20	0.33	0.44	0.56	0.68	0.80	0.94
+1	+5	+9	+13	+17	+20	30	0.29	0.38	0.49	0.59	0.70	0.82
+3	+8	+12	+16	+20	+23	40	0.24	0.31	0.40	0.50	0.60	0.72
+5	+10	+14	+18	+21	+24	50	0.20	0.25	0.33	0.42	0.52	0.64
+6	+11	+15	+19	+22	+25	60	0.16	0.20	0.27	0.36	0.45	0.57
+6	+11	+15	+19	+22	+24	70	0.12	0.16	0.21	0.30	0.40	0.52
+6	+11	+15	+18	+21*	+23*	80	0.09	0.12	0.17	0.26	0.36*	0.48*
+6	+10	+14	+17*			90	0.06	0.09	0.14	0.22*		
+5	+9	+13*				100	0.04	0.06	0.11*			
+4	+8*					110	0.02	0.05*				
+3	+6*					120	0.01	0.03*				
+2*						130	0.00*					

$t = \lambda + \mu + \tau$ — * Sonne unter dem Horizont

L = 300° — τ — Arg. — Γ — **L = 300°**

τ: Geogr. Breite φ 60°	50°	40°	30°	20°	10°	λ + μ	Γ: Geogr. Breite φ 60°	50°	40°	30°	20°	10°
					−26°*	290°						0.77*
	−14°*	−18°*	−22°*	−24°*	−26	300		0.16*	0.27*	0.40*	0.55*	0.71
−9°*	−13	−17	−21	−23	−25	310	0.06*	0.12	0.22	0.35	0.49	0.65
−7	−11	−15	−18	−21	−23	320	0.04	0.09	0.18	0.30	0.43	0.59
−5	−8	−11	−14	−17	−19	330	0.03	0.07	0.15	0.25	0.38	0.54
−2	−4	−7	−9	−11	−14	340	0.02	0.05	0.13	0.22	0.35	0.50
+1	0	−1	−3	−4	−6	350	0.02	0.05	0.13	0.22	0.34	0.49
+4	+4	+4	+4	+4	+3	0	0.03	0.07	0.15	0.25	0.37	0.51
+7	+9	+10	+11	+11	+11	10	0.05	0.10	0.19	0.29	0.42	0.56
+10	+13	+15	+16	+17	+18	20	0.08	0.14	0.24	0.35	0.49	0.64
+12	+15	+18	+20	+22	+23	30	0.11	0.18	0.29	0.42	0.57	0.72
+14*	+17	+21	+23	+25	+25	40	0.15*	0.23	0.35	0.49	0.64	0.80
	+19*	+22	+25	+26	+26	50		0.27*	0.41	0.55	0.71	0.87
		+23*	+25*	+27*	+27*	60			0.46*	0.61*	0.77*	0.94*

$t = \lambda + \mu + \tau$ — * Sonne unter dem Horizont

Sonnenfinsternisse — Tafel **E 80 B (P bei 180°)**

L = 130°

τ: Geogr. Breite φ 60°	50°	40°	30°	20°	10°	Arg. λ + μ	Γ: Geogr. Breite φ 60°	50°	40°	30°	20°	10°
−19°*						250°	0.29*					
−20	−22°*					260	0.32	0.43*				
−21	−23	−25°*				270	0.36	0.47	0.59*			
−21	−24	−26	−27°*			280	0.39	0.51	0.64	0.79*		
−21	−24	−26	−27	−28°*	−27°*	290	0.42	0.55	0.69	0.84	1.00*	1.17*
−21	−23	−26	−27	−27	−27	300	0.44	0.58	0.73	0.89	1.06	1.23
−20	−22	−24	−26	−26	−25	310	0.46	0.61	0.76	0.93	1.10	1.27
−18	−21	−22	−23	−24	−22	320	0.47	0.62	0.78	0.96	1.13	1.30
−16	−18	−20	−20	−20	−19	330	0.47	0.62	0.78	0.96	1.13	1.31
−14	−15	−16	−15	−15	−13	340	0.46	0.61	0.77	0.95	1.12	1.28
−12	−11	−11	−10	− 8	− 5	350	0.43	0.58	0.74	0.90	1.07	1.22
− 9	− 7	− 6	− 3	− 1	+ 3	0	0.40	0.54	0.68	0.83	0.97	1.12
− 6	− 3	− 1	+ 3	+ 6	+10	10	0.36	0.48	0.60	0.73	0.86	0.99
− 3	0	+ 4	+ 8	+12	+16	20	0.32	0.42	0.52	0.63	0.75	0.87
− 1	+ 3	+ 8	+12	+16	+20	30	0.27	0.35	0.43	0.53	0.64	0.76
+ 1	+ 6	+11	+15	+19	+22	40	0.22	0.29	0.35	0.44	0.54	0.67
+ 3	+ 8	+12	+17	+20	+23	50	0.17	0.23	0.29	0.37	0.47	0.59
+ 4	+ 9	+13	+18	+21	+24	60	0.13	0.17	0.22	0.30	0.40	0.52
+ 5	+ 9	+14	+18	+21	+23	70	0.10	0.13	0.17	0.26	0.35	0.48
+ 5	+ 9	+13	+17	+20*	+22*	80	0.07	0.10	0.14	0.22	0.31*	0.44*
+ 4	+ 9	+13	+16*			90	0.04	0.07	0.11	0.19*		
+ 4	+ 8	+11*				100	0.02	0.05	0.09*			
+ 3	+ 7*					110	0.01	0.04*				
+ 2	+ 5*					120	0.00	0.03*				
0*						130	0.00*					

$t = \lambda + \mu + \tau$ * Sonne unter dem Horizont

L = 310°

τ: Geogr. Breite φ 60°	50°	40°	30°	20°	10°	Arg. λ + μ	Γ: Geogr. Breite φ 60°	50°	40°	30°	20°	10°
					−26°*	290°						0.70*
	−13°*	−17°*	−21°*	−24°*	−26	300		0.12*	0.22*	0.34*	0.49*	0.65
− 7°*	−11	−16	−19	−22	−24	310	0.03*	0.09	0.19	0.30	0.44	0.59
− 5	− 9	−13	−17	−20	−22	320	0.02	0.07	0.16	0.27	0.40	0.55
− 3	− 6	− 9	−13	−16	−18	330	0.02	0.06	0.14	0.24	0.37	0.51
0	− 2	− 5	− 7	−10	−12	340	0.02	0.06	0.14	0.23	0.35	0.49
+ 3	+ 2	+ 1	− 1	− 3	− 5	350	0.03	0.08	0.15	0.25	0.37	0.50
+ 6	+ 6	+ 6	+ 6	+ 5	+ 4	0	0.05	0.11	0.19	0.29	0.41	0.56
+ 9	+10	+12	+12	+13	+12	10	0.08	0.14	0.24	0.35	0.48	0.62
+12	+14	+16	+18	+18	+19	20	0.11	0.19	0.30	0.42	0.56	0.71
+14	+17	+19	+21	+22	+23	30	0.14	0.24	0.35	0.48	0.64	0.80
+16	+19	+22	+24	+25	+26	40	0.18	0.28	0.41	0.55	0.71	0.87
+17*	+20*	+23	+25	+27	+27	50	0.21*	0.33*	0.46	0.61	0.78	0.94
		+24*	+26*	+27*	+28*	60			0.51*	0.66*	0.83	1.00*

$t = \lambda + \mu + \tau$ * Sonne unter dem Horizont

Sonnenfinsternisse Tafel **E 80 B (P bei 180°)**

L = 140° τ Arg. Γ **L = 140°**

τ Geographische Breite φ 60°	50°	40°	30°	20°	10°	λ + μ	Γ Geographische Breite φ 60°	50°	40°	30°	20°	10°
−21°*						260°	0.35*					
−22	−24°*					270	0.38	0.51*				
−22	−24	−26°*	−27°*			280	0.41	0.54	0.69*	0.84*		
−22	−24	−26	−27	−27°*	−27°*	290	0.44	0.57	0.73	0.89	1.05*	1.22*
−22	−24	−26	−27	−27	−26	300	0.46	0.60	0.76	0.93	1.10	1.27
−21	−23	−25	−26	−26	−25	310	0.47	0.62	0.78	0.95	1.12	1.30
−20	−22	−23	−24	−24	−23	320	0.48	0.63	0.80	0.97	1.14	1.32
−18	−19	−20	−21	−20	−19	330	0.47	0.62	0.79	0.96	1.13	1.31
−16	−16	−17	−16	−15	−13	340	0.46	0.60	0.77	0.94	1.10	1.26
−13	−13	−12	−11	− 9	− 6	350	0.43	0.57	0.72	0.88	1.03	1.19
−10	− 9	− 7	− 5	− 2	+ 2	0	0.39	0.51	0.65	0.79	0.93	1.07
− 7	− 5	− 2	+ 1	+ 5	+ 9	10	0.35	0.45	0.58	0.69	0.81	0.94
− 5	− 1	+ 2	+ 7	+11	+14	20	0.30	0.39	0.49	0.59	0.69	0.82
− 2	+ 2	+ 6	+11	+15	+19	30	0.25	0.32	0.40	0.49	0.58	0.70
0	+ 4	+ 9	+14	+18	+21	40	0.20	0.25	0.32	0.40	0.49	0.61
+ 1	+ 6	+11	+15	+19	+23	50	0.15	0.19	0.25	0.32	0.42	0.54
+ 2	+ 7	+12	+16	+20	+23	60	0.11	0.14	0.20	0.27	0.36	0.48
+ 3	+ 8	+12	+16	+20	+23	70	0.08	0.10	0.16	0.22	0.32	0.43
+ 3	+ 8	+12	+16	+19*	+22*	80	0.05	0.07	0.12	0.18	0.28*	0.41*
+ 3	+ 7	+11	+15*			90	0.03	0.04	0.10	0.16*		
+ 3	+ 7	+10*				100	0.01	0.03	0.09*			
+ 2	+ 5*					110	0.00	0.02*				
+ 1*						120	0.00*					

$t = \lambda + \mu + \tau$ * Sonne unter dem Horizont

L = 320° τ Arg. Γ **L = 320°**

τ Geographische Breite φ 60°	50°	40°	30°	20°	10°	λ + μ	Γ Geographische Breite φ 60°	50°	40°	30°	20°	10°
	−13°*	−17°*	−20°*	−23°*	−25°*	290°		0.13*	0.22*	0.34*	0.48*	0.65*
− 7°*	−12	−16	−20	−23	−25	300	0.03*	0.10	0.19	0.30	0.44	0.61
− 6	−10	−14	−18	−22	−24	310	0.02	0.08	0.17	0.27	0.41	0.57
− 4	− 8	−12	−16	−19	−22	320	0.02	0.07	0.15	0.25	0.38	0.53
− 1	− 5	− 8	−12	−15	−18	330	0.02	0.07	0.15	0.24	0.36	0.51
+ 2	− 1	− 3	− 6	− 9	−12	340	0.03	0.08	0.16	0.25	0.37	0.52
+ 5	+ 4	+ 2	0	− 2	− 4	350	0.05	0.11	0.19	0.28	0.40	0.55
+ 8	+ 8	+ 8	+ 7	+ 6	+ 5	0	0.07	0.14	0.24	0.34	0.46	0.61
+11	+12	+13	+13	+13	+12	10	0.11	0.19	0.29	0.40	0.54	0.69
+13	+15	+17	+18	+19	+19	20	0.14	0.24	0.35	0.47	0.62	0.78
+15	+18	+21	+22	+23	+23	30	0.17	0.28	0.41	0.54	0.69	0.86
+17	+20	+23	+25	+26	+26	40	0.21	0.33	0.46	0.61	0.76	0.93
+18*	+21	+24	+26	+27	+27	50	0.24*	0.37	0.51	0.66	0.82	0.99
	+22*	+24*	+26*	+27*	+28*	60		0.40*	0.55*	0.70*	0.87*	1.05*

$t = \lambda + \mu + \tau$ * Sonne unter dem Horizont

Sonnenfinsternisse

Tafel **E 80 B (P bei 180°)**

L = 150° τ Arg. Γ **L = 150°**

τ: 60°	τ: 50°	τ: 40°	τ: 30°	τ: 20°	τ: 10°	λ + μ	Γ: 60°	Γ: 50°	Γ: 40°	Γ: 30°	Γ: 20°	Γ: 10°
−22°*						270°	0.42*					
−23	−25°*	−26°*	−27°*			280	0.44	0.58*	0.73*	0.89*		
−23	−25	−26	−27	−27°*	−26°*	290	0.46	0.61	0.77	0.93	1.10*	1.27*
−22	−25	−26	−27	−27	−26	300	0.48	0.63	0.80	0.96	1.13	1.30
−21	−24	−25	−26	−26	−25	310	0.48	0.64	0.81	0.98	1.16	1.32
−20	−22	−24	−24	−24	−23	320	0.48	0.64	0.81	0.98	1.16	1.32
−19	−20	−21	−21	−21	−19	330	0.47	0.62	0.80	0.97	1.14	1.29
−17	−18	−18	−17	−16	−13	340	0.45	0.59	0.76	0.92	1.08	1.24
−14	−14	−13	−12	−10	− 7	350	0.42	0.54	0.70	0.85	1.00	1.14
−12	−10	− 9	− 6	− 3	+ 1	0	0.38	0.49	0.63	0.76	0.89	1.02
− 9	− 6	− 4	0	+ 4	+ 8	10	0.33	0.43	0.54	0.65	0.77	0.89
− 6	− 3	+ 1	+ 5	+ 9	+13	20	0.28	0.36	0.45	0.55	0.65	0.76
− 4	0	+ 5	+ 9	+13	+17	30	0.23	0.29	0.36	0.44	0.53	0.65
− 2	+ 3	+ 8	+12	+16	+20	40	0.18	0.22	0.28	0.36	0.44	0.56
0	+ 5	+10	+14	+18	+21	50	0.13	0.16	0.22	0.29	0.38	0.49
+ 1	+ 6	+11	+15	+19	+22	60	0.09	0.11	0.16	0.23	0.33	0.44
+ 2	+ 7	+11	+15	+19	+22	70	0.06	0.08	0.13	0.19	0.29	0.41
+ 2	+ 7	+11	+15	+18*	+21*	80	0.04	0.05	0.10	0.17	0.26*	0.39*
+ 2	+ 7	+11*	+14*			90	0.02	0.03	0.08*	0.15*		
+ 2	+ 6*					100	0.01	0.02*				
+ 1	+ 5*					110	0.00	0.02*				
0*						120	0.00*					

t = λ + μ + τ * Sonne unter dem Horizont

L = 330° τ Arg. Γ **L = 330°**

τ: 60°	τ: 50°	τ: 40°	τ: 30°	τ: 20°	τ: 10°	λ + μ	Γ: 60°	Γ: 50°	Γ: 40°	Γ: 30°	Γ: 20°	Γ: 10°
− 7°*	−11°*	−16°*	−20°*	−23°*	−25°*	290°	0.04*	0.10*	0.18*	0.30*	0.44*	0.59*
− 6	−11	−15	−19	−22	−25	300	0.03	0.08	0.16	0.28	0.41	0.56
− 4	− 9	−13	−17	−21	−24	310	0.03	0.07	0.15	0.26	0.38	0.52
− 2	− 6	−11	−15	−18	−21	320	0.03	0.07	0.14	0.25	0.37	0.51
0	− 3	− 7	−11	−14	−17	330	0.04	0.08	0.16	0.25	0.38	0.51
+ 3	+ 1	− 2	− 5	− 8	−11	340	0.06	0.11	0.18	0.28	0.40	0.54
+ 6	+ 5	+ 3	+ 1	− 1	− 3	350	0.08	0.14	0.22	0.33	0.45	0.59
+ 9	+ 9	+ 9	+ 8	+ 7	+ 5	0	0.11	0.18	0.28	0.39	0.52	0.66
+12	+13	+14	+14	+14	+13	10	0.15	0.23	0.34	0.47	0.61	0.75
+14	+16	+18	+19	+19	+19	20	0.18	0.27	0.40	0.54	0.69	0.84
+16	+19	+21	+23	+23	+23	30	0.21	0.32	0.45	0.60	0.76	0.92
+18	+21	+23	+25	+26	+26	40	0.24	0.36	0.50	0.66	0.82	0.98
+19	+22	+24	+26	+27	+27	50	0.27	0.40	0.54	0.70	0.87	1.04
+19*	+22*	+25*	+27*	+27*	+27	60	0.30*	0.42*	0.58*	0.74*	0.91*	1.07
					+27*	70						1.11*

t = λ + μ + τ * Sonne unter dem Horizont

Sonnenfinsternisse — Tafel **E 80 B (P bei 180°)**

L = 160° τ — Arg. — Γ — **L = 160°**

τ: Geographische Breite φ 60°	50°	40°	30°	20°	10°	λ + μ	Γ: Geographische Breite φ 60°	50°	40°	30°	20°	10°
−23°*						270°	0.45*					
−23	−25°*	−27°*				280	0.47	0.61*	0.76*			
−23	−25	−27	−28°*	−27°*	−26°*	290	0.48	0.63	0.79	0.95*	1.13*	1.30*
−23	−25	−27	−27	−27	−26	300	0.49	0.64	0.80	0.97	1.15	1.32
−22	−25	−26	−26	−26	−25	310	0.49	0.65	0.81	0.98	1.16	1.33
−21	−23	−24	−25	−24	−23	320	0.48	0.64	0.80	0.97	1.15	1.31
−20	−21	−22	−22	−21	−19	330	0.47	0.61	0.78	0.95	1.12	1.28
−18	−19	−19	−18	−17	−14	340	0.44	0.58	0.74	0.90	1.06	1.20
−16	−16	−15	−13	−11	− 8	350	0.40	0.53	0.67	0.81	0.96	1.09
−13	−12	−10	− 8	− 5	− 1	0	0.35	0.47	0.59	0.71	0.84	0.97
−10	− 8	− 5	− 2	+ 2	+ 6	10	0.30	0.40	0.50	0.60	0.72	0.83
− 7	− 4	− 1	+ 3	+ 8	+12	20	0.25	0.32	0.41	0.49	0.60	0.70
− 5	− 1	+ 3	+ 7	+12	+16	30	0.20	0.25	0.32	0.39	0.49	0.60
− 3	+ 2	+ 6	+11	+15	+19	40	0.15	0.19	0.25	0.31	0.40	0.51
− 1	+ 4	+ 8	+13	+17	+21	50	0.11	0.13	0.18	0.24	0.34	0.44
0	+ 5	+10	+14	+18	+22	60	0.07	0.09	0.13	0.20	0.29	0.41
+ 1	+ 6	+11	+15	+19	+22*	70	0.04	0.06	0.10	0.17	0.26	0.38*
+ 1	+ 6	+11	+15	+18*		80	0.02	0.03	0.08	0.15	0.25*	
+ 1	+ 6	+10*	+14*			90	0.01	0.02	0.07*	0.14*		
+ 1	+ 5*					100	0.00	0.02*				
+ 0*						110	0.00*					

$t = \lambda + \mu + \tau$ — * Sonne unter dem Horizont

L = 340° τ — Arg. — Γ — **L = 340°**

τ: Geographische Breite φ 60°	50°	40°	30°	20°	10°	λ + μ	Γ: Geographische Breite φ 60°	50°	40°	30°	20°	10°
− 6°*	−11°*					280°	0.04*	0.09*				
− 6	−11	−15°*	−19°*	−22°*	−25°*	290	0.03	0.08	0.17*	0.28*	0.40*	0.56*
− 5	−10	−14	−18	−21	−24	300	0.03	0.07	0.15	0.26	0.38	0.54
− 4	− 8	−13	−17	−20	−23	310	0.03	0.07	0.15	0.26	0.37	0.52
− 2	− 6	−10	−14	−18	−21	320	0.04	0.08	0.16	0.26	0.37	0.52
+ 1	− 3	− 6	−10	−14	−17	330	0.05	0.10	0.18	0.28	0.39	0.53
+ 3	+ 1	− 2	− 5	− 8	−11	340	0.08	0.13	0.22	0.32	0.43	0.58
+ 6	+ 5	+ 4	+ 1	− 1	− 4	350	0.11	0.17	0.27	0.38	0.50	0.64
+ 9	+ 9	+ 9	+ 8	+ 6	+ 4	0	0.14	0.22	0.33	0.45	0.58	0.72
+12	+13	+14	+14	+13	+12	10	0.17	0.27	0.39	0.52	0.66	0.81
+15	+17	+18	+19	+19	+18	20	0.21	0.31	0.45	0.59	0.74	0.90
+17	+19	+21	+23	+23	+23	30	0.24	0.35	0.50	0.65	0.81	0.97
+18	+21	+23	+25	+26	+25	40	0.27	0.39	0.54	0.70	0.87	1.03
+19	+22	+24	+26	+27	+27	50	0.29	0.42	0.58	0.74	0.90	1.07
+20*	+23*	+25*	+27*	+27	+27	60	0.31*	0.44*	0.60*	0.77*	0.93	1.10
				+27*	+27*	70					0.96*	1.13*

$t = \lambda + \mu + \tau$ — * Sonne unter dem Horizont

Sonnenfinsternisse — Tafel **E 80 B (P bei 180°)**

L = 170° — τ — Arg. — Γ — **L = 170°**

τ, Geographische Breite φ: 60°	50°	40°	30°	20°	10°	λ + μ	Γ, Geographische Breite φ: 60°	50°	40°	30°	20°	10°
−23*						280°	0.48*					
−24	−26*	−27*	−27*	−27*	−26*	290	0.49	0.64*	0.81*	0.98*	1.15*	1.32*
−24	−26	−27	−27	−27	−26	300	0.49	0.65	0.82	0.99	1.16	1.33
−23	−25	−26	−27	−26	−25	310	0.49	0.65	0.82	0.99	1.16	1.33
−22	−24	−25	−25	−24	−23	320	0.48	0.64	0.80	0.97	1.15	1.30
−20	−22	−23	−23	−22	−20	330	0.45	0.61	0.77	0.93	1.10	1.25
−18	−20	−20	−19	−18	−15	340	0.42	0.56	0.72	0.87	1.03	1.17
−16	−16	−16	−14	−12	− 9	350	0.38	0.50	0.64	0.79	0.93	1.06
−14	−13	−11	− 9	− 6	− 2	0	0.33	0.44	0.55	0.68	0.81	0.93
−11	− 9	− 7	− 3	0	+ 5	10	0.28	0.37	0.46	0.57	0.68	0.79
− 8	− 5	− 2	+ 2	+ 6	+11	20	0.23	0.29	0.37	0.46	0.56	0.66
− 6	− 2	+ 2	+ 6	+11	+15	30	0.18	0.22	0.28	0.36	0.45	0.55
− 4	0	+ 5	+10	+14	+18	40	0.13	0.16	0.21	0.28	0.37	0.47
− 2	+ 2	+ 7	+12	+16	+20	50	0.09	0.11	0.16	0.22	0.31	0.42
− 1	+ 4	+ 9	+14	+18	+21	60	0.06	0.07	0.11	0.18	0.27	0.39
0	+ 5	+10	+14	+18	+21	70	0.03	0.05	0.08	0.15	0.26	0.37
+ 1	+ 5	+10	+14*	+18*	+21*	80	0.01	0.03	0.07	0.14*	0.25*	0.37*
+ 1	+ 5	+ 9*				90	0.00	0.02	0.07*			
0*	+ 5*					100	0.00*	0.02*				

$t = \lambda + \mu + \tau$ — * Sonne unter dem Horizont

L = 350° — τ — Arg. — Γ — **L = 350°**

τ, Geographische Breite φ: 60°	50°	40°	30°	20°	10°	λ + μ	Γ, Geographische Breite φ: 60°	50°	40°	30°	20°	10°
− 6*	−11*	−15*				280°	0.03*	0.08*	0.16*			
− 5	−10	−15	−19*	−22*	−24*	290	0.03	0.08	0.15	0.26*	0.39*	0.54*
− 4	− 9	−14	−18	−21	−24	300	0.03	0.08	0.15	0.26	0.39	0.53
− 3	− 8	−12	−17	−20	−23	310	0.04	0.09	0.16	0.26	0.39	0.53
− 1	− 5	−10	−14	−18	−21	320	0.06	0.11	0.18	0.28	0.41	0.54
+ 1	− 2	− 6	−10	−14	−17	330	0.08	0.14	0.21	0.32	0.44	0.57
+ 4	+ 1	− 2	− 5	− 8	−11	340	0.11	0.18	0.26	0.37	0.49	0.62
+ 7	+ 5	+ 3	+ 1	− 2	− 4	350	0.14	0.22	0.32	0.44	0.56	0.70
+10	+ 9	+ 9	+ 8	+ 6	+ 4	0	0.17	0.27	0.38	0.51	0.65	0.79
+12	+13	+14	+14	+13	+11	10	0.21	0.32	0.44	0.58	0.73	0.88
+15	+17	+18	+19	+19	+18	20	0.24	0.36	0.49	0.65	0.81	0.97
+17	+19	+21	+22	+23	+22	30	0.27	0.40	0.54	0.70	0.87	1.03
+19	+21	+24	+25	+25	+25	40	0.29	0.43	0.57	0.74	0.91	1.08
+20	+22	+25	+26	+26	+27	50	0.31	0.45	0.60	0.77	0.94	1.11
+20	+23	+25	+27	+27	+27	60	0.32	0.47	0.62	0.78	0.96	1.13
+20*	+23*	+25*	+27*	+27*	+27*	70	0.33*	0.48*	0.63*	0.79*	0.97*	1.14*

$t = \lambda + \mu + \tau$ — * Sonne unter dem Horizont

Sonnenfinsternisse Tafel **E 80 B (P bei 180°)**

L = 180° τ Arg. Γ **L = 180°**

τ: Geographische Breite φ 60°	50°	40°	30°	20°	10°	λ + μ	Γ: Geographische Breite φ 60°	50°	40°	30°	20°	10°
−24°*	−26°*	−27°*	−28°*	−27°*	−26°*	290°	0.50*	0.65*	0.82*	0.99*	1.16*	1.33*
−24	−26	−27	−28	−27	−26	300	0.50	0.65	0.82	0.99	1.16	1.33
−23	−25	−27	−27	−26	−25	310	0.49	0.64	0.81	0.98	1.15	1.31
−22	−24	−25	−26	−25	−24	320	0.47	0.62	0.78	0.95	1.12	1.28
−21	−23	−23	−23	−23	−21	330	0.44	0.59	0.74	0.90	1.07	1.23
−19	−20	−21	−20	−19	−16	340	0.40	0.54	0.69	0.84	0.99	1.14
−17	−17	−17	−16	−14	−11	350	0.36	0.48	0.62	0.75	0.89	1.02
−15	−14	−13	−11	− 8	− 4	0	0.31	0.40	0.53	0.65	0.77	0.88
−12	−10	− 8	− 5	− 1	+ 3	10	0.26	0.33	0.43	0.53	0.63	0.74
− 9	− 6	− 3	+ 1	+ 5	+ 9	20	0.20	0.26	0.33	0.41	0.51	0.62
− 7	− 3	+ 1	+ 5	+10	+14	30	0.15	0.19	0.25	0.32	0.41	0.51
− 5	0	+ 4	+ 9	+14	+18	40	0.11	0.13	0.18	0.24	0.34	0.44
− 3	+ 2	+ 7	+12	+16	+20	50	0.07	0.09	0.13	0.19	0.28	0.40
− 1	+ 4	+ 9	+13	+17	+21	60	0.04	0.05	0.10	0.16	0.25	0.38
0	+ 5	+10	+14	+18	+21*	70	0.02	0.03	0.08	0.14	0.24	0.37*
0	+ 5	+10	+14*	+18*		80	0.01	0.02	0.07	0.14*	0.24*	
0	+ 5*	+10*				90	0.01	0.02*	0.08*			
0*						100	0.01*					

$t = \lambda + \mu + \tau$ * Sonne unter dem Horizont

L = 360° τ Arg. Γ **L = 360°**

τ: Geographische Breite φ 60°	50°	40°	30°	20°	10°	λ + μ	Γ: Geographische Breite φ 60°	50°	40°	30°	20°	10°
− 6°*	−10°*					270°	0.03*	0.08*				
− 6	−11	−15°*	−18°*			280	0.03	0.08	0.15*	0.26*		
− 5	−10	−15	−19	−22°*	−24°*	290	0.03	0.08	0.15	0.26	0.39*	0.53*
− 4	− 9	−14	−18	−21	−24	300	0.04	0.09	0.16	0.26	0.39	0.53
− 3	− 8	−12	−16	−20	−23	310	0.06	0.11	0.18	0.28	0.41	0.54
− 1	− 6	−10	−14	−18	−21	320	0.08	0.14	0.21	0.31	0.44	0.57
+ 1	− 3	− 7	−11	−14	−17	330	0.11	0.17	0.25	0.35	0.48	0.61
+ 4	+ 1	− 2	− 6	− 9	−12	340	0.14	0.21	0.30	0.41	0.54	0.68
+ 7	+ 5	+ 3	+ 1	− 2	− 5	350	0.17	0.26	0.36	0.48	0.62	0.76
+ 9	+ 9	+ 8	+ 7	+ 5	+ 3	0	0.20	0.31	0.42	0.56	0.70	0.85
+12	+13	+13	+13	+12	+10	10	0.24	0.36	0.48	0.63	0.79	0.94
+15	+17	+18	+18	+18	+17	20	0.27	0.40	0.53	0.69	0.86	1.02
+17	+19	+21	+22	+22	+22	30	0.29	0.43	0.57	0.73	0.90	1.07
+19	+21	+23	+25	+25	+25	40	0.31	0.45	0.60	0.76	0.94	1.11
+20	+23	+25	+26	+27	+27	50	0.32	0.47	0.62	0.78	0.96	1.13
+20	+23	+25	+27	+27	+27	60	0.33	0.47	0.62	0.79	0.97	1.14
+20	+23*	+25*	+27*	+27*	+27*	70	0.33	0.47*	0.62*	0.79*	0.97*	1.14*
+20*						80	0.33*.					

$t = \lambda + \mu + \tau$ * Sonne unter dem Horizont

Sonnenfinsternisse

Tafel E 81 Grösse der Finsternis in Zoll

g	u 0.53	0.54	0.55	0.56	0.57	0.58	g
0.41	—	Finsternis		—	—	—	1.59
0.42	—	unsichtbar		—	—	0.0	1.58
0.43	—	—	—	—	0.0	0.2	1.57
0.44	—	—	—	0.0	0.2	0.4	1.56
0.45	—	—	0.0	0.2	0.4	0.6	1.55
0.46	—	0.0	0.2	0.4	0.6	0.8	1.54
0.47	0.0	0.2	0.4	0.6	0.8	1.0	1.53
0.48	0.2	0.5	0.6	0.8	1.0	1.2	1.52
0.49	0.5	0.7	0.8	1.0	1.2	1.4	1.51
0.50	0.7	1.0	1.0	1.2	1.4	1.6	1.50
0.51	1.0	1.2	1.3	1.4	1.6	1.8	1.49
0.52	1.2	1.4	1.5	1.6	1.8	2.0	1.48
0.53	1.4	1.6	1.7	1.8	2.0	2.2	1.47
0.54	1.6	1.8	2.0	2.1	2.2	2.4	1.46
0.55	1.8	2.0	2.2	2.3	2.4	2.6	1.45
0.56	2.0	2.2	2.4	2.5	2.6	2.8	1.44
0.57	2.3	2.5	2.6	2.7	2.8	3.0	1.43
0.58	2.5	2.7	2.8	3.0	3.0	3.2	1.42
0.59	2.8	2.9	3.0	3.2	3.2	3.4	1.41
0.60	3.0	3.2	3.3	3.4	3.4	3.6	1.40
0.61	3.2	3.4	3.5	3.6	3.6	3.8	1.39
0.62	3.5	3.6	3.7	3.8	3.8	4.0	1.38
0.63	3.7	3.8	4.0	4.0	4.0	4.2	1.37
0.64	4.0	4.1	4.2	4.2	4.2	4.3	1.36
0.65	4.2	4.3	4.4	4.4	4.4	4.5	1.35
0.66	4.5	4.5	4.6	4.6	4.6	4.7	1.34
0.67	4.8	4.8	4.8	4.8	4.8	4.8	1.33
0.68	5.0	5.0	5.0	5.0	5.0	5.0	1.32
0.69	5.2	5.2	5.2	5.2	5.2	5.2	1.31
0.70	5.4	5.4	5.4	5.4	5.4	5.4	1.30

g	u 0.53	0.54	0.55	0.56	0.57	0.58	g
0.71	5.6	5.6	5.6	5.6	5.6	5.6	1.29
0.72	5.8	5.8	5.8	5.8	5.8	5.8	1.28
0.73	6.0	6.0	6.0	6.0	6.0	6.0	1.27
0.74	6.2	6.2	6.2	6.2	6.2	6.2	1.26
0,75	6.5	6.5	6.5	6.5	6.4	6.4	1.25
0.76	6.7	6.7	6.7	6.7	6.6	6.6	1.24
0.77	7.0	7.0	7.0	6.9	6.8	6.8	1.23
0.78	7.2	7.2	7.2	7.1	7.0	7.0	1.22
0.79	7.5	7.4	7.4	7.3	7.2	7.2	1.21
0.80	7.7	7.6	7.6	7.5	7.4	7.4	1.20
0.81	8.0	7.8	7.8	7.8	7.6	7.6	1.19
0.82	8.2	8.0	8.0	8.0	7.8	7.8	1.18
0.83	8.5	8.3	8.2	8.2	8.0	8.0	1.17
0.84	8.8	8.6	8.5	8.4	8.3	8.2	1.16
0.85	9.0	8.8	8.7	8.6	8.5	8.4	1.15
0.86	9.2	9.0	9.0	8.8	8.7	8.6	1.14
0.87	9.4	9.3	9.2	9.0	9.0	8.8	1.13
0.88	9.6	9.5	9.4	9.2	9.2	9.0	1.12
0.89	9.8	9.8	9.6	9.4	9.4	9.2	1.11
0.90	10.0	10.0	9.8	9.6	9.6	9.4	1.10
0.91	10.3	10.2	10.0	9.8	9.8	9.6	1.09
0.92	10.5	10.4	10.2	10.0	10.0	9.8	1.08
0.93	10.8	10.6	10.4	10.2	10.2	10.0	1.07
0.94	11.0	10.8	10.6	10.4	10.4	10.2	1.06
0.95	11.2	11.0	10.8	10.6	10.6	10.4	1.05
0.96	11.5	11.2	11.0	10.8	10.8	10.6	1.04
0.97	11.8	11.5	11.2	11.0	11.0	10.8	1.03
0.98	12.0	11.8	11.5	11.3	11.2	11.0	1.02
0.99	*t*	12.0	11.8	11.5	11.4	11.2	1.01
1.00	*t*	*t*	12.0	11.8	*r*	*r*	1.00
			t	*r*			

t = total *r* = ringförmig

g negativ, *g* kleiner als 0.42, *g* größer als 1.58 } Finsternis an dem Ort nicht sichtbar

Finsternis ist auffällig, wenn
bei hohem Sonnenstand Phase mindestens 9 Zoll
bei tiefem Sonnenstand Phase mindestens 4—5 Zoll

g zwischen 0.42 und 1.00: Beobachtungsort liegt nördlich der Zentralkurve; südlicher Teil der Sonne verfinstert.

g = 1.00: Beobachtungsort liegt auf der Zentralkurve.

g zwischen 1.00 und 1.58: Beobachtungsort liegt südlich der Zentralkurve; nördlicher Teil der Sonne verfinstert.

Sonnenfinsternisse

Tafel **E 82** — g für andere Stundenwinkel

$(\lambda+\mu)_1 - (\lambda+\mu)$	$\gamma+\Gamma_1$											
	0.50	0.60	0.70	0.80	0.90	1.00	1.00	1.10	1.20	1.30	1.40	1.50
0°	0.50	0.60	0.70	0.80	0.90	1.00	1.00	1.10	1.20	1.30	1.40	1.50
1	0.50	0.60	0.70	0.80	0.89	0.96	1.04	1.11	1.20	1.30	1.40	1.50
2	0.49	0.59	0.69	0.79	0.88	0.93	1.07	1.12	1.21	1.31	1.41	1.51
3	0.49	0.58	0.68	0.77	0.85	0.89	1.11	1.15	1.23	1.32	1.42	1.51
4	0.48	0.57	0.67	0.75	0.82	0.85	1.15	1.18	1.25	1.33	1.43	1.52
5	0.47	0.56	0.65	0.73	0.79	0.82	1.18	1.21	1.27	1.35	1.44	1.53
6	0.45	0.54	0.63	0.70	0.76	0.78	1.22	1.24	1.30	1.37	1.46	1.55
7	0.44	0.53	0.61	0.68	0.73	0.75	1.25	1.27	1.32	1.39	1.47	1.56
8	0.42	0.51	0.58	0.65	0.69	0.71	1.29	1.31	1.35	1.42	1.49	1.58
9		0.48	0.56	0.62	0.66	0.67	1.33	1.34	1.38	1.44	1.52	
10		0.46	0.53	0.59	0.62	0.64	1.36	1.38	1.41	1.47	1.54	
11		0.43	0.50	0.55	0.59	0.60	1.40	1.41	1.45	1.50	1.57	
12		0.41	0.47	0.52	0.55	0.56	1.44	1.45	1.48	1.53	1.59	
13			0.44	0.49	0.52	0.53	1.47	1.48	1.51	1.56		
14			0.41	0.45	0.48	0.49	1.51	1.52	1.55	1.59		
15				0.42	0.45	0.46	1.54	1.55	1.58			
16					0.41	0.42	1.58	1.59				

Tafel **E 83** — $\Delta(\lambda+\mu)$ für Anfang und Ende der Finsternis

g	Anfang der Finsternis $\Gamma - \Gamma'$				
	−0.10	−0.05	0.00	+0.05	+0.10
0.45	0°	0°	0°	0°	0°
0.50	−10	−8	− 6	− 5	− 3
0.60	−13	−12	−10	− 9	− 8
0.70	−14	−14	−13	−12	−10
0.80	−15	−15	−14	−13	−12
0.90	−15	−15	−15	−14	−14
1.00	−15	−15	−15	−15	−14
1.10	−15	−15	−15	−14	−14
1.20	−15	−15	−14	−13	−12
1.30	−14	−14	−13	−12	−10
1.40	−13	−12	−10	− 9	− 8
1.50	−10	− 8	− 6	− 5	− 3
1.55	0	0	0	0	0

g	Ende der Finsternis $\Gamma - \Gamma'$				
	−0.10	−0.05	0.00	+0.05	+0.10
0.45	0°	0°	0°	0°	0°
0.50	+ 3	+ 5	+ 6	+ 8	+10
0.60	+ 8	+ 9	+10	+12	+13
0.70	+10	+12	+13	+14	+14
0.80	+12	+13	+14	+15	+15
0.90	+14	+14	+15	+15	+15
1.00	+14	+15	+15	+15	+15
1.10	+14	+14	+15	+15	+15
1.20	+12	+13	+14	+15	+15
1.30	+10	+12	+13	+14	+14
1.40	+ 8	+ 9	+10	+12	+13
1.50	+ 3	+ 5	+ 6	+ 8	+10
1.55	0	0	0	0	0

Sonnenfinsternisse Tafel **E 84 A (P bei 0°)**

Größte Phase bei Sonnenaufgang

P bei 0° Tafel für $\lambda + \mu$

L	Geogr. Breite φ +60°	+50°	+40°	+30°	+20°	+10°
0°	270°	275°	280°	284°	288°	291°
10	263	270	277	282	287	291
20	257	266	274	280	286	291
30	250	262	271	278	284	290
40	244	259	268	277	283	290
50	237	255	266	276	282	290
60	232	252	266	276	283	290
70	228	251	265	275	284	291
80	226	250	265	276	285	292
90	227	252	266	277	286	292
100	231	255	268	279	287	293
110	236	258	271	280	288	293
120	243	262	274	282	289	293
130	251	267	277	284	290	294
140	260	273	281	287	291	294
150	268	278	285	289	293	295
160	276	283	288	292	294	296
170	283	288	292	295	296	296
180	290	293	295	297	297	297
190	297	298	298	299	298	298
200	304	302	302	302	300	298
210	310	306	305	304	301	299
220	315	309	307	305	303	300
230	320	312	309	306	304	301
240	323	314	310	307	305	301
250	326	315	311	308	304	301
260	327	316	310	307	304	301
270	325	314	309	306	304	300
280	323	312	307	304	303	300
290	318	308	304	303	301	299
300	313	304	302	300	299	298
310	305	300	298	297	297	296
320	298	295	294	295	295	295
330	292	290	291	292	293	294
340	285	285	287	289	291	293
350	277	280	283	286	289	292
360	270	275	280	284	288	291

Größte Phase bei Sonnenuntergang

P bei 0° Tafel für $\lambda + \mu$

L	Geogr. Breite φ +60°	+50°	+40°	+30°	+20°	+10°
0°	66°	64°	63°	62°	63°	64°
10	73	69	66	65	64	65
20	81	74	70	67	66	65
30	89	79	74	70	67	66
40	96	84	77	72	69	66
50	104	90	80	74	70	66
60	112	94	83	76	71	67
70	119	99	86	78	71	67
80	124	102	88	79	72	67
90	127	103	90	80	72	67
100	128	105	91	80	73	67
110	127	104	91	81	73	67
120	122	102	90	80	73	68
130	117	100	89	80	73	68
140	110	97	87	79	73	68
150	104	93	84	78	72	67
160	98	88	81	76	71	66
170	91	84	78	73	69	66
180	84	79	75	71	68	66
190	77	75	72	69	67	65
200	70	70	68	66	65	64
210	63	65	65	64	63	63
220	56	60	61	61	61	62
230	49	55	57	58	59	61
240	43	51	54	56	58	60
250	37	47	51	54	57	59
260	33	43	49	53	56	59
270	29	41	47	52	55	59
280	28	40	46	51	54	58
290	29	40	46	50	55	59
300	32	42	47	51	55	59
310	36	44	48	52	55	60
320	42	48	51	54	57	60
330	47	51	54	56	59	62
340	53	55	57	58	60	63
350	59	59	60	60	62	63
360	66	64	63	62	63	64

Sonnenfinsternisse Tafel **E 84 B (P bei 180°)**

Größte Phase bei Sonnenaufgang

P bei 180° Tafel für $\lambda + \mu$

L	Geographische Breite φ					
	60°	50°	40°	30°	20°	10°
0°	276°	281°	285°	289°	292°	294°
10	269	276	282	287	291	293
20	262	272	279	284	289	293
30	256	267	276	282	288	293
40	250	263	273	281	287	292
50	243	260	271	280	287	293
60	238	258	270	280	287	293
70	233	256	269	279	287	293
80	232	254	269	280	287	293
90	233	256	269	280	288	293
100	236	258	271	281	288	293
110	241	261	274	282	289	293
120	248	266	277	284	289	293
130	256	271	280	286	290	294
140	264	276	283	288	291	294
150	271	281	286	290	293	294
160	279	286	290	293	294	295
170	287	291	294	295	296	295
180	294	296	297	297	297	296
190	301	301	300	299	298	297
200	307	305	303	302	300	297
210	314	309	306	304	301	298
220	319	312	309	306	303	300
230	324	316	312	308	304	300
240	328	318	313	309	305	301
250	331	320	314	310	305	301
260	332	320	314	310	306	301
270	331	319	313	309	305	301
280	327	317	311	307	304	301
290	323	313	309	306	303	301
300	317	309	306	304	302	300
310	311	305	303	302	301	299
320	304	300	299	299	299	298
330	297	295	295	296	297	297
340	290	290	292	294	295	296
350	283	285	288	291	293	295
360	276	281	285	289	292	294

Größte Phase bei Sonnenuntergang

P bei 180° Tafel für $\lambda + \mu$

L	Geographische Breite φ					
	60°	50°	40°	30°	20°	10°
0°	70°	67°	65°	63°	63°	63°
10	77	72	68	65	64	64
20	84	77	72	68	66	64
30	92	82	75	71	67	65
40	100	87	79	73	69	66
50	109	93	83	76	70	66
60	117	98	86	78	71	67
70	124	102	89	80	72	67
80	129	106	92	81	73	67
90	133	108	94	83	74	68
100	134	110	95	84	75	68
110	132	109	95	85	76	69
120	128	108	94	84	77	70
130	123	106	93	84	78	70
140	116	102	91	83	77	70
150	110	98	89	82	76	70
160	103	94	86	80	74	69
170	97	90	83	78	73	69
180	90	85	80	76	72	69
190	83	80	77	74	71	68
200	75	75	73	71	69	67
210	68	70	69	68	67	66
220	62	65	66	65	65	65
230	55	60	62	63	63	64
240	48	56	59	60	61	62
250	42	52	56	58	59	61
260	37	48	53	56	57	60
270	35	46	51	54	56	60
280	33	44	50	53	55	59
290	34	45	49	52	55	59
300	37	46	50	53	55	59
310	40	48	51	54	56	59
320	45	51	53	55	57	60
330	50	55	55	56	59	61
340	56	58	58	58	60	62
350	63	62	62	61	62	62
360	70	67	65	63	63	63

Tafel E 85 Sonnenfinsternisse Höhe der Sonne eine Stunde nach Aufgang / vor Untergang

L		Geographische Breite φ																	
		60°	57°	54°	51°	48°	45°	42°	39°	36°	33°	30°	27°	24°	21°	18°	15°	12°	9°
90°	90°	5°	6°	7°	8°	8°	9°	10°	10°	11°	11°	12°	12°	13°	13°	13°	14°	14°	14°
85	95	5	6	7	8	9	9	10	10	11	11	12	12	13	13	13	14	14	14
80	100	5	6	7	8	9	9	10	10	11	11	12	12	13	13	13	14	14	14
75	105	5	6	7	8	9	9	10	11	11	12	12	13	13	13	14	14	14	14
70	110	6	6	7	8	9	9	10	11	11	12	12	13	13	13	14	14	14	14
65	115	6	7	8	8	9	10	10	11	11	12	12	13	13	13	14	14	14	14
60	120	6	7	8	8	9	10	10	11	11	12	12	13	13	13	14	14	14	14
55	125	6	7	8	8	9	10	10	11	11	12	12	13	13	14	14	14	14	14
50	130	6	7	8	9	9	10	10	11	11	12	12	13	13	14	14	14	14	15
45	135	7	7	8	9	9	10	11	11	12	12	13	13	13	14	14	14	14	15
40	140	7	8	8	9	10	10	11	11	12	12	13	13	13	14	14	14	14	15
35	145	7	8	9	9	10	10	11	11	12	12	13	13	13	14	14	14	15	15
30	150	7	8	9	9	10	10	11	11	12	12	13	13	13	14	14	14	15	15
25	155	7	8	9	10	10	11	11	11	12	12	13	13	14	14	14	15	15	15
20	160	8	8	9	10	10	11	11	12	12	12	13	13	14	14	14	15	15	15
15	165	8	8	9	10	10	11	11	12	12	12	13	13	14	14	14	15	15	15
10	170	8	8	9	10	10	11	11	12	12	12	13	13	14	14	14	15	15	15
5	175	8	8	9	10	10	11	11	12	12	13	13	13	14	14	14	15	15	15
0	180	7	8	9	10	10	11	11	12	12	13	13	13	14	14	14	14	15	15
355	185	7	8	9	9	10	10	11	12	12	13	13	13	14	14	14	14	15	15
350	190	7	8	9	9	10	10	11	11	12	12	13	13	14	14	14	14	15	15
345	195	7	8	8	9	10	10	11	11	12	12	13	13	14	14	14	14	14	15
340	200	7	8	8	9	9	10	11	11	12	12	13	13	13	14	14	14	14	15
335	205	7	7	8	9	9	10	10	11	12	12	12	13	13	14	14	14	14	14
330	210	6	7	8	9	9	10	10	11	12	12	12	13	13	14	14	14	14	14
325	215	6	7	8	8	9	10	10	11	11	12	12	13	13	14	14	14	14	14
320	220	6	7	7	8	9	9	10	11	11	12	12	13	13	13	14	14	14	14
315	225	6	7	7	8	8	9	10	10	11	12	12	12	13	13	13	14	14	14
310	230	5	6	7	8	8	9	10	10	11	11	12	12	13	13	13	14	14	14
305	235	5	6	7	7	8	9	10	10	11	11	12	12	12	13	13	13	14	14
300	240	5	6	6	7	8	9	9	10	11	11	12	12	12	13	13	13	13	14
295	245	5	5	6	7	8	8	9	10	10	11	11	12	12	12	13	13	13	13
290	250	4	5	6	7	8	8	9	10	10	11	11	12	12	12	13	13	13	13
285	255	4	5	6	7	7	8	9	10	10	11	11	12	12	12	13	13	13	13
280	260	4	5	6	6	7	8	9	9	10	11	11	11	12	12	12	13	13	13
275	265	3	4	5	6	7	8	9	9	10	10	11	11	12	12	12	13	13	13
270	270	3	4	5	6	7	8	9	9	10	10	11	11	11	12	12	13	13	13

Die Tafel gibt für Bruchteile der ersten und letzten Tagesstunde gute Näherungswerte für die Sonnenhöhe. Für mehr als eine Stunde ist zu beachten, daß die Zunahme der Höhe kleiner wird; für 2 Stunden nach Aufgang oder vor Untergang ist die Höhe weniger als das Doppelte des Tafelwertes Das gilt besonders für höhere Breiten.

Tafel **E 86** Mondfinsternisse

$u+\gamma$	Größe Zoll	t_1	t_2	λ_1	λ_2
		h m	m	°	°
0.53	22.8	1 52	52	28	13
0.54	22.6	1 52	52	28	13
0.55	22.4	1 52	52	28	13
0.56	22.1	1 52	52	28	13
0.57	21.9	1 52	52	28	13
0.58	21.7	1 52	52	28	13
0.59	21.5	1 52	51	28	13
0.60	21.3	1 52	51	28	13
0.61	21.0	1 52	51	28	13
0.62	20.8	1 51	51	28	13
0.63	20.6	1 51	51	28	13
0.64	20.4	1 51	50	28	12
0.65	20.2	1 51	50	28	12
0.66	19.9	1 51	50	28	12
0.67	19.7	1 51	50	28	12
0.68	19.5	1 51	49	28	12
0.69	19.3	1 50	49	28	12
0.70	19.1	1 50	49	27	12
0.71	18.8	1 50	49	27	12
0.72	18.6	1 50	48	27	12
0.73	18.4	1 50	48	27	12
0.74	18.2	1 50	47	27	12
0.75	18.0	1 50	47	27	12
0.76	17.7	1 50	46	27	12
0.77	17.5	1 50	45	27	12
0.78	17.3	1 49	44	27	11
0.79	17.1	1 49	44	27	11
0.80	16.9	1 49	44	27	11
0.81	16.6	1 48	43	27	11
0.82	16.4	1 48	42	27	10
0.83	16.2	1 47	42	27	10
0.84	16.0	1 47	41	27	10
0.85	15.8	1 47	40	27	10
0.86	15.5	1 46	38	26	9
0.87	15.3	1 46	37	26	9
0.88	15.1	1 46	36	26	9
0.89	14.9	1 46	36	26	9
0.90	14.7	1 45	35	26	9
0.91	14.4	1 45	33	26	8
0.92	14.2	1 44	32	26	8
0.93	14.0	1 44	31	26	8
0.94	13.8	1 44	29	26	7
0.95	13.6	1 43	27	26	7
0.96	13.3	1 43	25	26	6
0.97	13.1	1 42	23	25	6
0.98	12.9	1 42	21	25	5
0.99	12.7	1 41	19	25	5
1.00	12.5	1 40	16	25	4
1.01	12.2	1 39	10	25	2
1.02	12.0	1 39	0	25	0

γ wird ohne Rücksicht auf sein Vorzeichen stets zu u addiert!

$u+\gamma$ zwischen 0.53 und 1.02: Finsternis total

$u+\gamma$ zwischen 1.02 und 1.56: Finsternis partiell

$u+\gamma$ größer als 1.56: keine Finsternis.

$u+\gamma$	Größe Zoll	t_1	λ_1
		h m	°
1.02	12.0	1 39	25
1.03	11.8	1 38	24
1.04	11.6	1 38	24
1.05	11.4	1 37	24
1.06	11.1	1 36	24
1.07	10.9	1 36	24
1.08	10.7	1 35	24
1.09	10.5	1 34	23
1.10	10.3	1 34	23
1.11	10.0	1 33	23
1.12	9.8	1 32	23
1.13	9.6	1 32	23
1.14	9.4	1 31	23
1.15	9.2	1 31	23
1.16	8.9	1 30	22
1.17	8.7	1 29	22
1.18	8.5	1 28	22
1.19	8.3	1 27	22
1.20	8.1	1 26	21
1.21	7.8	1 25	21
1.22	7.6	1 24	21
1.23	7.4	1 23	21
1.24	7.2	1 22	20
1.25	7.0	1 21	20
1.26	6.7	1 19	20
1.27	6.5	1 18	19
1.28	6.3	1 17	19
1.29	6.1	1 16	19
1.30	5.9	1 15	19
1.31	5.6	1 14	18
1.32	5.4	1 13	18
1.33	5.2	1 12	18
1.34	5.0	1 11	18
1.35	4.8	1 9	17
1.36	4.5	1 7	17
1.37	4.3	1 6	16
1.38	4.1	1 5	16
1.39	3.9	1 3	16
1.40	3.7	1 1	15
1.41	3.4	0 59	15
1.42	3.2	0 58	14
1.44	2.8	0 54	13
1.46	2.3	0 49	12
1.48	1.9	0 45	11
1.50	1.5	0 40	10
1.52	1.0	0 33	8
1.54	0.6	0 26	6
1.56	0.1	0 11	3
1.57	—	—	—

Mondfinsternisse

Tafel **E 87**

μ	λ_z
0°	+180°
10	+170
20	+160
30	+150
40	+140
50	+130
60	+120
70	+110
80	+100
90	+ 90
100	+ 80
110	+ 70
120	+ 60
130	+ 50
140	+ 40
150	+ 30
160	+ 20
170	+ 10
180	0
190	− 10
200	− 20
210	− 30
220	− 40
230	− 50
240	− 60
250	− 70
260	− 80
270	− 90
280	−100
290	−110
300	−120
310	−130
320	−140
330	−150
340	−160
350	−170
360	−180

Tafel **E 88**

L	φ_z	*N* *P* bei 0°	*P* bei 180°
0°	0°	151°	162
10	+ 4	151	162
20	+ 8	152	163
30	+12	154	165
40	+15	156	167
50	+18	159	170
60	+20	162	173
70	+22	166	177
80	+23	170	181
90	+24	174	186
100	+23	179	190
110	+22	183	194
120	+20	187	198
130	+18	190	201
140	+15	193	204
150	+12	195	206
160	+ 8	197	208
170	+ 4	198	209
180	0	198	209
190	− 4	198	209
200	− 8	197	208
210	−12	195	206
220	−15	193	204
230	−18	190	201
240	−20	187	198
250	−22	183	194
260	−23	179	190
270	−24	174	186
280	−23	170	181
290	−22	166	177
300	−20	162	173
310	−18	159	170
320	−15	156	167
330	−12	154	165
340	− 8	152	163
350	− 4	151	162
360	0	151	162

Tafel **E 89**

γ	χ
−1.02	180°
−1.00	169
−0.96	161
−0.92	155
−0.88	150
−0.84	145
−0.80	141
−0.76	138
−0.72	135
−0.68	132
−0.64	129
−0.60	126
−0.56	123
−0.52	120
−0.48	117
−0.44	115
−0.40	113
−0.36	111
−0.32	108
−0.28	106
−0.24	103
−0.20	101
−0.16	99
−0.12	97
−0.08	95
−0.04	92
−0.00	90

γ	χ
0.00	90°
+0.04	88
+0.08	85
+0.12	83
+0.16	81
+0.20	79
+0.24	77
+0.28	74
+0.32	72
+0.36	69
+0.40	67
+0.44	65
+0.48	63
+0.52	60
+0.56	57
+0.60	54
+0.64	51
+0.68	48
+0.72	45
+0.76	42
+0.80	39
+0.84	35
+0.88	30
+0.92	25
+0.96	19
+1.00	11
+1.02	0

Positionswinkel, von Nord über Ost gezählt:
Eintritt des Erdschattens $N - \chi$
Austritt des Erdschattens $N + \chi$

Tafel E 90 Finsternisse: Ergänzungen zu den Periodentafeln E 69 und E 70

T_b	I_p	II_p	T_p	P_p	L_p
Sonnen-finsternisse					
1.37	219	374	502.026	161°.3	134°.8
1.86	649	859	679.208	345.4	309.5
1.94	721	940	708.729	16.2	338.6
2.43	151	425	885.911	200.2	153.2
5.17	590	174	1 889.963	162.8	62.8
5.74	92	740	2 096.666	17.7	266.6
8.49	530	489	3 100.717	340.3	176.2
8.97	960	974	3 277.900	164.4	350.8
9.06	32	55	3 307.421	195.2	20.0
9.54	462	540	3 484.603	19.2	194.6
12.29	900	289	4 488.655	341.8	104.2
12.86	402	855	4 695.358	196.7	308.0
13.34	833	340	4 872.540	20.7	122.6
15.60	841	604	5 699.410	159.3	217.6
16.09	271	89	5 876.593	343.4	32.2
16.66	773	655	6 083.295	198.2	236.0
19.40	211	404	7 087.348	160.8	145.6
19.89	642	889	7 264.530	344.9	320.3
19.97	713	969	7 294.050	15.7	349.4
20.46	144	455	7 471.232	199.7	164.0
23.20	582	203	8 475.285	162.4	73.6
23.77	84	769	8 681.987	17.2	277.4
26.52	522	518	9 686.040	339.8	187.0
27.00	952	3	9 863.222	163.9	1.7
27.08	24	84	9 892.742	194.7	30.8
27.57	454	569	10 069.924	18.7	205.4
Mond-finsternisse					
0.04	536	40	14.760	195.4	194.6
7.16	847	155	2 613.452	14.4	235.9
10.87	145	874	3 971.869	345.1	134.9
18.07	528	70	6 600.081	194.9	205.4
28.90	138	903	10 557.190	344.6	145.7

Die oben angegebenen Sonnenfinsternisse sind günstigstenfalls partiell und nur in hohen nördlichen oder südlichen Breiten sichtbar; für die Kulturgebiete des Altertums kommen sie gar nicht in Betracht. Zu ihrer Berechnung wird auf die Schramschen Tafeln in Denkschr. d. Wiener Akademie Bd. 51 zurückzugreifen sein, weil der hier gegebene Auszug aus diesen Tafeln nur bis 60° nördlicher Breite gilt.

Die Mondfinsternisse sind ganz unbedeutend und können ohne Gefahr unberücksichtigt bleiben.

Tafel E 91 I Julianischer Tag

Jahrhundert	t_1
—4000	260 057
—3900	296 582
—3800	333 107
—3700	369 632
—3600	406 157
—3500	442 682
—3400	479 207
—3300	515 732
—3200	552 257
—3100	588 782
—3000	625 307
—2900	661 832
—2800	698 357
—2700	734 882
—2600	771 407
—2500	807 932
—2400	844 457
—2300	880 982
—2200	917 507
—2100	954 032
—2000	990 557
—1900	1027 082
—1800	1063 607
—1700	1100 132
—1600	1136 657
—1500	1173 182
—1400	1209 707
—1300	1246 232
—1200	1282 757
—1100	1319 282
—1000	1355 807
— 900	1392 332
— 800	1428 857
— 700	1465 382
— 600	1501 907
— 500	1538 432
— 400	1574 957
— 300	1611 482
— 200	1648 007
— 100	1684 532
0	1721 057
+ 100	1757 582
+ 200	1794 107
+ 300	1830 632
+ 400	1867 157
+ 500	1903 682
+ 600	1940 207
+ 700	1976 732
+ 800	2013 257
+ 900	2049 782
+1000	2086 307
+1100	2122 832
+1200	2159 357
+1300	2195 882
+1400	2232 407
+1500	2268 932
+1600	2305 457

Gregorian. Kalender

1500*	2268 922
1600	2305 447
1700*	2341 971
1800*	2378 495
1900*	2415 019

Bei den mit * bezeichneten Jahrhunderten ist für Jahr = 00 in den Monaten Januar und Februar die julianische Tageszahl um 1 zu erhöhen.

Bei Berechnung des Tages aus dem julianischen Tage ist in diesem Fall (Jahr = 00) in den Monaten Jan. und Febr. ein Tag abzuziehen.

Jul. Tag : 7

Rest
- 0 Montag
- 1 Dienstag
- 2 Mittwoch
- 3 Donnerstag
- 4 Freitag
- 5 Sonnabend
- 6 Sonntag

Tafel E_{ι} 91 II   Julianischer Tag t_2

Jahr		I Jan.	II Febr.	III März	IV April	V Mai	VI Juni	VII Juli	VIII Aug.	IX Sept.	X Okt.	XI Nov.	XII Dez.
00		000	031	060	091	121	152	182	213	244	274	305	335
01		366	397	425	456	486	517	547	578	609	639	670	700
02		731	762	790	821	851	882	912	943	974	*004	*035	*065
03	1	096	127	155	186	216	247	277	308	339	369	400	430
04		461	492	521	552	582	613	643	674	705	735	766	796
05		827	858	886	917	947	978	*008	*039	*070	*100	*131	*161
06	2	192	223	251	282	312	343	373	404	435	465	496	526
07		557	588	616	647	677	708	738	769	800	830	861	891
08		922	953	982	*013	*043	*074	*104	*135	*166	*196	*227	*257
09	3	288	319	347	378	408	439	469	500	531	561	592	622
10		653	684	712	743	773	804	834	865	896	926	957	987
11	4	018	049	077	108	138	169	199	230	261	291	322	352
12		383	414	443	474	504	535	565	596	627	657	688	718
13		749	780	808	839	869	900	930	961	992	*022	*053	*083
14	5	114	145	173	204	234	265	295	326	357	387	418	448
15		479	510	538	569	599	630	660	691	722	752	783	813
16		844	875	904	935	965	996	*026	*057	*088	*118	*149	*179
17	6	210	241	269	300	330	361	391	422	453	483	514	544
18		575	606	634	665	695	726	756	787	818	848	879	909
19		940	971	999	*030	*060	*091	*121	*152	*183	*213	*244	*274
20	7	305	336	365	396	426	457	487	518	549	579	610	640
21		671	702	730	761	791	822	852	883	914	944	975	*005
22	8	036	067	095	126	156	187	217	248	279	309	340	370
23		401	432	460	491	521	552	582	613	644	674	705	735
24		766	797	826	857	887	918	948	979	*010	*040	*071	*101
25	9	132	163	191	222	252	283	313	344	375	405	436	466
26		497	528	556	587	617	648	678	709	740	770	801	831
27		862	893	921	952	982	*013	*043	*074	*105	*135	*166	*196
28	10	227	258	287	318	348	379	409	440	471	501	532	562
29		593	624	652	683	713	744	774	805	836	866	897	927
30		958	989	*017	*048	*078	*109	*139	*170	*201	*231	*262	*292
31	11	323	354	382	413	443	474	504	535	566	596	627	657
32		688	719	748	779	809	840	870	901	932	962	993	*023
33	12	054	085	113	144	174	205	235	266	297	327	358	388
34		419	450	478	509	539	570	600	631	662	692	723	753
35		784	815	843	874	904	935	965	996	*027	*057	*088	*118
36	13	149	180	209	240	270	301	331	362	393	423	454	484
37		515	546	574	605	635	666	696	727	758	788	819	849
38		880	911	939	970	*000	*031	*061	*092	*123	*153	*184	*214
39	14	245	276	304	335	365	396	426	457	488	518	549	579
40		610	641	670	701	731	762	792	823	854	884	915	945
41		976	*007	*035	*066	*096	*127	*157	*188	*219	*249	*280	*310
42	15	341	372	400	431	461	492	522	553	584	614	645	675
43		706	737	765	796	826	857	887	918	949	979	*010	*040
44	16	071	102	131	162	192	223	253	284	315	345	376	406
45		437	468	496	527	557	588	618	649	680	710	741	771
46		802	833	861	892	922	953	983	*014	*045	*075	*106	*136
47	17	167	198	226	257	287	318	348	379	410	440	471	501
48		532	563	592	623	653	684	714	745	776	806	837	867
49		898	929	957	988	*018	*049	*079	*110	*141	*171	*202	*232

Tafel **E 91 II** Julianischer Tag t_2

Jahr		*I* Jan.	*II* Febr.	*III* März	*IV* April	*V* Mai	*VI* Juni	*VII* Juli	*VIII* Aug.	*IX* Sept.	*X* Okt.	*XI* Nov.	*XII* Dez.
50	18	263	294	322	353	383	414	444	475	506	536	567	597
51		628	659	687	718	748	779	809	840	871	901	932	962
52		993	*024	*053	*084	*114	*145	*175	*206	*237	*267	*298	*328
53	19	359	390	418	449	479	510	540	571	602	632	663	693
54		724	755	783	814	844	875	905	936	967	997	*028	*058
55	20	089	120	148	179	209	240	270	301	332	362	393	423
56		454	485	514	545	575	606	636	667	698	728	759	789
57		820	851	879	910	940	971	*001	*032	*063	*093	*124	*154
58	21	185	216	244	275	305	336	366	397	428	458	489	519
59		550	581	609	640	670	701	731	762	793	823	854	884
60		915	946	975	*006	*036	*067	*097	*128	*159	*189	*220	*250
61	22	281	312	340	371	401	432	462	493	524	554	585	615
62		646	677	705	736	766	797	827	858	889	919	950	980
63	23	011	042	070	101	131	162	192	223	254	284	315	345
64		376	407	436	467	497	528	558	589	620	650	681	711
65		742	773	801	832	862	893	923	954	985	*015	*046	*076
66	24	107	138	166	197	227	258	288	319	350	380	411	441
67		472	503	531	562	592	623	653	684	715	745	776	806
68		837	868	897	928	958	989	*019	*050	*081	*111	*142	*172
69	25	203	234	262	293	323	354	384	415	446	476	507	537
70		568	599	627	658	688	719	749	780	811	841	872	902
71		933	964	992	*023	*053	*084	*114	*145	*176	*206	*237	*267
72	26	298	329	358	389	419	450	480	511	542	572	603	633
73		664	695	723	754	784	815	845	876	907	937	968	998
74	27	029	060	088	119	149	180	210	241	272	302	333	363
75		394	425	453	484	514	545	575	606	637	667	698	728
76		759	790	819	850	880	911	941	972	*003	*033	*064	*094
77	28	125	156	184	215	245	276	306	337	368	398	429	459
78		490	521	549	580	610	641	671	702	733	763	794	824
79		855	886	914	945	975	*006	*036	*067	*098	*128	*159	*189
80	29	220	251	280	311	341	372	402	433	464	494	525	555
81		586	617	645	676	706	737	767	798	829	859	890	920
82		951	982	*010	*041	*071	*102	*132	*163	*194	*224	*255	*285
83	30	316	347	375	406	436	467	497	528	559	589	620	650
84		681	712	741	772	802	833	863	894	925	955	986	*016
85	31	047	078	106	137	167	198	228	259	290	320	351	381
86		412	443	471	502	532	563	593	624	655	685	716	746
87		777	808	836	867	897	928	958	989	*020	*050	*081	*111
88	32	142	173	202	233	263	294	324	355	386	416	447	477
89		508	539	567	598	628	659	689	720	751	781	812	842
90		873	904	932	963	993	*024	*054	*085	*116	*146	*177	*207
91	33	238	269	297	328	358	389	419	450	481	511	542	572
92		603	634	663	694	724	755	785	816	847	877	908	938
93		969	*000	*028	*059	*089	*120	*150	*181	*212	*242	*273	*303
94	34	334	365	393	424	454	485	515	546	577	607	638	668
95		699	730	758	789	819	850	880	911	942	972	*003	*033
96	35	064	095	124	155	185	216	246	277	308	338	369	399
97		430	461	489	520	550	581	611	642	673	703	734	764
98		795	826	854	885	915	946	976	*007	*038	*068	*099	*129
99	36	160	191	219	250	280	311	341	372	403	433	464	494

Tafel **E 92** Halbe Dauer T' der Sonnenfinsternis auf der Erde

$\pm\gamma$	u = 0.53	0.54	0.55	0.56	0.57	0.58
	h	h	h	h	h	h
0.00	2.57	2.68	2.82	2.95	3.10	3.23
0.10	2.57	2.68	2.82	2.95	3.08	3.22
0.20	2.55	2.67	2.80	2.93	3.06	3.20
0.30	2.52	2.63	2.77	2.90	3.03	3.18
0.40	2.48	2.60	2.72	2.85	2.98	3.13
0.50	2.43	2.55	2.67	2.80	2.93	3.07
0.60	2.37	2.48	2.60	2.72	2.85	3.00
0.70	2.28	2.40	2.52	2.63	2.77	2.90
0.80	2.18	2.30	2.42	2.53	2.67	2.80

$\pm\gamma$	u = 0.53	0.54	0.55	0.56	0.57	0.58
	h	h	h	h	h	h
0.70	2.28	2.40	2.52	2.63	2.77	2.90
0.80	2.18	2.30	2.42	2.53	2.67	2.80
0.90	2.07	2.18	2.30	2.42	2.53	2.65
1.00	1.93	2.05	2.15	2.27	2.38	2.50
1.10	1.78	1.88	1.98	2.08	2.20	2.32
1.20	1.58	1.68	1.78	1.88	1.98	2.10
1.30	1.35	1.43	1.53	1.63	1.73	1.83
1.40	1.02	1.12	1.20	1.30	1.38	1.48
1.50	0.48	0.58	0.68	0.78	0.90	1.00

Tafel **E 93** Sonne über dem Horizont. Zeit in bürgerl. Zeit Greenwich (wahre Zeit)

L	Assur (Sonne)	Babylon (Sonne)	Boghaskoi (Sonne)	Memphis (Sonne)	Theben (Sonne)	Ur (Sonne)
°	h h	h h	h h	h h	h h	h h
0	3.1 bis 15.2	3.0 bis 15.1	3.6 bis 15.8	3.8 bis 16.0	3.8 bis 15.9	2.8 bis 15.0
10	2.9 — 15.4	2.8 — 15.3	3.4 — 16.0	3.7 — 16.1	3.7 — 16.0	2.7 — 15.1
20	2.7 — 15.5	2.6 — 15.4	3.2 — 16.2	3.5 — 16.3	3.5 — 16.1	2.5 — 15.3
30	2.5 — 15.7	2.5 — 15.6	3.0 — 16.4	3.4 — 16.4	3.4 — 16.3	2.4 — 15.4
40	2.3 — 15.9	2.3 — 15.8	2.8 — 16.6	3.2 — 16.6	3.3 — 16.4	2.2 — 15.6
50	2.2 — 16.1	2.2 — 15.9	2.6 — 16.8	3.1 — 16.7	3.2 — 16.5	2.1 — 15.7
60	2.0 — 16.2	2.1 — 16.0	2.4 — 17.0	3.0 — 16.8	3.1 — 16.6	2.0 — 15.8
70	1.9 — 16.3	2.0 — 16.1	2.3 — 17.1	2.9 — 16.9	3.0 — 16.7	1.9 — 15.9
80	1.8 — 16.4	1.9 — 16.2	2.2 — 17.2	2.9 — 16.9	3.0 — 16.7	1.8 — 16.0
90	1.8 — 16.4	1.9 — 16.2	2.2 — 17.2	2.9 — 16.9	3.0 — 16.7	1.8 — 16.0
100	1.8 — 16.4	1.9 — 16.2	2.2 — 17.2	2.9 — 16.9	3.0 — 16.7	1.8 — 16.0
110	1.9 — 16.3	2.0 — 16.1	2.3 — 17.1	2.9 — 16.9	3.0 — 16.7	1.9 — 15.9
120	2.0 — 16.2	2.1 — 16.0	2.4 — 17.0	3.0 — 16.8	3.1 — 16.6	2.0 — 15.8
130	2.2 — 16.1	2.2 — 15.9	2.6 — 16.8	3.1 — 16.7	3.2 — 16.5	2.1 — 15.7
140	2.3 — 15.9	2.3 — 15.8	2.8 — 16.6	3.2 — 16.6	3.3 — 16.4	2.2 — 15.6
150	2.5 — 15.7	2.5 — 15.6	3.0 — 16.4	3.4 — 16.4	3.4 — 16.3	2.4 — 15.4
160	2.7 — 15.5	2.6 — 15.4	3.2 — 16.2	3.5 — 16.3	3.5 — 16.1	2.5 — 15.3
170	2.9 — 15.4	2.8 — 15.3	3.4 — 16.0	3.7 — 16.1	3.7 — 16.0	2.7 — 15.1
180	3.1 — 15.2	3.0 — 15.1	3.6 — 15.8	3.8 — 16.0	3.8 — 15.9	2.8 — 15.0
190	3.2 — 15.0	3.1 — 14.9	3.9 — 15.5	4.0 — 15.8	3.9 — 15.8	3.0 — 14.8
200	3.4 — 14.8	3.3 — 14.8	4.1 — 15.3	4.2 — 15.6	4.0 — 15.6	3.2 — 14.6
210	3.6 — 14.6	3.5 — 14.6	4.3 — 15.1	4.3 — 15.5	4.2 — 15.5	3.3 — 14.5
220	3.8 — 14.4	3.6 — 14.4	4.5 — 14.9	4.4 — 15.4	4.3 — 15.4	3.5 — 14.3
230	3.9 — 14.3	3.8 — 14.3	4.7 — 14.7	4.6 — 15.2	4.4 — 15.3	3.6 — 14.2
240	4.1 — 14.1	3.9 — 14.2	4.9 — 14.5	4.7 — 15.1	4.5 — 15.2	3.7 — 14.1
250	4.2 — 14.0	4.0 — 14.1	5.0 — 14.4	4.8 — 15.0	4.5 — 15.1	3.8 — 14.0
260	4.3 — 13.9	4.1 — 14.0	5.1 — 14.3	4.8 — 15.0	4.6 — 15.1	3.8 — 14.0
270	4.3 — 13.9	4.1 — 14.0	5.1 — 14.3	4.8 — 15.0	4.6 — 15.1	3.9 — 14.0
280	4.3 — 13.9	4.1 — 14.0	5.1 — 14.3	4.8 — 15.0	4.6 — 15.1	3.8 — 14.0
290	4.2 — 14.0	4.0 — 14.1	5.0 — 14.4	4.8 — 15.0	4.5 — 15.1	3.8 — 14.0
300	4.1 — 14.1	3.9 — 14.2	4.9 — 14.5	4.7 — 15.1	4.5 — 15.2	3.7 — 14.1
310	3.9 — 14.3	3.8 — 14.3	4.7 — 14.7	4.6 — 15.2	4.4 — 15.3	3.6 — 14.2
320	3.8 — 14.4	3.6 — 14.4	4.5 — 14.9	4.4 — 15.4	4.3 — 15.4	3.5 — 14.3
330	3.6 — 14.6	3.5 — 14.6	4.3 — 15.1	4.3 — 15.5	4.2 — 15.5	3.3 — 14.5
340	3.4 — 14.8	3.3 — 14.8	4.1 — 15.3	4.2 — 15.6	4.0 — 15.6	3.2 — 14.6
350	3.2 — 15.0	3.1 — 14.9	3.9 — 15.5	4.0 — 15.8	3.9 — 15.8	3.0 — 14.8
360	3.1 — 15.2	3.0 — 15.1	3.6 — 15.8	3.8 — 16.0	3.8 — 15.9	2.8 — 15.0

Tafel **E 94** Mondfinsternis. Halbe Dauer t_1 der Finsternis und t_2 der Totalität

$u+\gamma$	t_1	t_2
	h	h
0.53	1.87	0.87
0.54	1.87	0.87
0.55	1.87	0.87
0.56	1.87	0.87
0.57	1.87	0.86
0.58	1.87	0.86
0.59	1.87	0.85
0.60	1.87	0.85
0.61	1.86	0.85
0.62	1.85	0.85
0.63	1.85	0.84
0.64	1.85	0.84
0.65	1.85	0.83
0.66	1.85	0.83
0.67	1.85	0.83
0.68	1.84	0.82
0.69	1.84	0.82
0.70	1.83	0.81
0.71	1.83	0.80
0.72	1.83	0.80
0.73	1.83	0.80
0.74	1.83	0.79
0.75	1.83	0.78
0.76	1.83	0.77
0.77	1.83	0.75

$u+\gamma$	t_1	t_2
	h	h
0.77	1.83	0.75
0.78	1.82	0.74
0.79	1.82	0.73
0.80	1.81	0.73
0.81	1.80	0.72
0.82	1.80	0.70
0.83	1.79	0.69
0.84	1.78	0.68
0.85	1.78	0.66
0.86	1.77	0.64
0.87	1.77	0.62
0.88	1.77	0.61
0.89	1.76	0.60
0.90	1.75	0.58
0.91	1.75	0.55
0.92	1.74	0.53
0.93	1.74	0.51
0.94	1.73	0.48
0.95	1.72	0.45
0.96	1.71	0.42
0.97	1.70	0.38
0.98	1.69	0.35
0.99	1.68	0.32
1.00	1.67	0.27
1.01	1.66	0.17
1.02	1.65	0.00

$u+\gamma$	t_1
	h
1.02	1.65
1.03	1.64
1.04	1.63
1.05	1.62
1.06	1.60
1.07	1.59
1.08	1.58
1.09	1.57
1.10	1.56
1.11	1.55
1.12	1.54
1.13	1.53
1.14	1.52
1.15	1.51
1.16	1.50
1.17	1.49
1.18	1.47
1.19	1.45
1.20	1.43
1.21	1.41
1.22	1.40
1.23	1.38
1.24	1.37
1.25	1.35
1.26	1.32
1.27	1.30
1.28	1.28
1.29	1.27

$u+\gamma$	t_1
	h
1.29	1.27
1.30	1.25
1.31	1.22
1.32	1.21
1.33	1.20
1.34	1.18
1.35	1.15
1.36	1.12
1.37	1.10
1.38	1.08
1.39	1.05
1.40	1.02
1.41	0.99
1.42	0.97
1.43	0.94
1.44	0.90
1.45	0.86
1.46	0.82
1.47	0.78
1.48	0.75
1.49	0.71
1.50	0.66
1.51	0.60
1.52	0.55
1.53	0.49
1.54	0.43
1.55	0.35
1.56	0.18

γ wird stets als positiv behandelt

$u+\gamma$ 0.53 bis 1.02: Finst. total.

$u+\gamma$ zwischen 1.02 und 1.56: Finst. partiell.

$u+\gamma$ größer als 1.56: Finst. nicht möglich.

Tafel **E 95** Mond über Horizont. Zeit in bürgerl. Zeit Greenwich (wahre Z.)

L		Assur (Mond)	Babylon (Mond)	Boghaskoi (Mond)	Memphis (Mond)	Theben (Mond)	Ur (Mond)
°	°	h h	h h	h h	h h	h h	h h
270	270	16.3 bis 1.9	16.1 bis 2.0	17.1 bis 2.3	16.8 bis 3.0	16.6 bis 3.1	15.9 bis 2.0
280	260	16.3 — 1.9	16.1 — 2.0	17.1 — 2.3	16.8 — 3.0	16.6 — 3.1	15.8 — 2.0
290	250	16.2 — 2.0	16.0 — 2.1	17.0 — 2.4	16.8 — 3.0	16.5 — 3.1	15.8 — 2.0
300	240	16.1 — 2.1	15.9 — 2.2	16.9 — 2.5	16.7 — 3.1	16.5 — 3.2	15.7 — 2.1
310	230	15.9 — 2.3	15.8 — 2.3	16.7 — 2.7	16.6 — 3.2	16.4 — 3.3	15.6 — 2.2
320	220	15.8 — 2.4	15.6 — 2.4	16.5 — 2.9	16.4 — 3.4	16.3 — 3.4	15.5 — 2.3
330	210	15.6 — 2.6	15.5 — 2.6	16.3 — 3.1	16.3 — 3.5	16.2 — 3.5	15.3 — 2.5
340	200	15.4 — 2.8	15.3 — 2.8	16.1 — 3.3	16.2 — 3.6	16.0 — 3.6	15.2 — 2.6
350	190	15.2 — 3.0	15.1 — 2.9	15.9 — 3.5	16.0 — 3.8	15.9 — 3.8	15.0 — 2.8
0	180	15.0 — 3.2	15.0 — 3.1	15.6 — 3.8	15.8 — 4.0	15.8 — 3.9	14.8 — 3.0
10	170	14.9 — 3.4	14.8 — 3.3	15.4 — 4.0	15.7 — 4.1	15.7 — 4.0	14.7 — 3.1
20	160	14.7 — 3.5	14.6 — 3.4	15.2 — 4.2	15.5 — 4.3	15.5 — 4.1	14.5 — 3.3
30	150	14.5 — 3.7	14.5 — 3.6	15.0 — 4.4	15.4 — 4.4	15.4 — 4.3	14.4 — 3.4
40	140	14.3 — 3.9	14.3 — 3.8	14.8 — 4.6	15.2 — 4.6	15.3 — 4.4	14.2 — 3.6
50	130	14.2 — 4.1	14.2 — 3.9	14.6 — 4.8	15.1 — 4.7	15.2 — 4.5	14.1 — 3.7
60	120	14.0 — 4.2	14.1 — 4.0	14.4 — 5.0	15.0 — 4.8	15.1 — 4.6	14.0 — 3.8
70	110	13.9 — 4.3	14.0 — 4.1	14.3 — 5.1	14.9 — 4.9	15.0 — 4.7	13.9 — 3.9
80	100	13.8 — 4.4	13.9 — 4.2	14.2 — 5.2	14.9 — 4.9	15.0 — 4.7	13.8 — 4.0
90	90	13.8 — 4.4	13.9 — 4.2	14.2 — 5.2	14.9 — 4.9	15.0 — 4.7	13.8 — 4.0

Tafel **E 96** Merkur, Sichtbarkeitsverhältnisse. Korrektionstafel

$A-a$	b (für positives $A-a$)											
	0	4	8	12	16	20	24	28	32	36	40	44
0	0	0	0	0	0	0	0	0	0	0	0	0
4	−3	−2	−2	−1	0	+1	+1	+1	+2	+2	+2	+2
8	−5	−4	−3	−1	+1	+2	+2	+3	+3	+3	+4	+3
12	−7	−5	−3	0	+2	+3	+4	+4	+5	+5	+5	+5
16	−8	−5	−2	+1	+3	+5	+5	+6	+7	+7	+7	+6
20	−8	−4	−1	+2	+5	+6	+7	+8	+8	+8	+8	+7
24	−7	−3	0	+4	+6	+8	+9	+9	+10	+9	+9	+8
28	−6	−2	+2	+5	+8	+10	+10	+11	+11	+10	+10	+8
32	−5	0	+3	+7	+10	+11	+12	+12	+12	+11	+10	+7
36	−3	+1	+5	+9	+11	+13	+13	+13	+13	+11	+9	+5
40	−2	+3	+7	+10	+13	+14	+14	+14	+13	+10	+7	+3
44	0	+5	+8	+12	+14	+15	+15	+14	+12	+8	+5	0
48	+2	+6	+10	+13	+15	+16	+15	+13	+10	+6	+2	−3
52	+3	+8	+11	+14	+16	+16	+14	+11	+8	+3	−1	−5
56	+5	+9	+12	+15	+16	+15	+12	+9	+5	0	−3	−7
60	+6	+10	+13	+15	+15	+13	+10	+6	+2	−2	−5	−8
64	+7	+11	+13	+14	+13	+11	+7	+3	0	−4	−6	−8
68	+8	+11	+12	+12	+11	+8	+4	+1	−2	−5	−6	−7
72	+8	+10	+10	+10	+8	+5	+2	−1	−3	−5	−5	−6
76	+7	+8	+8	+7	+5	+3	0	−2	−3	−4	−4	−5
80	+5	+6	+5	+4	+3	+1	−1	−2	−2	−3	−3	−3
84	+3	+3	+2	+2	+1	0	−1	−1	−1	−2	−2	−2
88	0	0	0	0	0	0	0	0	0	0	0	0
92	−3	−2	−2	−1	0	+1	+1	+1	+1	+1	+2	+2
96	−5	−4	−3	−1	+1	+2	+2	+3	+3	+3	+4	+3
100	−7	−5	−3	0	+2	+3	+4	+4	+5	+5	+5	+5
104	−8	−5	−2	+1	+3	+5	+5	+6	+7	+7	+7	+6
108	−8	−4	−1	+2	+5	+6	+7	+8	+8	+8	+8	+7
112	−7	−3	0	+4	+6	+8	+9	+9	+10	+9	+9	+8
116	−6	−2	+2	+5	+8	+9	+10	+10	+11	+10	+10	+8
	88	84	80	76	72	68	64	60	56	52	48	44
	b (für negatives $A-a$)											

Bei negativem $A-a$ sind die entgegengesetzten Vorzeichen zu nehmen.

Tafel **E 96** Merkur, Sichtbarkeitsverhältnisse. Korrektionstafel

$A-a$	*b* (für positives $A-a$)											
	44	48	52	56	60	64	68	72	76	80	84	88
0	0	0	0	0	0	0	0	0	0	0	0	0
4	+2	+2	+2	+1	+1	+1	0	−1	−2	−2	−3	−3
8	+3	+3	+3	+2	+2	+1	−1	−3	−4	−5	−6	−5
12	+5	+4	+4	+3	+2	0	−3	−5	−7	−8	−8	−7
16	+6	+5	+5	+3	+1	−2	−5	−8	−10	−10	−10	−8
20	+7	+6	+5	+2	−1	−4	−8	−11	−12	−12	−11	−8
24	+8	+6	+4	0	−3	−7	−11	−13	−14	−13	−11	−7
28	+8	+5	+2	−2	−6	−10	−13	−15	−15	−13	−10	−6
32	+7	+3	0	−5	−9	−12	−15	−16	−15	−12	−9	−5
36	+5	+1	−3	−8	−11	−14	−16	−16	−14	−11	−8	−3
40	+3	−2	−6	−10	−13	−15	−16	−15	−13	−10	−6	−2
44	0	−5	−8	−12	−14	−15	−15	−14	−12	−8	−5	0
48	−3	−7	−10	−13	−14	−14	−14	−13	−10	−7	−3	+2
52	−5	−9	−11	−13	−13	−13	−13	−11	−9	−5	−1	+3
56	−7	−10	−11	−12	−12	−12	−11	−10	−7	−3	0	+5
60	−8	−10	−10	−11	−11	−10	−10	−8	−5	−2	+2	+6
64	−8	−9	−9	−10	−9	−9	−8	−6	−4	0	+3	+7
68	−7	−8	−8	−8	−8	−7	−6	−5	−2	+1	+4	+8
72	−6	−7	−7	−7	−6	−5	−5	−3	−1	+2	+5	+8
76	−5	−5	−5	−5	−4	−4	−3	−2	0	+3	+5	+7
80	−3	−4	−3	−3	−3	−2	−2	−1	+1	+3	+4	+5
84	−2	−2	−2	−2	−1	−1	−1	0	+1	+2	+2	+3
88	0	0	0	0	0	0	0	0	0	0	0	0
92	+2	+1	+2	+1	+1	+1	0	−1	−2	−2	−3	−3
96	+3	+3	+3	+2	+2	+1	−1	−3	−4	−5	−6	−5
100	+5	+4	+4	+3	+2	0	−3	−5	−7	−8	−8	−7
104	+6	+5	+5	+3	+1	−2	−5	−8	−10	−10	−10	−8
108	+7	+6	+5	+2	−1	−4	−8	−11	−12	−12	−11	−8
112	+8	+6	+4	0	−3	−7	−11	−13	−14	−13	−11	−7
116	+8	+5	+2	−2	−6	−10	−13	−15	−15	−13	−10	−6
	44	40	36	32	28	24	20	16	12	8	4	0
	b (für negatives $A-a$)											

Bei negativem $A-a$ sind die entgegengesetzten Vorzeichen zu nehmen.

Tafel **E 97** Mars, Sichtbarkeitsverhältnisse. Korrektionstafel

$A-a$	b (für positives $A-a$)												
	0	20	40	60	80	100	120	140	160	180	200	220	240
0	0	0	0	0	0	0	0	0	0	0	0	0	0
20	+5	+4	+4	+3	+3	+2	+1	0	0	−1	−2	−2	−3
40	+9	+8	+7	+6	+5	+3	+1	0	−1	−3	−4	−5	−6
60	+13	+11	+10	+8	+6	+3	+1	−1	−3	−5	−7	−8	−9
80	+16	+14	+12	+9	+6	+3	0	−3	−5	−8	−10	−11	−13
100	+19	+16	+13	+9	+6	+2	−2	−5	−8	−11	−13	−15	−16
120	+21	+17	+13	+9	+5	0	−4	−8	−11	−14	−17	−18	−20
140	+22	+17	+13	+8	+3	−2	−7	−11	−14	−18	−20	−22	−24
160	+22	+17	+12	+6	+1	−5	−10	−14	−18	−21	−24	−26	−27
180	+22	+16	+10	+4	−2	−8	−13	−18	−21	−25	−28	−29	−30
200	+21	+14	+8	+1	−5	−11	−17	−21	−25	−29	−31	−32	−33
220	+19	+12	+5	−2	−8	−15	−20	−25	−29	−32	−34	−35	−35
240	+17	+9	+2	−5	−12	−18	−24	−29	−32	−35	−37	−37	−37
260	+14	+6	−1	−9	−15	−22	−28	−32	−35	−38	−39	−39	−38
280	+11	+3	−5	−12	−19	−26	−31	−35	−38	−40	−41	−40	−39
300	+8	−1	−8	−16	−23	−29	−34	−38	−40	−42	−42	−41	−39
320	+4	−4	−12	−20	−26	−32	−37	−40	−42	−43	−43	−41	−38
340	+1	−8	−16	−23	−29	−35	−39	−42	−43	−44	−43	−40	−36
360	−3	−12	−19	−26	−32	−37	−41	−43	−44	−44	−42	−38	−34
380	−7	−15	−22	−29	−34	−39	−42	−44	−44	−43	−40	−36	−31
400	−10	−18	−25	−31	−36	−40	−43	−44	−43	−41	−38	−33	−27
420	−13	−21	−27	−33	−37	−41	−43	−43	−41	−39	−35	−29	−23
440	−16	−23	−29	−34	−38	−41	−42	−41	−39	−36	−31	−25	−19
460	−18	−25	−30	−35	−38	−40	−40	−39	−36	−32	−27	−21	−14
480	−20	−26	−31	−35	−37	−38	−38	−36	−32	−28	−23	−16	−9
500	−21	−27	−31	−34	−35	−36	−35	−32	−28	−24	−18	−11	−5
520	−22	−27	−30	−32	−33	−33	−31	−28	−24	−19	−13	−7	−2
540	−22	−26	−28	−30	−30	−29	−27	−24	−19	−14	−9	−4	+1
560	−21	−24	−26	−27	−26	−25	−23	−19	−14	−10	−6	−1	+3
580	−19	−22	−23	−23	−22	−21	−18	−14	−10	−7	−3	+1	+4
600	−17	−19	−19	−19	−18	−16	−13	−10	−7	−4	−1	+2	+5
620	−14	−15	−15	−15	−13	−11	−9	−7	−4	−2	0	+3	+5
640	−10	−11	−11	−10	−8	−7	−6	−4	−2	−1	+1	+3	+4
660	−6	−7	−6	−5	−4	−4	−3	−2	−1	0	+1	+2	+3
680	−2	−2	−1	−1	−1	−1	−1	−1	0	0	0	+1	+1
700	+3	+3	+3	+2	+2	+1	0	0	0	−1	−1	−1	−2
720	+8	+7	+6	+5	+4	+2	+1	0	−1	−2	−3	−4	−5
740	+12	+10	+9	+7	+5	+3	+1	−1	−2	−4	−6	−7	−8
760	+15	+13	+11	+8	+6	+3	0	−2	−4	−7	−9	−10	−12
780	+18	+15	+12	+9	+6	+2	−1	−4	−7	−10	−12	−14	−15
	687	667	647	627	607	587	567	547	527	507	487	467	447
	b (für negatives $A-a$)												

Bei negativem $A-a$ sind die entgegengesetzten Vorzeichen zu nehmen.

Tafel **E 97** Mars, Sichtbarkeitsverhältnisse. Korrektionstafel

$A-a$	b (für positives $A-a$)												Forts. folg. Seite
	240	260	280	300	320	340	360	380	400	420	440	460	480
0	0	0	0	0	0	0	0	0	0	0	0	0	0
20	−3	−3	−3	−4	−3	−4	−4	−3	−3	−3	−2	−2	−1
40	−6	−6	−7	−7	−7	−8	−7	−6	−6	−5	−4	−3	−2
60	−9	−10	−10	−11	−11	−11	−10	−9	−8	−7	−5	−4	−2
80	−13	−13	−14	−15	−14	−14	−13	−11	−10	−8	−6	−4	−1
100	−16	−17	−18	−18	−17	−17	−15	−13	−11	−9	−6	−3	+1
120	−20	−21	−21	−21	−20	−19	−17	−14	−12	−9	−5	−1	+3
140	−24	−24	−24	−24	−22	−21	−18	−15	−12	−8	−3	+1	+6
160	−27	−27	−27	−26	−24	−22	−19	−15	−11	−6	−1	+4	+10
180	−30	−30	−29	−28	−25	−23	−19	−14	−9	−4	+2	+8	+14
200	−33	−32	−31	−29	−26	−23	−18	−12	−7	−1	+6	+12	+18
220	−35	−34	−32	−30	−26	−22	−16	−10	−4	+3	+10	+16	+23
240	−37	−35	−33	−30	−25	−20	−14	−7	0	+7	+14	+21	+28
260	−38	−36	−33	−29	−23	−18	−11	−3	+4	+11	+19	+26	+32
280	−39	−36	−32	−27	−21	−15	−7	+1	+8	+16	+24	+30	+35
300	−39	−35	−30	−25	−18	−11	−3	+5	+13	+21	+28	+33	+38
320	−38	−33	−28	−22	−14	−7	+1	+10	+18	+25	+31	+36	+40
340	−36	−31	−25	−18	−10	−3	+6	+15	+22	+28	+34	+38	+41
360	−34	−28	−21	−14	−6	+2	+11	+19	+25	+31	+36	+39	+42
380	−31	−24	−17	−10	−1	+7	+15	+22	+28	+33	+37	+40	+42
400	−27	−20	−13	−5	+4	+11	+18	+25	+30	+34	+38	+40	+41
420	−23	−16	−8	0	+8	+14	+21	+27	+31	+35	+38	+39	+40
440	−19	−11	−3	+4	+11	+17	+23	+28	+32	+35	+37	+38	+38
460	−14	−6	+1	+7	+14	+19	+24	+29	+32	+34	+36	+36	+35
480	−9	−2	+4	+10	+16	+20	+25	+29	+31	+33	+34	+33	+32
500	−5	+1	+7	+12	+17	+21	+25	+28	+30	+31	+31	+30	+29
520	−2	+4	+9	+13	+18	+21	+24	+27	+28	+28	+28	+27	+25
540	+1	+6	+10	+14	+18	+20	+23	+25	+25	+25	+25	+23	+22
560	+3	+7	+11	+14	+17	+19	+21	+22	+22	+22	+21	+20	+18
580	+4	+8	+11	+13	+16	+17	+18	+19	+19	+18	+18	+16	+14
600	+5	+8	+10	+12	+14	+14	+15	+16	+15	+15	+14	+12	+11
620	+5	+7	+9	+10	+11	+11	+12	+12	+12	+11	+10	+9	+8
640	+4	+6	+7	+7	+8	+8	+8	+9	+8	+7	+7	+6	+5
660	+3	+4	+4	+4	+5	+4	+5	+5	+4	+4	+4	+3	+3
680	+1	+1	+1	+1	+1	+1	+1	+1	+1	+1	+1	+1	+1
700	−2	−2	−2	−3	−2	−3	−3	−2	−2	−2	−1	−1	−1
720	−5	−5	−6	−6	−6	−7	−6	−5	−5	−4	−3	−3	−2
740	−8	−9	−9	−10	−10	−10	−9	−8	−7	−6	−5	−4	−2
760	−12	−12	−13	−14	−13	−13	−12	−10	−9	−8	−6	−4	−2
780	−15	−16	−17	−17	−16	−16	−14	−12	−11	−9	−6	−3	−1
	447	427	407	387	367	347	327	307	287	267	247	227	207
	b (für negatives $A-a$)												

Bei negativem $A-a$ sind die entgegengesetzten Vorzeichen zu nehmen.

Tafel **E 97** Mars, Sichtbarkeitsverhältnisse. Korrektionstafel

$A-a$	*b* (für positives $A-a$)											
	480	500	520	540	560	580	600	620	640	660	680	700
0	0	0	0	0	0	0	0	0	0	0	0	0
20	− 1	− 1	0	+ 1	+ 2	+ 2	+ 3	+ 4	+ 4	+ 4	+ 5	+ 5
40	− 2	− 1	+ 1	+ 3	+ 4	+ 5	+ 7	+ 8	+ 8	+ 9	+10	+ 9
60	− 2	0	+ 3	+ 5	+ 7	+ 9	+11	+12	+13	+14	+14	+12
80	− 1	+ 2	+ 5	+ 8	+11	+13	+15	+17	+18	+18	+17	+15
100	+ 1	+ 4	+ 8	+12	+15	+17	+20	+22	+22	+21	+20	+17
120	+ 3	+ 7	+12	+16	+19	+22	+25	+26	+25	+24	+22	+18
140	+ 6	+11	+16	+20	+24	+27	+29	+29	+28	+26	+23	+19
160	+10	+15	+20	+25	+29	+31	+32	+32	+30	+27	+24	+19
180	+14	+19	+25	+30	+33	+34	+35	+34	+31	+28	+24	+18
200	+18	+24	+30	+34	+36	+37	+37	+35	+32	+28	+23	+17
220	+23	+29	+34	+37	+39	+39	+38	+36	+32	+27	+22	+15
240	+28	+33	+37	+40	+41	+40	+39	+36	+31	+26	+20	+12
260	+32	+36	+40	+42	+42	+41	+39	+35	+30	+24	+17	+ 9
280	+35	+39	+42	+43	+43	+41	+38	+34	+28	+21	+14	+ 6
300	+38	+41	+43	+44	+43	+40	+37	+32	+25	+18	+11	+ 2
320	+40	+42	+44	+44	+42	+39	+35	+29	+22	+15	+ 7	− 1
340	+41	+43	+44	+43	+41	+37	+32	+26	+19	+11	+ 4	− 5
360	+42	+43	+43	+42	+39	+34	+29	+23	+15	+ 8	0	− 9
380	+42	+42	+42	+40	+36	+31	+26	+19	+12	+ 4	− 4	−12
400	+41	+41	+40	+37	+33	+28	+22	+16	+ 8	0	− 7	−15
420	+40	+39	+37	+34	+30	+24	+19	+12	+ 4	− 3	−10	−18
440	+38	+36	+34	+31	+26	+21	+15	+ 8	+ 1	− 6	−13	−20
460	+35	+33	+31	+27	+23	+17	+11	+ 5	− 2	− 9	−15	−22
480	+32	+30	+27	+24	+19	+13	+ 8	+ 2	− 5	−11	−17	−24
500	+29	+26	+24	+20	+15	+10	+ 5	− 1	− 7	−13	−19	−25
520	+25	+23	+20	+16	+12	+ 7	+ 2	− 3	− 9	−15	−20	−25
540	+22	+19	+16	+13	+ 9	+ 4	0	− 5	−11	−16	−20	−24
560	+18	+15	+13	+10	+ 6	+ 2	− 2	− 7	−12	−16	−19	−23
580	+14	+12	+10	+ 7	+ 4	0	− 4	− 8	−12	−15	−18	−21
600	+11	+ 9	+ 7	+ 5	+ 2	− 2	− 5	− 8	−11	−14	−16	−18
620	+ 8	+ 6	+ 5	+ 3	0	− 3	− 5	− 7	−10	−12	−13	−14
640	+ 5	+ 4	+ 3	+ 1	− 1	− 3	− 4	− 6	− 8	− 9	− 9	−10
660	+ 3	+ 2	+ 1	0	− 1	− 2	− 3	− 4	− 5	− 5	− 5	− 6
680	+ 1	0	0	0	0	− 1	− 1	− 1	− 1	− 1	− 1	− 2
700	− 1	− 1	0	+ 1	+ 1	+ 1	+ 2	+ 3	+ 3	+ 3	+ 3	+ 3
720	− 2	− 1	+ 1	+ 2	+ 3	+ 4	+ 6	+ 7	+ 7	+ 7	+ 8	+ 7
740	− 2	0	+ 2	+ 4	+ 6	+ 8	+10	+11	+11	+12	+12	+11
760	− 2	+ 1	+ 4	+ 7	+10	+12	+14	+15	+16	+16	+16	+14
780	− 1	+ 3	+ 7	+11	+14	+16	+18	+20	+20	+20	+19	+17
	207	187	167	147	127	107	87	67	47	27	7	−13
	Forts. vorige Seite			*b* (für negatives $A-a$)								

Bei negativem $A-a$ sind die entgegengesetzten Vorzeichen zu nehmen.

Tafel **E 98** Jupiter, Sichtbarkeitsverhältnisse. Korrektionstafel

$A-a$	b (für positives $A-a$)											
	0	20	40	60	80	100	120	140	160	180	200	220
0	0	0	0	0	0	0	0	0	0	0	0	0
100	+1	0	0	0	0	0	0	−1	−1	−1	−1	−1
200	+2	+1	+1	0	0	0	0	−1	−1	−2	−2	−2
300	+2	+2	+1	+1	0	0	−1	−2	−2	−2	−3	−3
400	+3	+2	+2	+1	0	0	−1	−2	−3	−3	−4	−3
	433	413	393	373	353	333	313	293	273	253	233	213
	b (für negatives $A-a$)											

$A-a$	b (für positives $A-a$)											
	220	240	260	280	300	320	340	360	380	400	420	440
0	0	0	0	0	0	0	0	0	0	0	0	0
100	−1	−1	0	0	0	0	0	+1	+1	+1	+1	+1
200	−2	−1	−1	0	0	0	0	+1	+1	+2	+2	+1
300	−3	−2	−1	−1	0	0	+1	+2	+2	+3	+3	+2
400	−3	−2	−2	−1	0	0	+1	+2	+3	+4	+3	+2
	213	193	173	153	133	113	93	73	53	33	13	−7
	b (für negatives $A-a$)											

Für negatives $A-a$ sind die entgegengesetzten Vorzeichen zu wählen.

Tafel **E 99** Saturn, Sichtbarkeitsverhältnisse. Korrektionstafel

$A-a$	b (für positives $A-a$)														
	0	4	8	12	16	20	24	28	32	36	40	44	48	52	56
0	0	0	0	0	0	0	0	0	0	0	0	0	0	0	0
100	+1	+1	0	0	0	0	0	0	0	0	0	0	−1	−1	−1
200	+1	+1	+1	+1	0	0	0	0	0	0	−1	−1	−1	−1	−1
300	+2	+1	+1	+1	+1	0	0	0	0	−1	−1	−1	−1	−2	−1
400	+2	+2	+2	+1	+1	0	0	0	−1	−1	−1	−2	−2	−2	−2
	108	104	100	96	92	88	84	80	76	72	68	64	60	56	52
	b (für negatives $A-a$)														

$A-a$	b (für positives $A-a$)													
	56	60	64	68	72	76	80	84	88	92	96	100	104	108
0	0	0	0	0	0	0	0	0	0	0	0	0	0	0
100	−1	0	0	0	0	0	0	0	0	0	0	0	+1	+1
200	−1	−1	−1	0	0	0	0	0	0	+1	+1	+1	+1	+1
300	−1	−1	−1	−1	0	0	0	0	+1	+1	+1	+1	+1	+2
400	−2	−2	−1	−1	−1	0	0	0	+1	+1	+2	+2	+2	+2
	52	48	44	40	36	32	28	24	20	16	12	8	4	0
	b (für negatives $A-a$)													

Tafel **E 100** Grenzen der immerwährenden Dämmerung, des Polartages und der Polarnacht

Geogr. Breite	Astronom. Dämmerg. bis Mitternacht	Bürgerliche Dämmerg. bis Mitternacht	Sonne geht nicht mehr unter	Bürgerliche Dämmerg. bis Mitternacht	Astronom. Dämmerg. bis Mitternacht	Sonne geht nicht mehr auf
80°	5.3 — 28.3	29.3 — 13.4	14.4 — 29.8	30.8 — 13.9	14.9 — 8.10	20.10 — 21.2
79	7.3 — 30.3	31.3 — 16.4	17.4 — 26.8	27.8 — 11.9	12.9 — 6.10	23.10 — 18.2
78	10.3 — 2.4	3.4 — 19.4	20.4 — 23.8	24.8 — 8.9	9.9 — 3.10	26.10 — 15.2
77	12.3 — 4.4	5.4 — 22.4	23.4 — 20.8	21.8 — 6.9	7.9 — 1.10	29.10 — 12.2
76	15.3 — 7.4	8.4 — 25.4	26.4 — 17.8	18.8 — 3.9	4.9 — 28.9	1.11 — 8.2
75	17.3 — 10.4	11.4 — 28.4	29.4 — 14.8	15.8 — 1.9	2.9 — 26.9	4.11 — 5.2
74	20.3 — 13.4	14.4 — 1.5	2.5 — 10.8	11.8 — 29.8	30.8 — 23.9	8.11 — 2.2
73	22.3 — 16.4	17.4 — 4.5	5.5 — 7.8	8.8 — 26.8	27.8 — 21.9	11.11 — 30.1
72	25.3 — 19.4	20.4 — 8.5	9.5 — 3.8	4.8 — 23.8	24.8 — 18.9	15.11 — 27.1
71	27.3 — 22.4	23.4 — 12.5	13.5 — 30.7	31.7 — 20.8	21.8 — 16.9	19.11 — 23.1
70	30.3 — 25.4	26.4 — 16.5	17.5 — 26.7	27.7 — 17.8	18.8 — 13.9	24.11 — 18.1
69	1.4 — 28.4	29.4 — 21.5	22.5 — 21.7	22.7 — 14.8	15.8 — 10.9	29.11 — 13.1
68	4.4 — 1.5	2.5 — 27.5	28.5 — 15.7	16.7 — 10.8	11.8 — 7.9	5.12 — 7.1
67	6.4 — 4.5	5.5 — 3.6	4.6 — 8.7	9.7 — 7.8	8.8 — 5.9	20.12 — 22.12
66	9.4 — 8.5	9.5 — 17.6	18.6 — 23.6	24.6 — 3.8	4.8 — 2.9	
65	12.4 — 30.8	13.5 — 30.7				
64	15.4 — 27.8	17.5 — 26.7				
63	18.4 — 24.8	22.5 — 21.7				
62	21.4 — 21.8	28.5 — 15.7				
61	24.4 — 18.8	3.6 — 8.7				
60	27.4 — 15.8	18.6 — 23.6				
59	30.4 — 12.8					
58	4.5 — 8.8					
57	7.5 — 5.8					
56	11.5 — 1.8					
55	15.5 — 28.7					
54	20.5 — 23.7					
53	25.5 — 18.7					
52	1.6 — 12.7					
51	9.6 — 3.7					

Die Tage sind im gregorianischen Kalender gezählt. Zur Verwandlung in julianischen Kalender sind abzuziehen

300— 500	1 Tage
500— 600	2
600— 700	3
700— 900	4
900—1000	5
1000—1100	6
1100—1300	7
1300—1400	8
1400—1500	9
1500—1700	10

Die Zahlen vor dem Punkt geben das Datum, die folgenden den Monat.

Tafel **E 101** Geographische Koordinaten für Orte des Altertums

Ort	λ	φ	Ort	λ	φ
Vorderasien westl. von 29° Länge (Byzanz) Ägypten					
Alexandria	29.9°	31.2°	Selge	31.2°	37.3°
Ancyra	32.9	40.0	Sinope	35.1	42.0
Antiochia	36.2	36.2	Sippara	44.2	33.2
Apamea	30.1	38.1	Susa	48.4	32.3
Arbela	44.0	36.2	Syene	32.9	24.0
Arsinoe	30.9	29.3	Tarsus	35.0	36.9
Assur	43.3	35.4	Theben	32.6	25.7
Babylon	44.5	32.5	Trapezus	39.8	41.0
Bithynium	31.7	40.7	Tyrus	35.2	33.3
Boghaskoi	34.5	40.0	Ur	46.2	31.0
Borsippa	44.4	32.4	**Griechenland, Macedonien, Westliches Kleinasien (Jonien)**		
Bostra	36.5	32.5			
Cäsarea (Paläst.)	34.9	32.5			
Celaene	30.1	38.0			
Colossae	29.3	37.8			
Cypern	33.3	35.0	Aegina	23.4°	37.7°
Damascus	36.3	33.5	Ambrakia	21.0	39.1
Doryläum	30.5	39.7	Amphipolis	23.9	40.8
Ecbatana	48.5	34.8	Amphissa	22.4	38.5
Edessa	38.8	37.2	Andros	24.9	37.8
Erech	45.7	31.3	Argos	22.7	37.6
Gaza	34.5	31.5	Athen	23.7	38.0
Heliopolis	31.3	30.1	Athos	24.3	40.1
Iconium	32.5	37.9	Byzanz	29.0	41.0
Isaura	32.6	37.1	Chalkis	23.6	38.5
Issus	36.1	37.0	Chäronea	22.9	38.5
Jerusalem	35.2	31.8	Chios	26.0	38.4
Ktesiphon	44.5	33.2	Delos	25.3	37.4
Laodicea	29.2	37.8	Delphi	22.5	38.5
Larissa (Tigris)	43.4	36.1	Dodona	20.8	39.6
Larsam	46.0	31.3	Eleusis	23.6	38.0
Memphis	31.2	29.9	Elis	21.4	37.9
Nicaea	29.8	40.5	Ephesos	27.3	37.9
Nicomedia	30.0	40.8	Epidauros	23.2	37.6
Ninive	43.2	36.3	Halikarnassos	27.5	37.1
Nippur	45.5	32.2	Ikaria	26.2	37.6
Nisibis	41.3	37.0	Ilion	26.2	40.0
Opis	44.3	34.0	Imbros	25.9	40.2
Palmyra	38.2	34.6	Ios	25.3	36.7
Pelusium	32.5	31.0	Ithaka	20.7	38.4
Persepolis	52.9	30.0	Keos	24.3	37.6
Sais	30.7	31.0	Kephallenia	20.6	38.3
Samosata	38.6	37.5	Kerkyra	19.9	39.6
Seleucia (Syrien)	36.0	36.2	Knossos	25.2	35.2
Seleucia (Tigris)	44.5	33.2	Kolophon	27.2	38.0

101

Ort	λ	φ	Ort	λ	φ
Griechenland, Macedonien, Westliches Kleinasien (Jonien)					
Korinth	22°.9	37°.9	Theben	23°.3	38°.3
Kos	27.3	36.9	Thera	25.5	36.4
Kyme	27.0	38.8	Thessalonike	23.0	40.6
Kythere	23.0	36.2	Zakynthos	20.9	37.8
Larisa (Thess.)	22.4	39.6			
Lemnos	25.2	39.9			
Lesbos	26.4	39.2			
Leukas	20.7	38.8	**Italien**		
Magnesia	27.5	38.6			
Mantinea	22.4	37.6			
Megalopolis	22.1	37.4	Aesernia	14°.2	41°.6
Megara	23.3	38.0	Agrigentum	13.6	37.3
Melos	24.4	36.7	Alalia	9.5	42.1
Messene	21.9	37.2	Alba Fucentia	13.4	42.1
Milet	27.3	37.5	Alba Pompeia	8.1	44.7
Mykene	22.7	37.7	Aleria	9.5	42.1
Mytilene	26.5	39.1	Altinum	12.4	45.5
Naxos	25.4	37.1	Amiternum	13.4	42.4
Olympia	21.6	37.6	Anagnia	13.1	41.7
Olynthos	23.4	40.3	Ancona	13.5	43.6
Orchomenos	23.0	38.5	Antium	12.6	41.5
Paros	25.2	37.1	Aquileia	13.4	45.7
Patrae	21.8	38.2	Aquilonia	15.4	41.1
Pella	22.4	40.7	Aquinum	13.7	41.5
Pergamon	27.2	39.1	Ariminum	12.6	44.1
Pharsalos	22.4	39.3	Arpi	15.5	41.5
Pherae	22.7	39.4	Arretium	11.9	43.5
Phlius	22.7	37.8	Asculum	13.6	42.9
Plataä	23.3	38.2	Aufidena	14.1	41.8
Pydna	22.6	40.4	Augusta Praetoria	7.4	45.7
Rhodos	28.2	36.4	Augusta Vagiennorum	7.9	44.5
Samos	26.9	37.7	Augusta Taurinorum	7.7	45.1
Samothrake	25.5	40.5	Ausculum	15.5	41.2
Sardes	28.1	38.5	Barduli	16.2	41.3
Seriphos	24.5	37.2	Barium	16.9	41.1
Sestos	26.4	40.2	Beneventum	14.7	41.1
Sikyon	22.7	38.0	Bergomum	9.7	45.7
Skyros	24.6	38.8	Bononia	11.3	44.5
Smyrna	27.2	38.5	Bovianum vetus	14.4	41.7
Sparta	22.4	37.1	Brixia	10.2	45.5
Stagira	23.8	40.5	Brundisium	17.9	40.6
Tegea	22.4	37.5	Buxentum	15.5	40.1
Telos	27.4	36.4	Caesena	12.2	44.1
Tenos	25.2	37.5	Callipolis	17.9	40.0
Thasos	24.7	40.7	Camerinum	13.1	43.1

Ort	λ		Ort	λ	φ
Italien					
Canusium	16°.0	41°.2	Interamna	12°.6	42°.6
Capua	14.2	41.1	Interamnium	13.7	42.7
Caralis	9.1	39.2	Larinum	14.8	41.8
Carsioli	13.0	42.1	Lilybäum	12.4	37.8
Catana	15.0	37.5	Locri Epizephyrii	16.2	38.2
Caulonia	16.4	38.4	Luca	10.5	43.8
Centumcellae	11.8	42.1	Luceria	15.3	41.5
Cerae	12.1	42.0	Luna	10.0	44.1
Clusium	12.0	43.0	Mantua	10.8	45.2
Comum	9.1	45.8	Marruvium	13.6	42.0
Concordia	12.8	45.7	Mediolanum	9.2	45.5
Consentia	16.2	39.3	Messana	15.5	38.2
Corfinium	13.8	42.1	Metapontum	16.8	40.4
Corsica (Mitte)	9.1	42.2	Minturnae	13.7	41.2
Cortona	12.0	43.3	Mutina	10.9	44.6
Cossa	11.3	42.4	Neapolis	14.2	40.9
Cremona	10.0	45.1	Nicaea (Nizza)	7.3	43.7
Croton	17.1	39.1	Nola	14.5	40.9
Cumae	14.0	40.8	Novaria	8.7	45.5
Dertona	8.9	44.9	Opitergium	12.5	45.7
Drepanum	12.5	38.0	Ortona	14.4	42.3
Ecetra	13.2	41.6	Ostia	12.3	41.7
Egnathia	17.4	40.9	Paestum	15.0	40.4
Eporedia	7.9	45.5	Panormus	13.4	38.1
Falerii	12.4	42.3	Parentium	13.5	45.2
Faventia	11.9	44.3	Parma	10.3	44.8
Firmum	13.7	43.2	Patavium	11.9	45.4
Florentia	11.2	43.8	Perusia	12.4	43.1
Forum Julium	13.4	46.1	Petelia	17.0	39.3
Forum Popillii	15.5	40.5	Pinna	13.9	42.5
Fregellae	13.5	41.5	Pisae	10.4	43.7
Fulginium	12.7	42.9	Pisaurum	12.9	43.9
Gela	14.2	37.1	Placentia	9.7	45.1
Genua	8.9	44.4	Pola	13.8	44.9
Grumentum	15.9	40.3	Populonium	10.5	43.0
Hasta	8.3	44.9	Potentia	15.8	40.6
Hatria	14.0	42.6	Praeneste	12.9	41.8
Heraclea	16.6	40.2	Privernum	13.2	41.5
Himera	13.8	38.0	Ravenna	12.3	44.4
Hipponium	16.1	38.7	Reate	12.9	42.4
Histonium	14.7	42.1	Regium Lepidum	10.6	44.7
Hostilia	11.2	45.1	Rhegium	15.6	38.1
Hydruntum	18.4	40.2	Rom	12.5	41.9
Iguvium	12.5	43.3	Rusellae	11.1	42.8
Ilva	10.3	42.8	Salernum	14.7	40.7

Ort	λ	φ	Ort	λ	φ
Italien					
Sardinien (Mitte)	9°	40°	Turenum	16.4°	41.3°
Sarsina	12.2	43.9	Tusculum	12.7	41.8
Savo	8.5	44.3	Tyndaris	15.0	38.1
Scylacium	16.4	38.8	Veji	12.4	42.0
Segusio	7.1	45.2	Velia	15.1	40.2
Selinus	12.8	37.6	Velitrae	12.8	41.7
Sena Gallica	13.2	43.7	Venusia	15.8	41.0
Sena Julia	11.3	43.3	Vercellae	8.5	45.3
Signia	13.0	41.7	Verona	11.0	45.4
Sinuessa	13.9	41.1	Vetulonia	11.3	42.6
Sipontum	15.9	41.6	Vicetia	11.5	45.5
Spoletum	12.7	42.7	Volcei	15.3	40.6
Sybaris	16.4	39.7	Volci	11.6	42.4
Syraçus	15.2	37.1	Volsinii vet.	12.1	42.7
Tarentum	17.2	40.5	Volaterrae	10.9	43.4
Tarquinii	11.8	42.3	**Nordafrika**		
Tarracina	13.2	41.3			
Tarvisium	12.2	45.7			
Tauromenium	15.2	37.9			
Teanum Apulum	15.2	41.8	Carthago	10.3°	36.8°
Teanum Sidicinum	14.0	41.2	Cirta	6.6	36.4
Teate	14.1	42.3	Cyrene	21.8	32.8
Tempsa	16.2	39.0	Malta	14.5	35.9
Tergeste	13.7	45.6	Utica	10.0	37.0
Terina	16.1	39.0			
Thurii	16.4	39.7			
Tibur	12.8	42.0			
Ticinum	9.2	45.2			
Tridentum	11.2	46.1			
Tuder	12.4	42.8			

Die Längen sind von Greenwich aus gezählt, positiv nach Ost.

Papier | Fördert gute Waldnutzung
FSC® C083411

Zeitfracht Medien GmbH
Ferdinand-Jühlke-Straße 7
99095 Erfurt, Deutschland
produktsicherheit@kolibri360.de